职业院校通用教材

Pro/E 野火版 4.0 实用教程

周志强　邱其艳　编著

清华大学出版社

北　京

内 容 简 介

本书以 Pro/E 野火版 4.0 中文版为蓝本进行讲解,共分 17 章,主要内容包括:草绘及实训、基准特征的创建、实体特征的创建及实训、曲面特征及实训、模具设计及实训、零件的装配、创建工程图、机构运动及动画效果等。

本书以应用为主线,收入了大量的习题,所选择的练习都是模具生产的典型实例,通过与数控加工结合,使学生能完成真正的模具加工全过程。

本书适合机械类的高职和中职院校的学生使用,也适合 Pro/E 软件的初学者学习。

图书在版编目(CIP)数据

Pro/E 野火版 4.0 实用教程/周志强,邱其艳编著 . —北京:清华大学出版社,2010.12
(2019.12 重印)

ISBN 978-7-302-23452-4

Ⅰ. ①P… Ⅱ. ①周… ②邱… Ⅲ. ①机械设计:计算机辅助设计-应用软件,Pro/ENGINEER Wildfire 4.0—教材 Ⅳ. ①TH122

中国版本图书馆 CIP 数据核字(2010)第 154208 号

责任编辑:田在儒　帅志清
责任校对:刘　静
责任印制:丛怀宇

出版发行:清华大学出版社
网　　址:http://www.tup.com.cn,http://www.wqbook.com
地　　址:北京清华大学学研大厦 A 座　　　　邮　　编:100084
社 总 机:010-62770175　　　　　　　　　　邮　　购:010-62786544
投稿与读者服务:010-62776969,c-service@tup.tsinghua.edu.cn
质 量 反 馈:010-62772015,zhiliang@tup.tsinghua.edu.cn
印 装 者:北京建宏印刷有限公司
经　　销:全国新华书店
开　　本:185mm×260mm　　印　　张:19.25　　字　　数:439 千字
版　　次:2010 年 12 月第 1 版　　　　　　　印　　次:2019 年 12 月第 8 次印刷
定　　价:46.00 元

产品编号:032875-02

　　作者多年从事模具的 CAD/CAM 工作和教学,具有丰富的实践和教学经验,清楚地了解学生的需求和企业对人才的基本要求。本书由浅入深地介绍了 Pro/E 野火版 4.0 软件的使用方法,书中的实例和习题都是作者精挑细选的,所选择的练习都是模具生产的典型实例,结合数控加工,使学生能完成真正的模具从设计(CAD)到数控加工(CAM)的全过程。

　　本书共分 17 章,第 1 章介绍了 Pro/E 具备的基本功能;第 2 章介绍了 Pro/E 的参数化 2D 草绘功能;第 3 章是 2D 草绘实训;第 4 章介绍了 Pro/E 的基准特征的创建;第 5 章介绍了 Pro/E 的基础实体特征的创建方法;第 6 章介绍了 Pro/E 的实体特征的创建方法;第 7 章介绍了对特征的操作;第 8 章是实体特征的综合实训;第 9 章介绍曲面特征的创建方法;第 10 章是创建曲面特征实训;第 11 章介绍了零件装配方法;第 12 章是零件装配的实训;第 13 章介绍了模具设计的方法;第 14 章是模具设计实训;第 15 章介绍了工程图的创建方法;第 16 章为工程图创建实训;第 17 章介绍机构运动及动画。

　　本书适合机械类的高职、中职院校的学生和 Pro/E 软件的初学者使用。

　　本书的前十章和第 13、14 章由周志强编写,第 11、12 章,15~17 章由邱其艳编写。感谢卞西格、陈华健、谭超、郭加进为本书提供的帮助。

　　因本书涉及的内容广泛,限于作者水平和时间的仓促,书中难免存在错误和疏漏之处,恳请专家和读者批评指正。

编　者

2010 年 3 月

CONTENTS 目录

第 1 章

Pro/E野火版4.0的主要功能模块

初步认识和了解 Pro/E 野火版 4.0 的主要功能模块及基本内容。

熟悉 Pro/E 野火版 4.0 的操作界面及各方面的功能模块和基本内容。

本章将介绍 Pro/E 野火版 4.0 的主要功能模块,包括:①参数化 2D 草绘模块简介;②实体特征模块简介;③曲面特征模块简介;④工程图模块简介;⑤装配模块简介;⑥模具及分模模块简介;⑦NC 加工模块简介。通过对这些主要模块的介绍,使初学者对 Pro/E 野火版 4.0 的主要功能有一个初步的认识,以利于接下来的深入学习。

1.1 Pro/E 野火版 4.0 应用基础

Pro/E 野火版软件的零件设计过程是:在确定了 3D 零件的建模方法后,选择适当的建模基准面绘制 3D 零件在此平面上的草绘图;再利用此草绘图按零件构成特点生成 3D 零件图;然后可以利用 3D 零件图生成此零件 2D 工程图、模具型腔图及其数控加工程序,还可以由多个 3D 零件图生成零件 3D 装配图。

1. Pro/E 野火版软件的启动

在计算机的桌面,用鼠标双击 Pro/E 野火版软件的快捷图标，进入 Pro/E 野火版界面,并自动弹出 Pro/E 野火版界面环境(如图 1.1 所示)。

进入 Pro/E 野火版界面环境后,移动鼠标单击图视工具"新建"图标 或选择"File"→"New"命令,系统将弹出"新建"对话框(如图 1.2 所示)。

移动鼠标选择"新建"对话框中的"零件"选项,在"名称"文本框中输入文件名称 prt0002,然后选中"使用缺省模板"复选框,再单击"确定"按钮。

此时系统将弹出"新文件选项"对话框,如图 1.3 所示。在"新文件选项"对话框中选择绘图单位为"mmns_part_solid"(公制),移动鼠标选中"复制相关绘图"复选框,然后再单击"确定"按钮,如图 1.4 所示,系统将弹出一个名为"PRT0002(活动的)"的窗口,用以建立实体特征。

图1.1 Pro/E界面环境

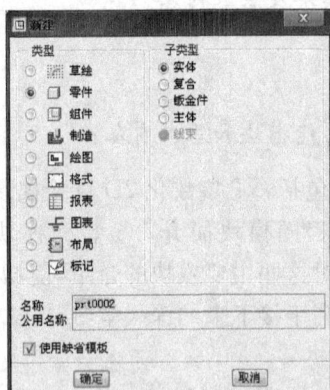

图1.2 "新建"对话框

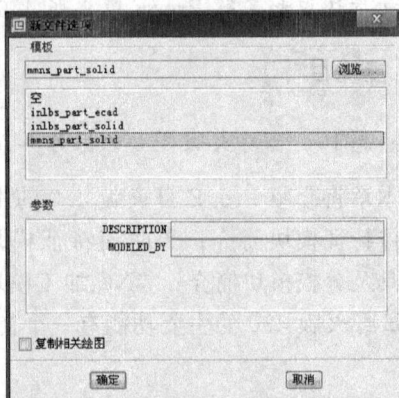

图1.3 "新文件选项"对话框

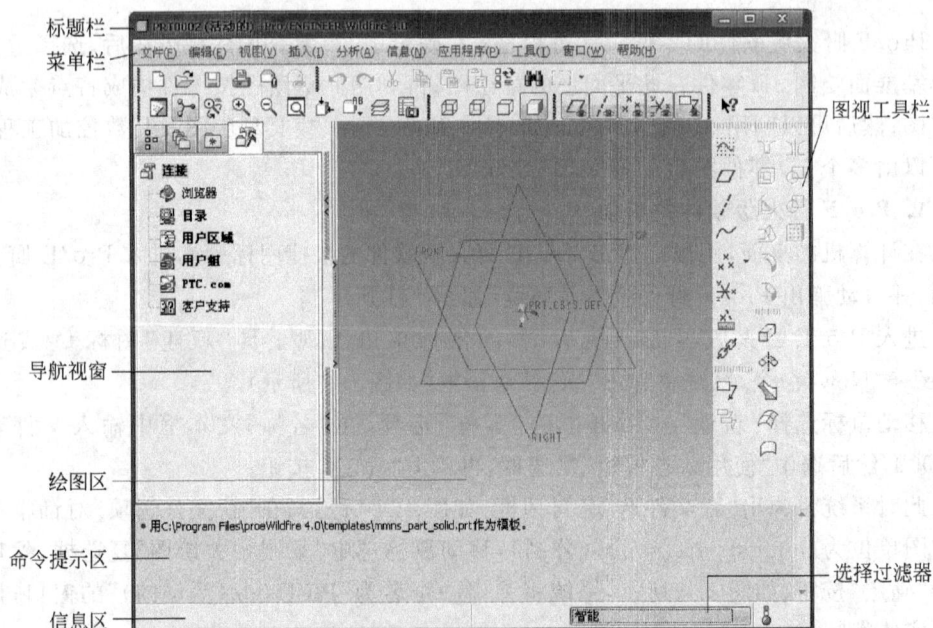

图1.4 新建零件窗口

同样,若在"新建"对话框中选择"草绘"、"绘图"或"组件",系统将分别新建一个名为"s2d000♯.sec"、"drw000♯.drw"、"asm000♯.asm"的窗口,用以建立平面草绘图、平面工程图。

2. Pro/E 野火版软件界面环境

如图 1.4 所示,Pro/E 野火版新建零件窗口分为标题栏、菜单栏、图视工具栏、导航视窗、绘图区、信息区、命令提示区、选择过滤器等部分。

① 标题栏:显示当前开启的文件名称,当文件名称中出现"活动的"字样时,表示此视窗为当前工作视窗。

② 菜单栏:在菜单栏中,系统将各控制命令按功用分类放置于各菜单的下拉菜单中。

③ 图视工具栏:菜单栏的下拉菜单中的各种常用控制命令以图示状态条的方式呈现,当鼠标移动到工具图标上时,鼠标旁边会显示每个工具图标的功能。除系统预设的图视工具外,也可以由菜单自定义图视工具。

④ 导航视窗:它包括 ⬚:模型树,如图 1.5(a)所示,用以显示建模组成的几何特征及基准面,通常可在模型树视窗内对建模组成的几何特征及基准面进行修改和编辑。⬚:文件夹浏览器,如图 1.5(b)所示。⬚:个人收藏夹,如图 1.5(c)所示。⬚:链接,如图 1.5(d)所示。

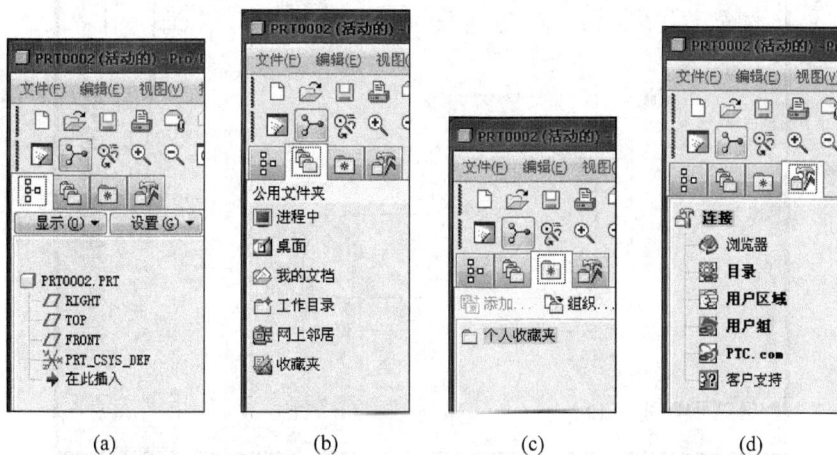

图 1.5 导航视窗

⑤ 绘图区:使用者的工作区域,使用者可以在此区域内进行各种图形的处理使用。如,绘制草图、建立实体特征、分模、组装元件及建立工程图等。

⑥ 信息区:显示系统提示使用者建模信息或提示使用者输入参数等。如,操作提示信息、操作进程及状态提示、警告提示、错误提示、严重错误提示等。

⑦ 命令提示区:当使用者移动鼠标到任意一个命令时,系统将在提示区内显示该命令的功用提示。

⑧ 选择过滤器:由使用者在建模过程中指定用鼠标选取某一类型对象,如智能、特

征、几何、基准、面组等,如图1.6所示。

在Pro/E野火版界面环境中移动鼠标单击"打开"图标 ![icon] 或选择"文件"→"打开"命令,系统将弹出"打开"对话框,移动鼠标单击"打开"对话框中的"PRT0002.Prt"后,再单击"打开"按钮。此时系统开启一个名为"PRT0002.Prt"的已有零件窗口。移动鼠标在此窗口的模型树视窗内任选一个建模几何特征后再右击,可以利用系统弹出的快捷菜单中的相关命令对建模组成的几何特征及基准面等进行修改和编辑。

图1.6　过滤器

1.2　主要功能模块

1. 参数化2D草绘模块

所谓参数化2D草绘设计就是二维图形的绘制,它包括了草绘平面的选择、基本图素(点、线、圆弧、样条线等)的绘制和编辑、尺寸的标注、草绘器约束等内容,它是Pro/E的基础和关键内容,Pro/E三维模型的建立也是在二维图形的绘制基础上完成的。草绘绘图界面如图1.7所示。

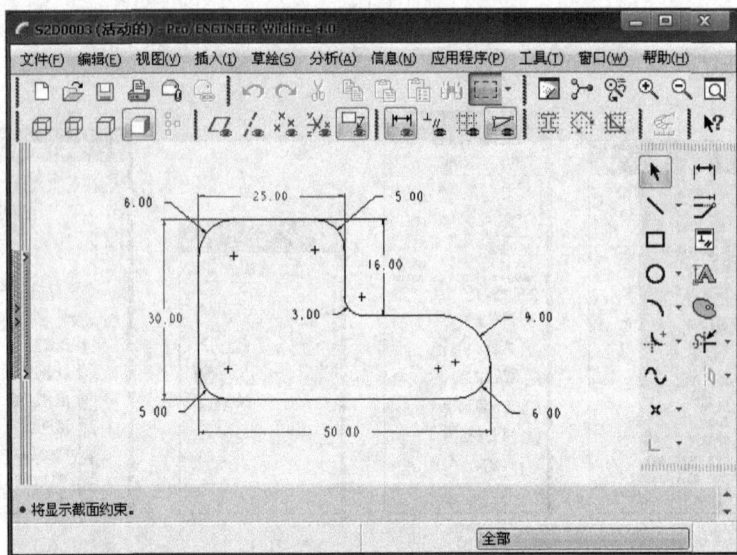

图1.7　草绘绘图界面

2. 实体特征模块

Pro/E的实体特征模块是Pro/E绘制三维图形的主要模块,它是在2D草绘设计的基础上完成的。实体特征模块主要包括:拉伸实体、旋转实体、扫描实体(包括可变剖面扫描、混合扫描、螺旋扫描)、实体倒角、模具抽壳、筋工具、拔模工具、孔工具等功能。实体特征绘图界面如图1.8所示。

3. 曲面特征模块

曲面特征是Pro/E三维图形的重要组成部分,也是在2D草绘设计的基础上完成的。

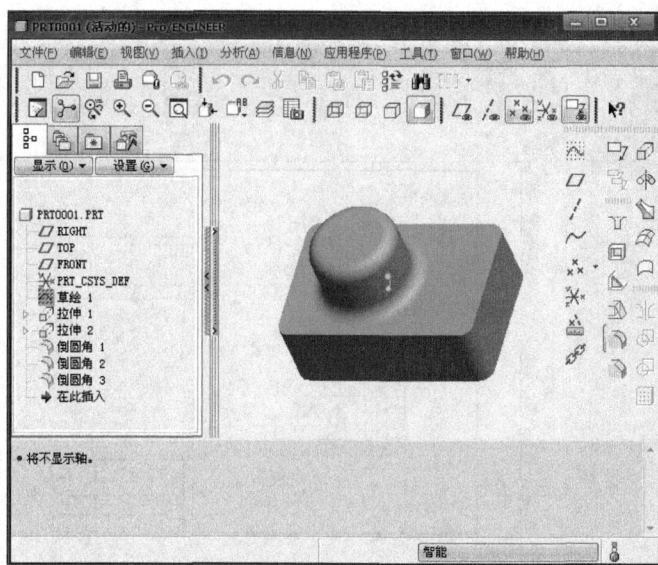

图 1.8 实体特征绘图界面

曲面特征模块主要包括：拉伸曲面、旋转曲面、扫描曲面（包括可变剖面扫描、混合扫描、螺旋扫描）、混合曲面、边界混合曲面、曲面倒角等功能。曲面的设计结合 2D 草绘设计和三维实体功能，就可以设计出复杂的零件和模具。因此，灵活运用曲面和实体功能是学好 Pro/E 的关键。曲面特征绘图界面如图 1.9 所示。

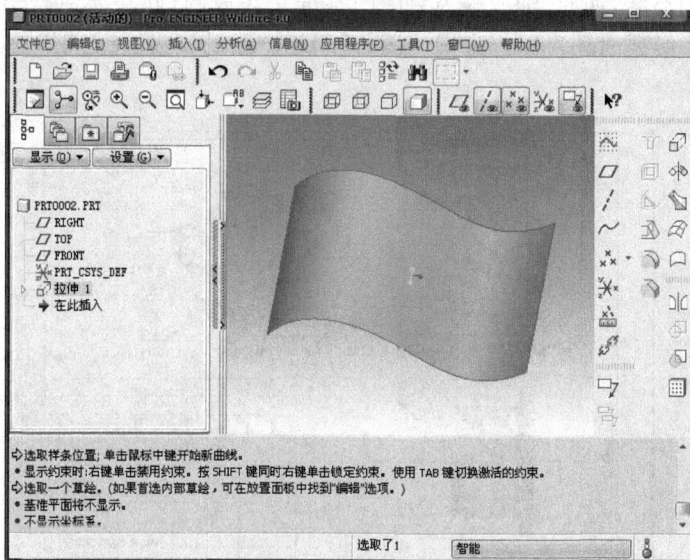

图 1.9 曲面特征绘图界面

4. 工程图模块

Pro/E 的工程图模块的基本功能就是基于立体的三维图产生二维的工程图。工程图绘图界面如图 1.10 所示。

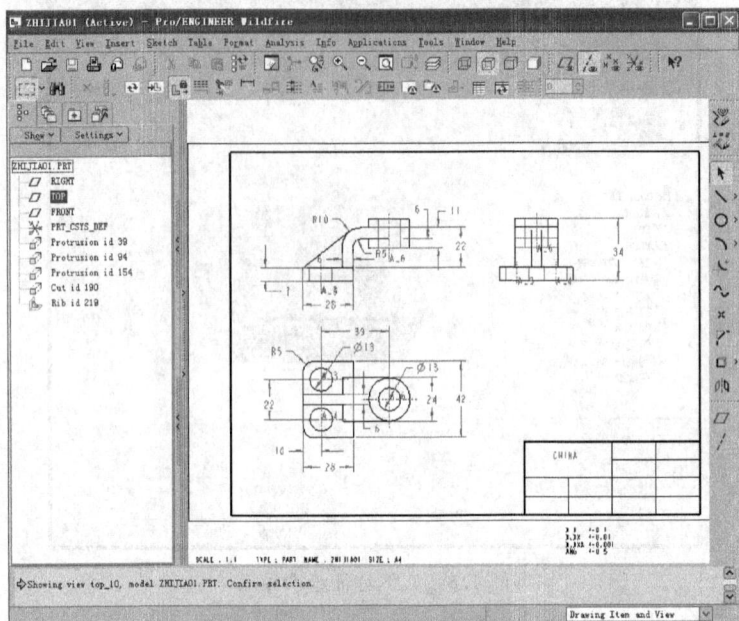

图 1.10　工程图绘图界面

5. 装配模块

Pro/E 装配模块的基本功能就是把若干已经绘制好的零件按照要求装配到一起。它是以一些基本的要素,如面、轴线等为装配的基准来完成的,此功能适合于机械产品的设计和装配仿真。必要时还可以产生爆炸图,适用于产品的开发。装配模块界面如图 1.11 所示。

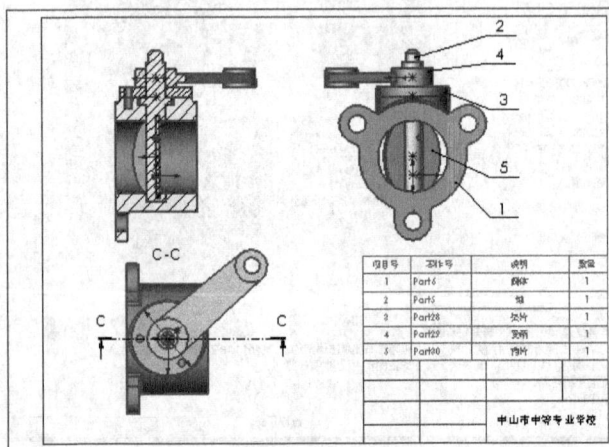

图 1.11　装配模块界面

6. 模具及分模模块

Pro/E 的模具分模功能是在模具的模型设计基础上完成的。它的顺序是先绘制出产品的三维实体模型,再对该三维产品模型使用 Pro/E 的制造、模具型腔功能完成模具型腔的分模,得到模具的凸模和凹模。生成的凸、凹模可以直接在 Pro/E 中给出刀路进行加工,也可以把图形传送到 MasterCAM 等软件产生刀路进行数控加工。模具及分模模块界面如图 1.12 所示。

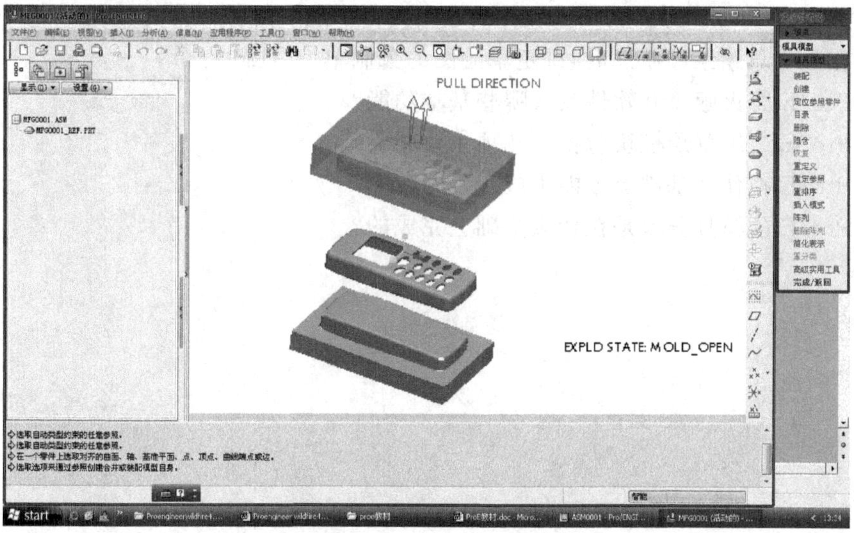

图 1.12　模具分模模块界面

7. NC 加工模块

Pro/E 的 NC 加工模块功能是在产品造型的基础上完成的。它的顺序是:先使用 Pro/E 的二维和三维功能绘制出零件或产品的实体模型(也可用曲面表达),如果是模具的话还需对产品进行模具的分模,得到模具的凸模和凹模;再使用 Pro/E 的 NC 加工功能对模型进行数控编程,得到 NC 代码。NC 加工模块界面如图 1.13 所示。

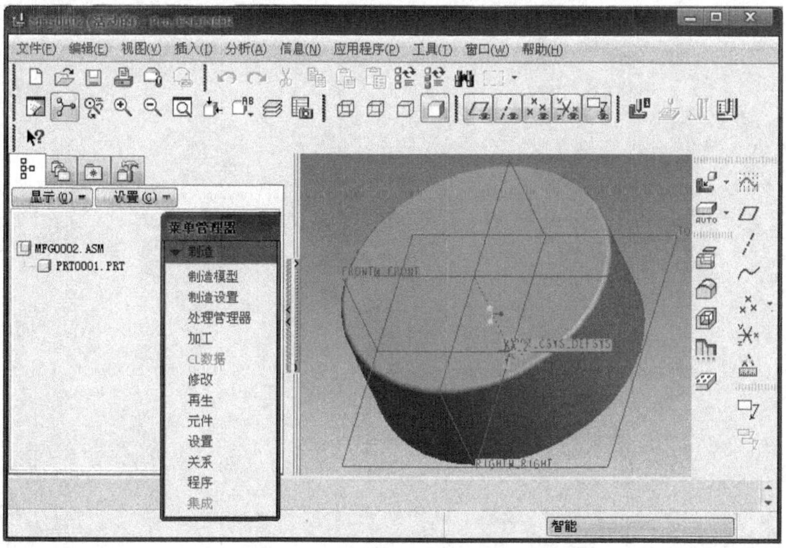

图 1.13　NC 加工模块界面

思考与练习

1. 试简述 Pro/E 野火版 4.0 软件的绘图界面中显示的各种功能分区。
2. 在进入草绘绘图状态时,确定草绘图的公制单位有哪些?
3. Pro/E 野火版 4.0 软件具备哪些基本功能?
4. Pro/E 二维草绘模块包括哪几项主要功能?
5. Pro/E 在什么基础上才能生成工程图?
6. Pro/E 的模具分模是在什么基础上完成的?

第 2 章

参数化2D草绘基础

知识目标

熟悉 Pro/E 的草绘环境,学会绘制基本几何图形,学会使用约束工具绘图,学会图形的修改、编辑和尺寸标注。

技能目标

灵活运用草绘模块来完成二维图形的绘制。

2D 草绘是 Pro/E 绘图的基础,因为 3D 实体和曲面的创建都是先创建 2D 草绘图,在此基础上完成 3D 复制曲面和实体的创建。由此可见草绘的重要。

2.1 参数化 2D 草绘的绘图环境

1. 草绘绘图界面

可以用两种方式进入 Pro/E 草绘环境:一种是在启动软件后直接单击图标 ⊙ ▒▒ 草绘进入草绘环境,图形文件的扩展名为.sec,三维实体绘图中的草绘绘图界面如图 2.1 所

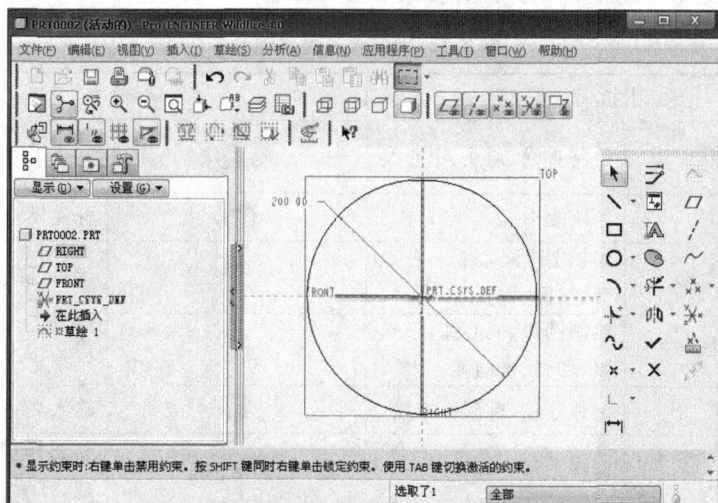

图 2.1 三维实体绘图中的草绘绘图界面

示。另一种是移动鼠标选择"新建"对话框中的"零件"选项,在"名称"文本框中输入文件名称 PRT0002,取消选中"使用缺省模板"复选框,再单击"确定"按钮。此时系统将弹出"新文件选项"对话框,如图 1.3 所示。在"新文件选项"对话框中选择模板"mmns_part_solid"(公制),移动鼠标选中"复制相关绘图"复选框,然后再单击"确定"按钮,图形文件扩展名为.prt,界面如图 2.1 所示。草绘完成后单击图标 ✔ 结束草绘。

2. 草绘工具

草绘工具在屏幕的右侧工具栏中,用一些图标和符号来表达,如图 2.2 所示。

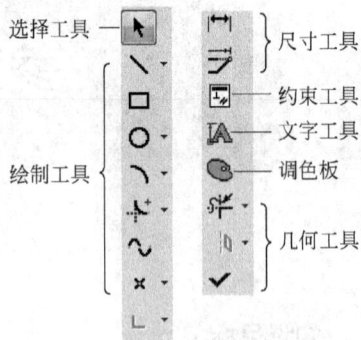

图 2.2　草绘工具

3. 切换约束显示开关

切换约束显示开关位于图区的上方,其作用为在图中"显示/隐藏"相关的项,如图 2.3 所示。

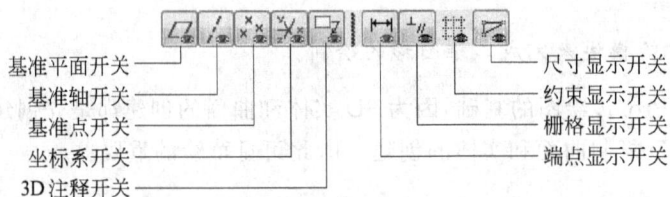

图 2.3　切换约束显示开关

2.2　绘图工具

常用的草绘命令的图视工具图标如表 2.1 所示。

表 2.1　常用草绘工具图标

绘制指令		编辑指令	
＼ ＼ ┆	绘制直线、切线、中心线	▢ ▢	实体边界引用、实体边界偏移
▢	绘制矩形	↔	标注尺寸
○ ◎ ◑ ○ ○	绘制圆、同心圆、三点圆、切圆、椭圆	⇗	编辑、修改尺寸
﹚ ﹙ ﹚ ﹚ ⌒	绘制圆弧、同心弧、三点弧、切弧、椭圆弧	⊞	建立约束
⌐ ⌐	圆弧连接、椭圆弧连接	Ⓐ	输入文字
∿	制样条线	⊬ ┴ ⊦	动态修剪图元、延伸剪裁、打断
× ⅄	绘制点、坐标点	◑ ⊙ ▢	镜像、旋转、复制

　　零件的三维造型,首先要进行二维截面图的绘制,即草图绘制,草绘是基础。利用
Pro/E软件绘制平面草图时,具有参数化、自动加注限制条件特点(即由尺寸、几何条件来
控制草图形状和大小)。所以,在绘制平面草图时可以按图形任意绘制一个相似形,然后
通过对图形几何条件的控制、尺寸的修改等来完成此草图的绘制。下面分别介绍线、矩
形、圆弧等绘图工具的使用方法。

　　(1) 线、中心线、切线

　　① 单击图标＼,用鼠标的左键随意单击两点确定一条直线,单击鼠标中键或单击图
标↖结束绘制。在绘图时,系统会跟踪直线的相关约束,如水平、等长、对称、垂直、相切
等,同时有相应的符号提示。

　　② 单击图标┆,绘制中心线,绘制方法与直线相同。

　　③ 单击图标＼,绘制与两个已知圆弧相切的切线。

　　(2) 矩形

　　单击图标□,用鼠标的左键随意单击两点确定(矩形的对角线)绘制矩形,再单击长
宽尺寸修改矩形的尺寸。

　　(3) 圆弧

　　① 单击图标⌒,使用鼠标左键单击三点绘制一圆弧。

　　② 单击图标⥲,创建同心圆弧。

　　③ 单击图标⌒,选取圆心和圆上的两点确定圆弧。

　　④ 单击图标⌔,创建与三个图元相切的圆弧。

　　⑤ 单击图标◠,创建一锥形弧。

　　(4) 圆

　　① 单击图标○,通过拾取圆心和圆上一点来建立圆。

　　② 单击图标◎,创建同心圆。

　　③ 单击图标◠,通过拾取三个点来建立圆。

　　④ 单击图标◌,创建与三个圆相切的圆。

　　⑤ 单击图标○,创建一个完整的椭圆。

　　(5) 倒圆角(圆弧连接)

　　倒圆角的方法有两种。

　　① 倒圆角:在两图元间倒圆角。单击图标┗通过拾取两个图元倒圆角。

　　② 倒椭圆角:与倒圆角相似,在两图元之间倒椭圆角。单击图标┗通过拾取两个图
元倒椭圆角。

　　(6) 样条线

　　单击图标∿绘制样条线,样条线的特点是把一系列的点以光滑的曲线连接起来。

　　(7) 坐标系与点

　　单击图标✕ ⅃可以绘制点及确定坐标系。

(8) 边界线引用

① 单击图标 ▢，通过已存在的实体边界建立图元。

② 单击图标 ▣，通过已存在的实体边界偏移建立图元。

2.3 几 何 工 具

几何工具包括动态修剪工具和复制工具，使用几何工具可以对几何图元进行修剪和复制。

1. 修剪工具

修剪工具的图标为 ✂，其下拉菜单如图2.4所示。

图 2.4 动态修剪工具

(1) 动态修剪图元

使用动态修剪图元图标 ✂，移动鼠标到图元上时，将要被剪裁掉的图元会变成蓝色，单击即可删除图元。

(2) 剪切或延伸图元

使用剪切或延伸图元图标 ✛，移动鼠标选取两个图元，如果两个图元相交则保留鼠标单击的部分，如果不相交则使图元延长相交。

(3) 打断

使用打断图标 ⌐ 可将图元打断。将鼠标移动到图元上需要打断的位置，单击即可打断该图元。

2. 复制工具

复制工具的图标为 ⬠，其下拉菜单如图2.5所示。

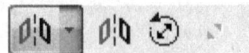

(1) 镜像

图 2.5 复制工具

使用镜像图标 ⬠ 可以生成一个关于中心线对称的图元。

先选中需要镜像的图元，再单击镜像图标 ⬠，然后选择中心线（事先要绘制好）即完成镜像。

(2) 缩放、旋转和移动

使用缩放、旋转和移动图标 ⊗ 可以将图元缩放、旋转和移动。先选中图元，再单击图标 ⊗，即可在图中直接拖动鼠标进行缩放、旋转、移动等操作，也可以在对话框中直接输入数据完成旋转和比例缩放。

3. 调色板

调色板的图标为 ◉，也可以选择"草绘"→"数据来自文件"→"调色板"命令进入调色板。调色板的主要功能是将调色板中的外部数据插入活动对象中。调色板中的图形主要分为多边形、轮廓、形状和星形，如图2.6所示。绘图时可以根据需要选择这些图形，并可以对插入的图形进行旋转和比例缩放。

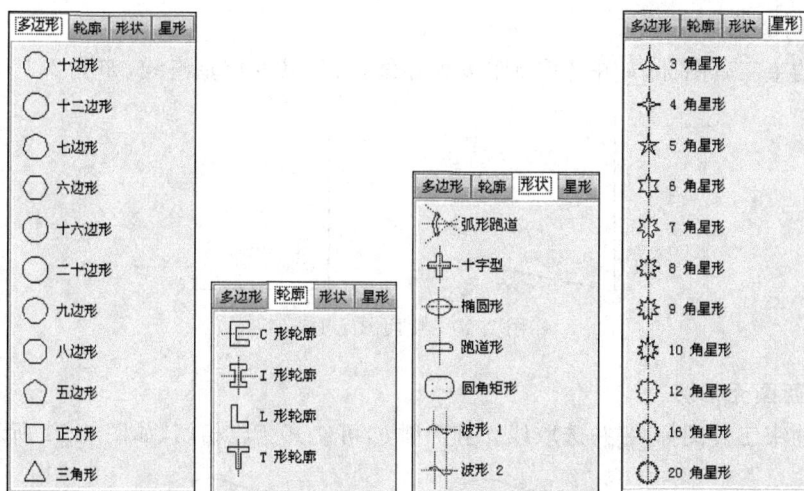

图 2.6 调色板中的图形

2.4 约 束 工 具

约束工具的图标为 ▣，单击后可得到图2.7所示的对话框。约束工具的作用主要是对所画的图形进行必要的几何约束，如水平约束、垂直约束、平行约束等。使用约束工具可以提高绘图的效率，简化绘图的过程。具体的约束项目及含义如图2.8所示。

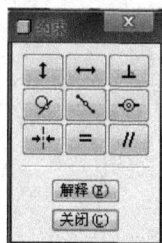

图 2.7 "约束"对话框

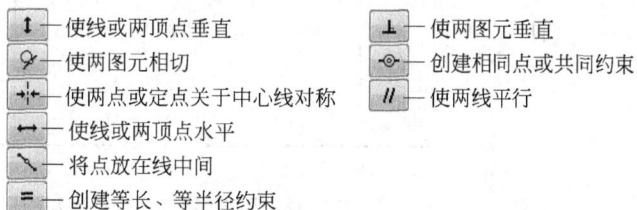

使线或两顶点垂直 — 使两图元垂直
使两图元相切 — 创建相同点或共同约束
使两点或定点关于中心线对称 — 使两线平行
使线或两顶点水平
将点放在线中间
创建等长、等半径约束

图 2.8 约束项目及含义

1. 垂直与水平

使用约束工具图标 ↕ 并选取线 a，可使其变成垂直线；使用约束工具图标 ↔ 并选取线 b，可使其变成水平线；使用约束工具图标 ↔，并选取两个圆的圆心，可使其圆心在同一条水平线上，如图2.9所示。

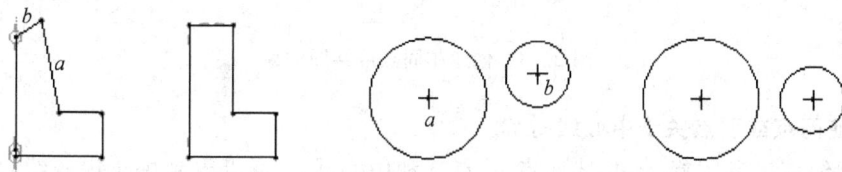

图 2.9 垂直与水平

2. 使两图元垂直

使用约束工具图标 ⊥ 并选取 *a* 和 *b* 两条线,可使其变成垂直线,如图 2.10 所示。

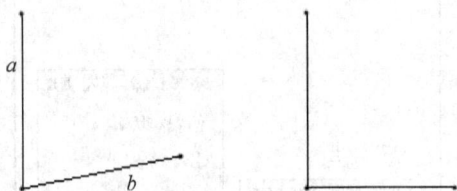

图 2.10　使两图元垂直

3. 使两图元相切

使用约束工具图标 ⊙ 并选取线 *a* 和圆弧 *b*,可使其变成相切,如图 2.11 所示。

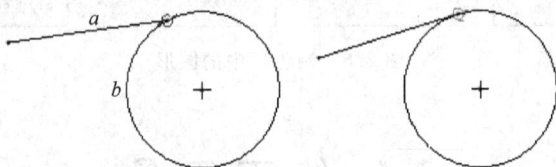

图 2.11　使两图元相切

4. 将点放在线中间

使用约束工具图标 ↘ 并选取点 *a* 和直线 *L*,可使竖线放置在水平线 *L* 的中点,如图 2.12 所示。

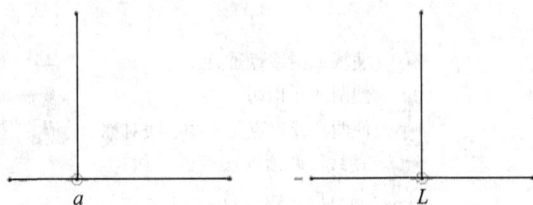

图 2.12　竖线放置在水平线 *L* 的中点

5. 创建相同点或共同约束

使用约束工具图标 ⊙ 并选取点 *a* 和点 *b*,可以使两点重合,如图 2.13 所示。

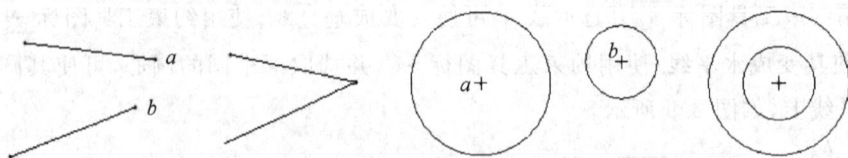

图 2.13　创建相同点或共同约束

6. 使两点或顶点关于中心线对称

使用约束工具图标 ⋈ 并选取点 *a*、点 *b* 和中心线 *c*,可以得到关于中心线对称的图元,如图 2.14 所示。

7. 创建等长、等半径约束

使用约束工具图标 = 并选取线 a 和线 b，得到等长的图元，如图 2.15 所示。

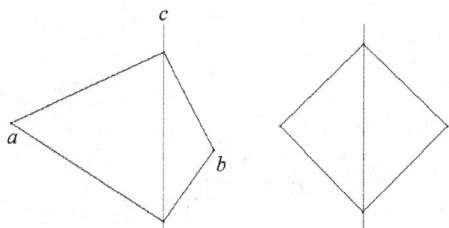

图 2.14　使两点或顶点关于中心线对称

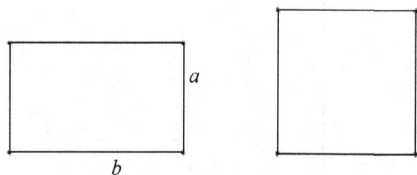

图 2.15　创建等长图元

使用约束工具图标 = 并选取圆弧 a 和圆弧 b，得到等半径的图元，如图 2.16 所示。

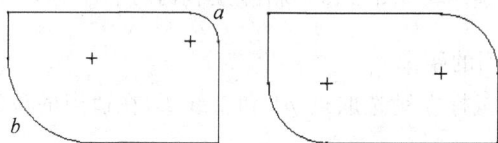

图 2.16　创建等半径图元

8. 使两线平行

使用约束工具图标 ∥ 并选取线 a 和线 b，可使线 a 和线 b 平行，如图 2.17 所示。

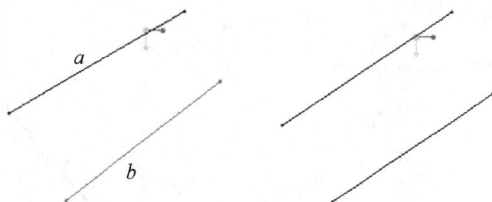

图 2.17　使两线平行

2.5　尺寸标注与修改

在草绘环境中进行绘图的同时，系统会自动为绘出的图元标注出尺寸，这些尺寸呈浅色，称为弱尺寸；当单击该尺寸并修改后，尺寸变为黄色，称为强尺寸。

在草绘中不允许出现重复约束的尺寸，如果出现这种情况，系统会提示操作者必须选中一个需删除的尺寸。

1. 尺寸标注

单击图标 ↔ 为图元标注尺寸。步骤为：先单击尺寸标注图标 ↔，再选择需要标注尺寸的图元，在适当的位置单击鼠标中键放置尺寸。

（1）标注两点间的距离

单击图标 ↔，再用鼠标左键选取 p1 和 p2 两点，在适当的位置单击鼠标中键放置尺寸,如图 2.18 所示。

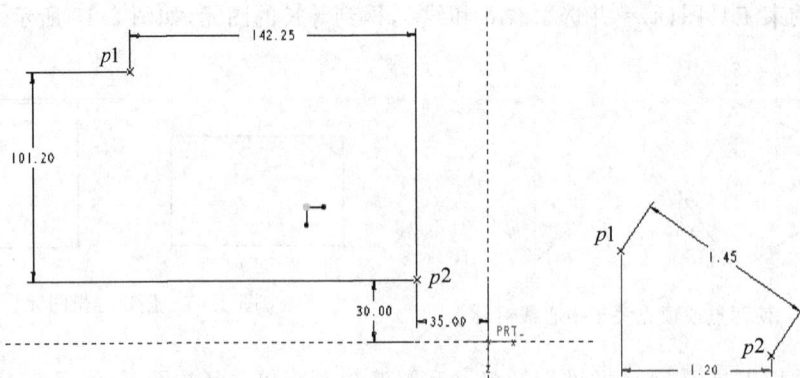

图 2.18　标注两点间的尺寸

（2）标注点与直线间的距离

单击图标![←→],再用鼠标左键选取点 p1 和直线 L,在适当的位置单击鼠标中键放置尺寸,如图 2.19 所示。

（3）标注直线的长度

单击图标![←→],再用鼠标选取直线 L,在适当的位置单击中键放置尺寸,如图 2.20 所示。

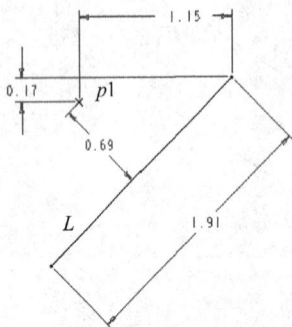

图 2.19　标注点与直线间的距离

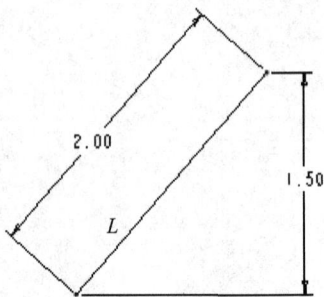

图 2.20　标注直线的长度

（4）标注圆弧的半径与直径

用鼠标左键单击圆弧,在适当的位置单击中键放置半径尺寸,如图 2.21(a)所示。

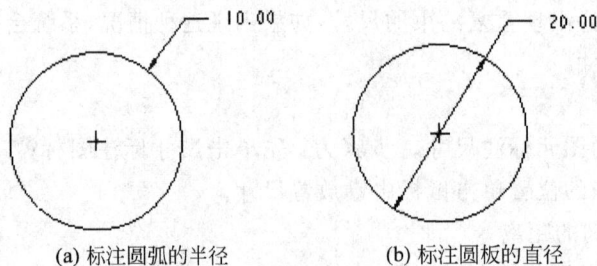

(a) 标注圆弧的半径　　　　　(b) 标注圆板的直径

图 2.21　标注圆弧的半径与直径尺寸

用鼠标左键双击圆弧,在适当的位置单击中键放置直径尺寸。如图2.21(b)所示。

（5）标注角度

用鼠标选取直线 $L1$ 和 $L2$,在适当的位置单击中键放置角度尺寸,如图2.22所示。

（6）标注弧度

用鼠标依次选取点 $p1$、$p2$ 和圆弧,在适当的位置单击中键放置弧度尺寸,如图2.23所示。

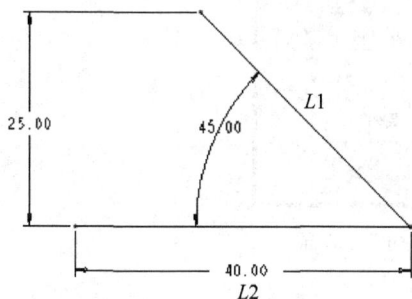

图 2.22　标注角度　　　　　　　　图 2.23　标注弧度

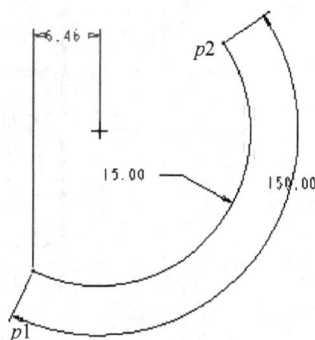

（7）标注曲线

用鼠标选取线（或中心线）、曲线端点、曲线,在适当的位置单击中键放置尺寸,如图2.24所示。

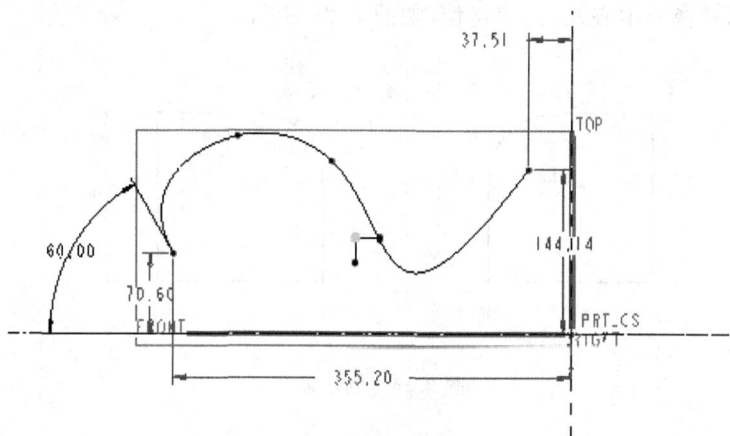

图 2.24　标注曲线

2. 尺寸修改

草绘完图元后,系统会自动标注出图元的尺寸,必须对这些尺寸进行适当的修改才能完成草绘。修改尺寸的方法有以下两种。

（1）直接修改

直接修改尺寸的操作简单、快捷、明了。使用鼠标左键双击要修改的尺寸,输入正确的尺寸值并按 Enter 键确认即可。一般修改尺寸多使用此种方法。

（2）使用尺寸工具修改

尺寸修改工具的图标为 ，单击图标后系统弹出图2.25所示的"修改尺寸"对话框，选取要修改的尺寸（可按住Ctrl键连续选取多个尺寸）进行修改，修改完成后单击按钮 结束操作。

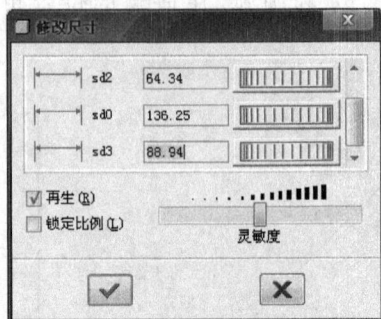

图2.25　"修改尺寸"对话框

2.6　镜像、复制、缩放和旋转工具

1. 镜像

镜像工具的操作步骤为：首先用鼠标选择需要镜像的草绘图，单击镜像工具图标 ，按照系统提示选择一中心线，完成镜像，如图2.26所示。

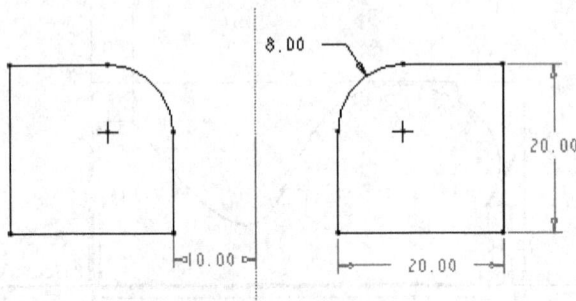

图2.26　创建镜像

2. 复制

选择需要复制的草绘图元，执行"编辑"→"复制"→"编辑"→"粘贴"命令，选择放置位置，输入比例和旋转角度，如图2.27所示。修改位置尺寸，完成草绘图的复制，结果如图2.28所示。

3. 缩放和旋转

选择需要缩放和旋转的草绘图元，执行"编辑"→"缩放和旋转"命令，在弹出的"缩放旋转"对话框中改变比例和选择角度，如图2.29所示，单击按钮 ，结果如图2.30所示。

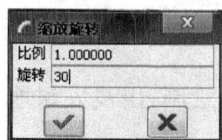

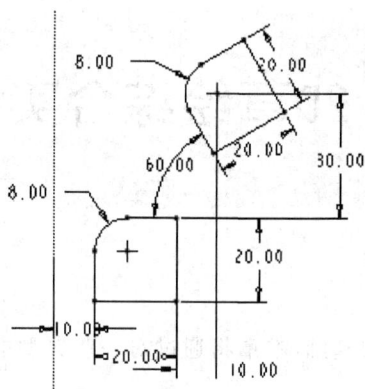

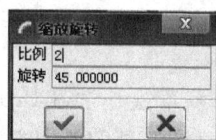

图 2.27 确定比例和旋转角度   图 2.28 复制结果   图 2.29 "缩放旋转"对话框

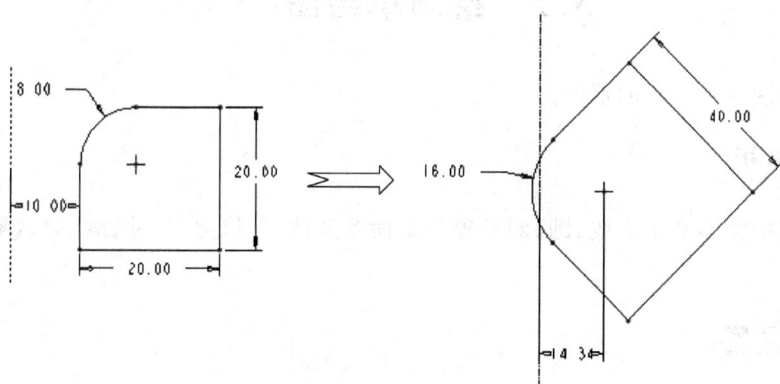

图 2.30 缩放和旋转草绘图

思考与练习

1. 简述 Pro/E 软件的主要功能。

2. 草绘图 2.31 所示的图形并使用该图练习草绘中的图形镜像、旋转等功能。

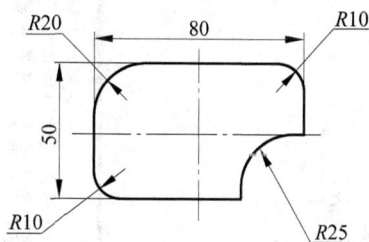

图   2.31

第 3 章

2D草绘综合实训

2D 草绘是学习 Pro/E 的基础,本章将通过对一些典型的图形绘制,由浅入深地介绍各种草绘工具的使用方法。

3.1　绘制草绘图(一)

绘制如图 3.1 所示的草图。

任务分析

在此例中将涉及中心线、圆、圆角等绘制命令及约束、修剪、尺寸标注等编辑命令的使用方法。

参考步骤

1. 进入草绘界面

在进入 Pro/E 野火版界面后,移动鼠标单击图视工具"新建"图标 📄,或选择"文件"→"新建"命令,系统将弹出"新建"对话框,如图 3.2 所示。在"新建"对话框中选择"草绘"选项,输入文件名"s2d0001",单击"确定"按钮,系统进入 2D 草绘绘图界面,如图 3.3 所示。

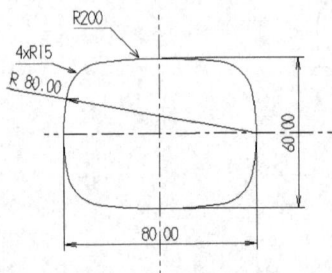

图 3.1　草图

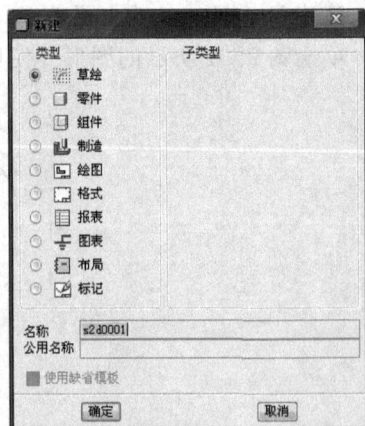

图 3.2　"新建"对话框

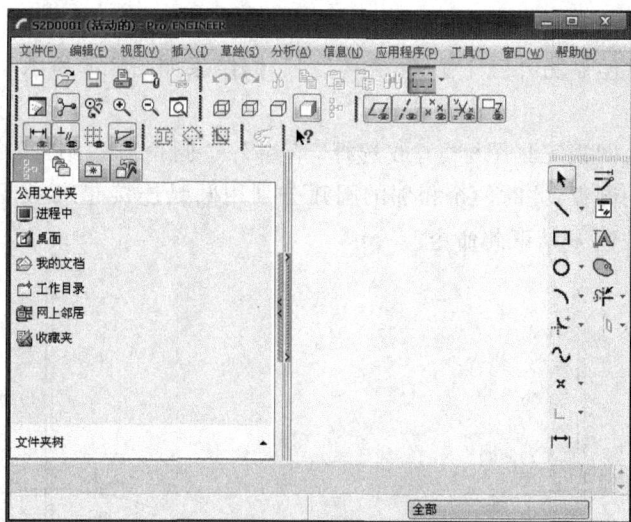

图 3.3　2D 草绘绘图界面

2. 绘制中心线

移动鼠标单击图视工具图标▐，或选择"草绘"→"线"→"中心线"命令，再移动鼠标在绘制窗口内分别单击鼠标左键两下，绘制两条互相垂直的中心线，单击鼠标中键或单击按钮▐结束此绘制"中心线"操作。

3. 绘制圆弧

移动鼠标单击图视工具栏 ⌒ ⌒ ⌒ ⌒ ⌒ 中的图标 ⌒，或选择"草绘"→"弧"→"圆心和端点"命令，通过选取圆弧圆心和两个端点来创建圆心。移动鼠标在中心线上用鼠标左键选取一点（圆心点），移动鼠标再在中心线两侧各选取另外两点，单击鼠标中键或单击按钮▐结束此命令，完成一个圆弧，如图 3.4 所示。

4. 修改尺寸

用鼠标左键分别双击如图 3.4 中的尺寸"81.10"和"132.96"，并在系统弹出的数据输入框内输入要求的尺寸后，按 Enter 键。此时，图形形状也随着尺寸的变化而变化，如图 3.5 所示。

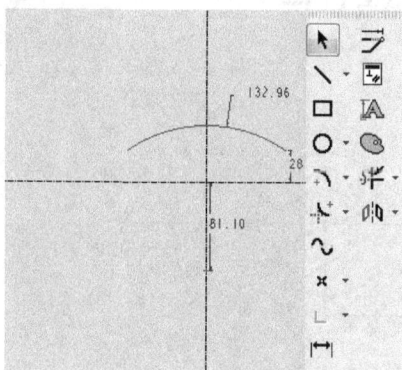

图 3.4　草绘出的圆弧

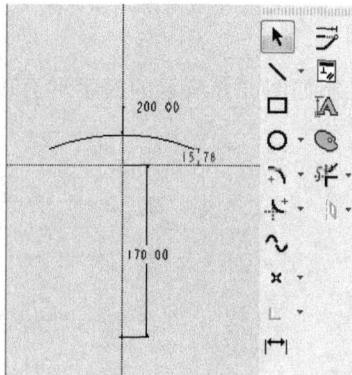

图 3.5　修改尺寸

5.绘制另外三个圆弧

按照上述方法绘制另外三个圆弧,并修改尺寸,结果如图3.6所示。

6.圆角

移动鼠标单击图视工具图标🔧,或选择"草绘"→"圆角"→"圆形"命令,移动鼠标分别选取两个相邻的圆弧,此时两个相邻的圆弧分别用圆弧连接起来,如图3.7所示,单击鼠标中键或单击按钮🔧结束此命令。

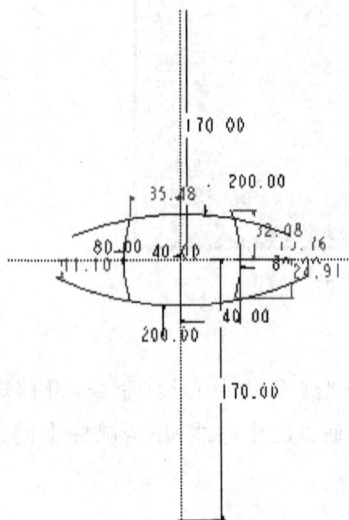

图3.6　草绘圆弧并修改尺寸

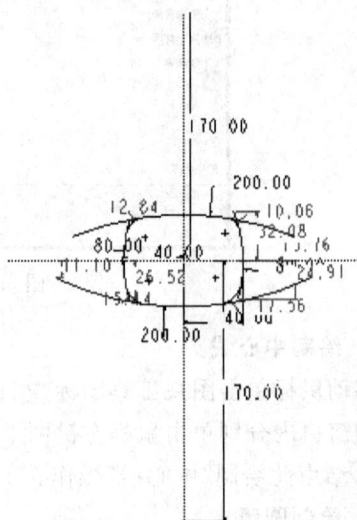

图3.7　倒圆角

7.修改圆角尺寸并删除

用鼠标左键分别双击图3.7中的四个圆角尺寸,并在系统弹出的数据输入框内输入要求的尺寸 $R15$ 后,按 Enter 键。此时,图形形状也随着尺寸的变化而变化。

移动鼠标单击图标🔧,或选择"编辑"→"修剪"→"删除段"命令,将多余的圆弧删除,结果如图3.1所示。

3.2　绘制草绘图(二)

绘制如图3.8所示的扳手平面草图。

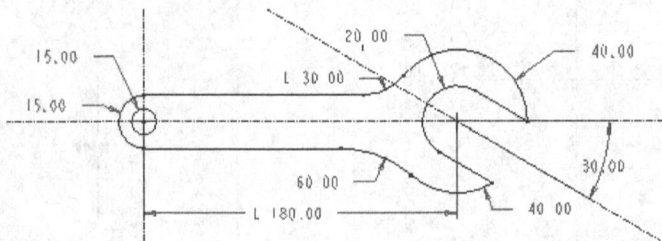

图3.8　扳手零件图

（任务分析）

在此例中将涉及中心线、圆、直线、圆角等绘制命令及约束、修剪、尺寸标注等编辑命令的使用方法。

（参考步骤）

1．进入草绘界面

在进入 Pro/E 野火版界面环境后，移动鼠标单击图视工具"新建"图标 ，或选择"文件"→"新建"命令，系统将弹出"新建"对话框，如图 3.2 所示。在"新建"对话框中单击"草绘"选项，输入文件名"s2d0001"，单击"确定"按钮，系统进入 2D 草绘界面，如图 3.3 所示。

2．绘制中心线

移动鼠标单击图视工具图标 ，或选择"草绘"→"线"→"中心线"命令，再移动鼠标在绘制窗口内分别单击鼠标左键两下，绘制两条互相垂直的中心线，单击鼠标中键或单击按钮 结束此命令。

3．绘制圆

移动鼠标单击图视工具图标 ，或选择"草绘"→"圆"→"圆心和点"命令，移动鼠标在中心线上用鼠标左键选取一点（圆心点），再在中心线一侧选取另一点，完成一个圆。用上述方法完成中心线上另三个圆的绘制，如图 3.9 所示，单击鼠标中键或单击按钮 结束此命令。

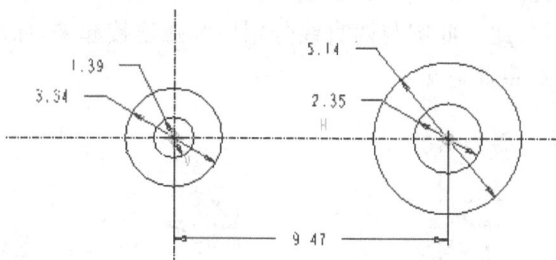

图 3.9　绘制圆

4．绘制直线

移动鼠标单击图视工具图标 ，或选择"草绘"→"线"→"线"命令，在中心线一侧的圆周上单击鼠标左键一下，移动鼠标在同侧再单击鼠标左键一下，绘制一条直线，单击鼠标中键结束此命令。用同样方法完成另一条直线的绘制，如图 3.10 所示。

5．建立约束关系

移动鼠标单击图视工具图标 ，或选择"草绘"→"约束"命令，系统将弹出一个"约束"对话框（见图 3.11），单击对话框中的使两图元相切图标 ，然后移动鼠标分别选取图 3.10 中的左圆与两直线，使此圆分别与两条直线相切，单击按钮 关闭对话框。

6．修剪

移动鼠标单击图视工具图标 ，或选择"编辑"→"修剪"→"删除段"命令，然后移动

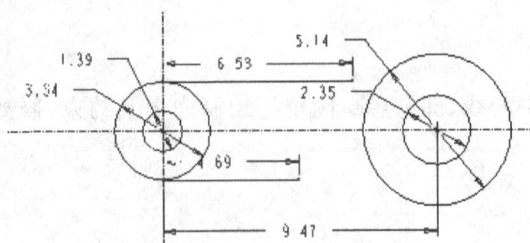

图 3.10   绘制直线

鼠标分别单击图 3.10 中的左大圆与两直线相切的内侧,得到如图 3.12 所示的草图,单击鼠标中键结束此命令。

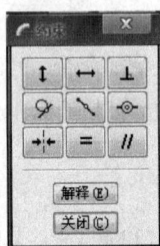

图 3.11   "约束"对话框

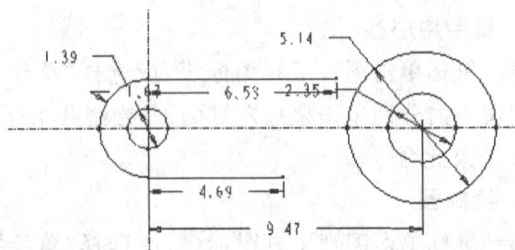

图 3.12   修剪

7. 圆角

移动鼠标单击图视工具图标 ，或选择"草绘"→"圆角"→"圆形"命令,移动鼠标分别选取右大圆与两直线,此时此圆与两直线分别用圆弧连接起来,如图 3.13 所示,单击鼠标中键或单击按钮 结束此命令。

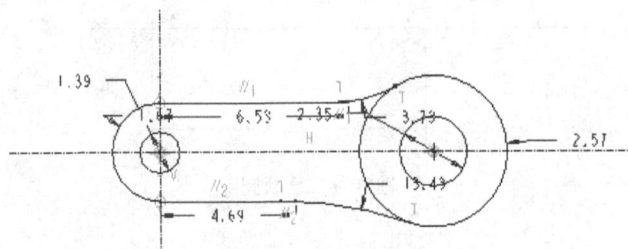

图 3.13   圆角

8. 修剪

移动鼠标单击修剪图标 ，单击右大圆与两圆角相切内侧的需要修剪的圆弧,结果如图 3.14 所示。

9. 尺寸标注

移动鼠标单击图视工具图标 ，或选择"草绘"→"尺寸"→"参照"中的相关命令,分别选取左右两个大圆的圆心,移动鼠标在图形外单击鼠标中键,此时两圆心距标注完成,如图 3.15 所示,单击鼠标中键结束此命令。

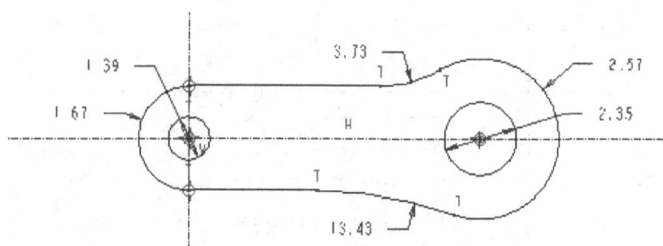

图3.14　修剪圆弧

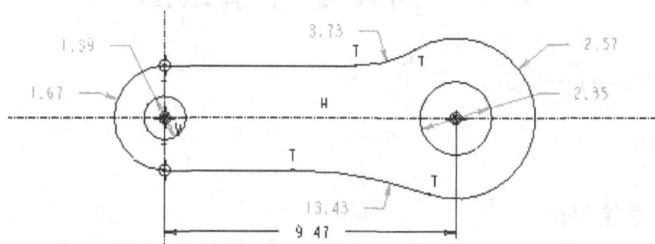

图3.15　尺寸标注

10. 修改尺寸

用鼠标左键分别双击图3.15所示的各尺寸,并在系统弹出的数据输入内输入要求的尺寸(见图3.16)后,按 Enter 键。此时,图形形状也会随着尺寸的改变而变化。

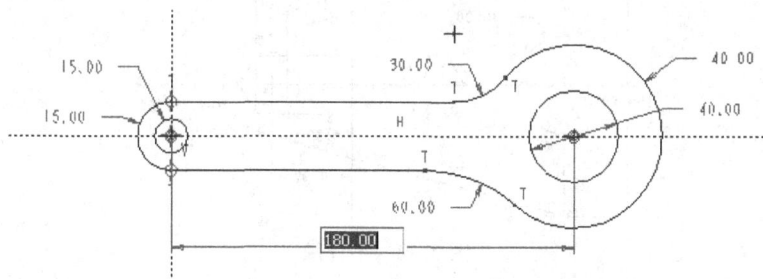

图3.16　修改尺寸

11. 绘制扳手卡口图形

移动鼠标单击图视工具图标┆绘制一条与水平方向成30°角的中心线,然后再移动鼠标单击图视工具图标╲分别在中心线两侧绘制两条与右侧小圆相切(利用┙工具图标或"约束"命令)并交与右侧大圆的两条直线,再利用∥工具图标或"约束"命令让两直线分别与中心线平行,如图3.17所示。

12. 修剪、保存

移动鼠标单击修剪图标ᵧ,或选择"修剪"命令去除多余圆弧,并移动鼠标单击图视工具图标᛭关闭约束显示,完成图3.8所示的扳手平面草图的绘制并保存。

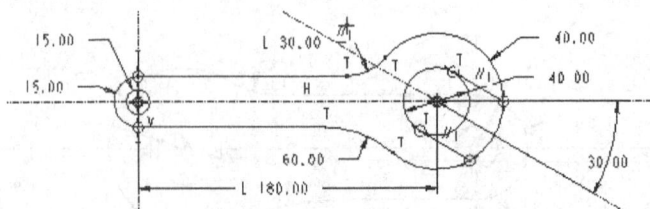

图 3.17　绘制平行线

3.3　新建零件草绘图

新建零件草绘图的步骤如下。

参考步骤

1. 进入零件草绘界面

使用新建零件的草绘功能绘制图 3.18 所示的零件草绘图。进入"新建"对话框(见图 3.19),输入零件名称"tsb",不使用默认模板(去除选中"使用缺省模板"复选框)单击"确定"按钮,在"新文件选项"对话框中选取(mm)公制单位(见图 3.20),单击"确定"按钮进入如图 3.21 所示的界面。

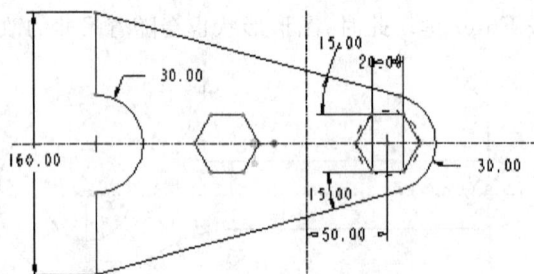

图 3.18　零件图

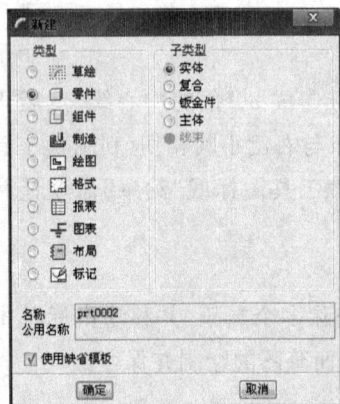

图 3.19　新建零件

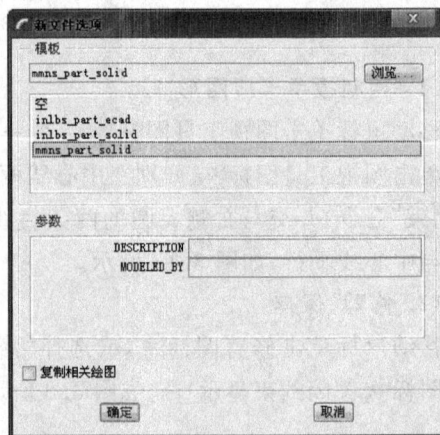

图 3.20　新建零件单位为公制

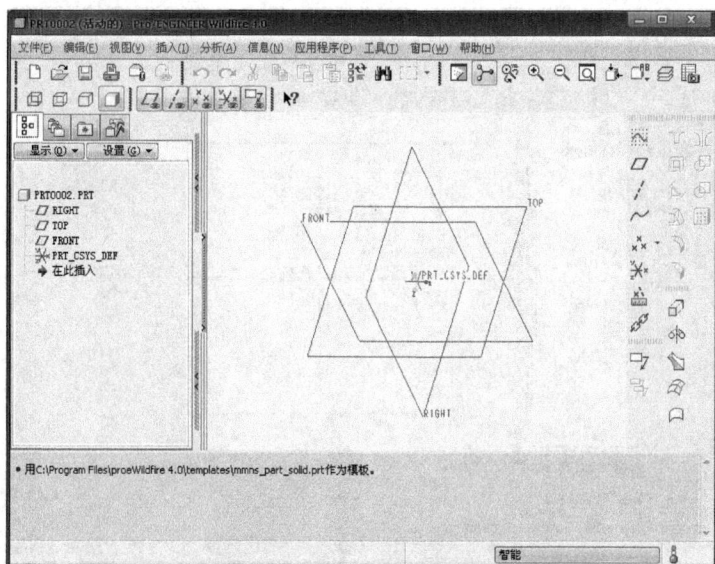

图 3.21　零件草绘界面 1

2. 选择草绘平面

移动鼠标单击草绘工具图标 。用鼠标选取基准面 TOP 为草绘平面,接受系统默认的基准面 RIGHT 为草绘参考面,如图 3.22 所示。单击"草绘"按钮,系统进入零件草绘如图 3.23 所示界面。

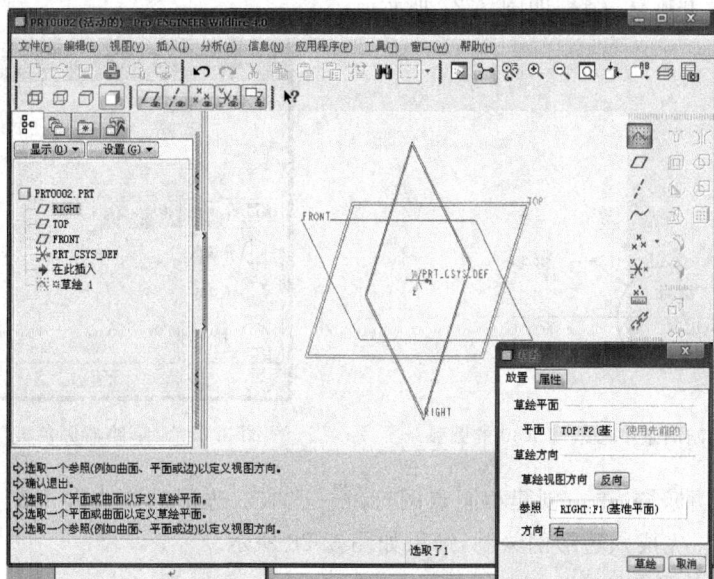

图 3.22　选择草绘平面

3. 绘制两条相互垂直的中心线和右边 *R*30 的圆弧

首先移动鼠标草绘两条相互垂直的中心线,单击工具图标 绘制 *R*30 的圆弧,圆心

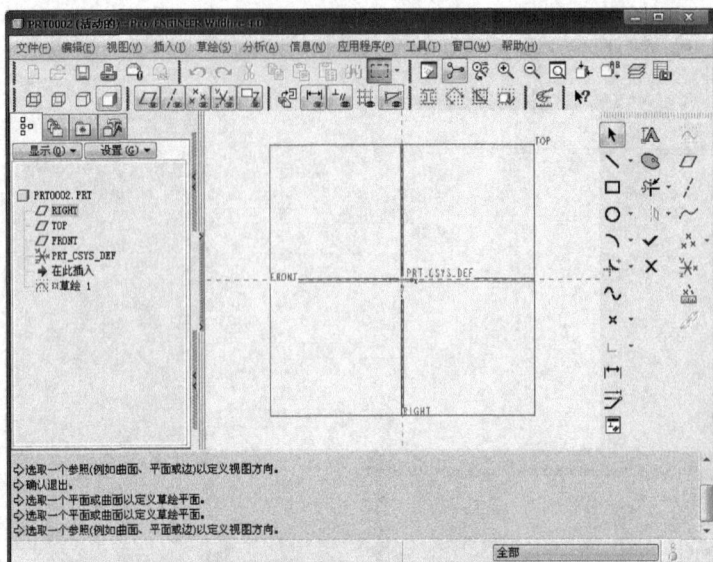

图 3.23 零件草绘界面 2

在水平中心线上,修改尺寸后如图 3.24 所示。

4. 插入六边形并约束

将"草绘器调色板"中的六边形插入到图中:单击图标 ,系统弹出"草绘器调色板"对话框,如图 3.25 所示,双击六边形图标,拖动鼠标放置在图 3.26 所示位置处,修改比例为"20.000000"并确认,结果如图 3.27 所示。

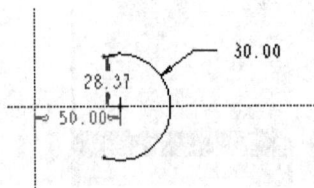

图 3.24 绘制两条中心线和 $R30$ 的圆弧

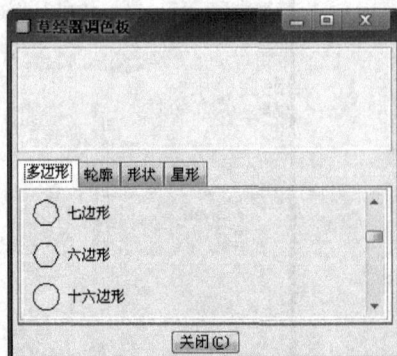

图 3.25 "草绘器调色板"对话框

单击约束图标 ,单击创建相同点图标 ,选取六边形的中点和 $R30$ 的圆心点,使其约束为共点。完成六边形的绘制,结果如图 3.28 所示。

5. 镜像六边形

选取六边形的六个边(按住 Ctrl 键连续选取),单击镜像图标 并选择垂直的中心线,完成六边形的镜像,结果如图 3.29 所示。

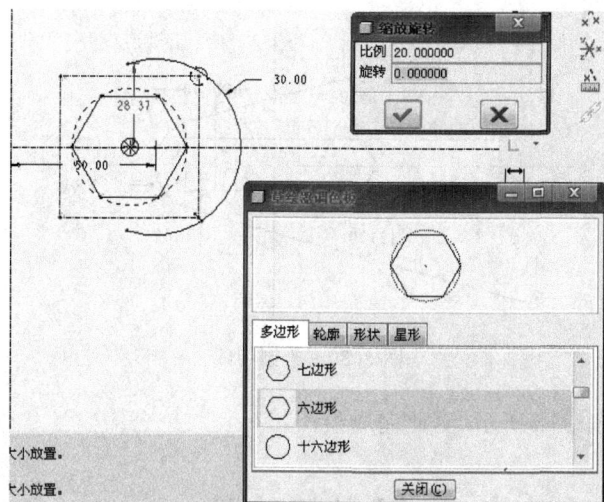

图 3.26　六边形操作

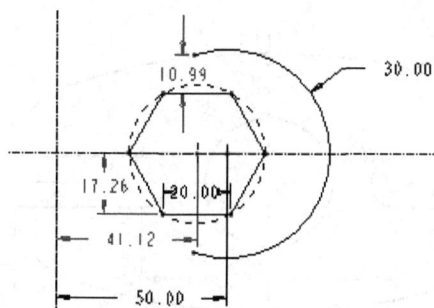

图 3.27　插入六边形

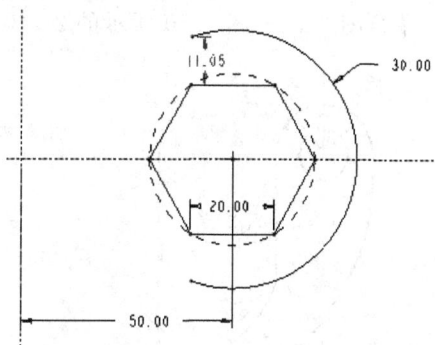

图 3.28　约束为共点

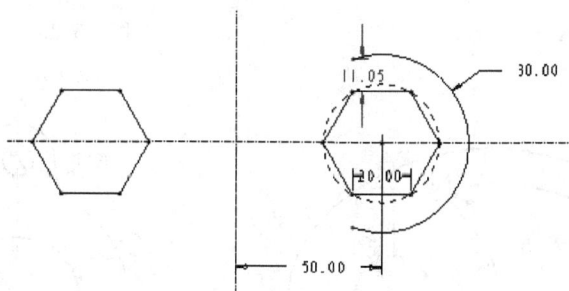

图 3.29　镜像六边形

6. 绘制与 R30 相切的线

使用"直线"命令绘制两条直线,并使用约束工具图标 使直线与圆弧相切,修改角度为 15°,结果如图 3.30 所示。

7. 绘制垂线和圆弧

在左侧绘制垂线,修改尺寸为"160.00",将绘制圆弧的半径修改为 R30.00,将多余的

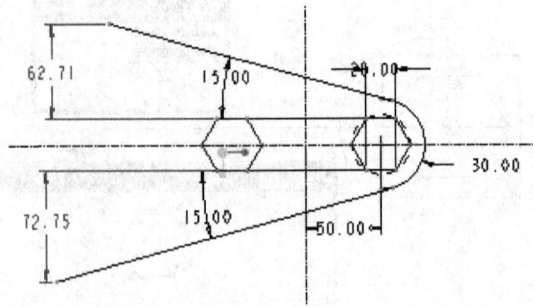

图 3.30　绘制切线

线裁剪掉,结果如图 3.18 所示,至此完成绘图。

思考与练习

草绘图 3.31～图 3.50 所示的 2D 零件草图。

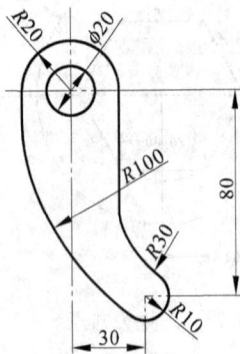

图　3.31

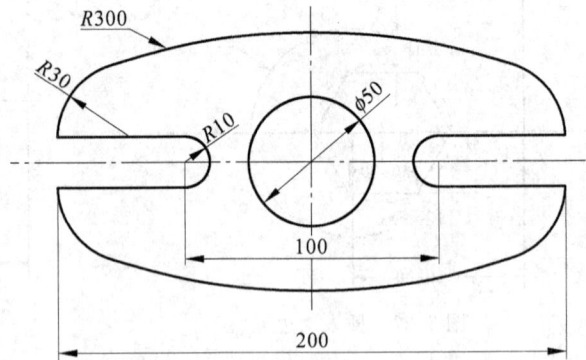

图　3.32

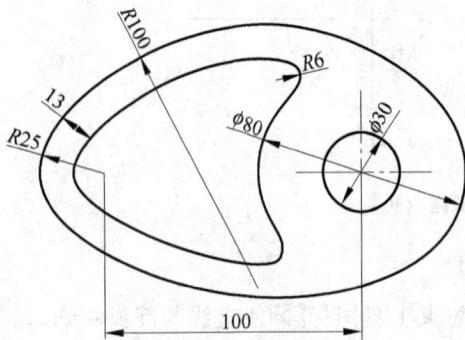

图　3.33

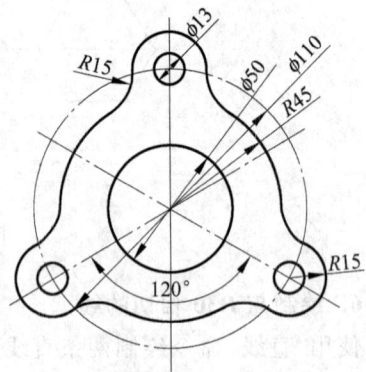

图　3.34

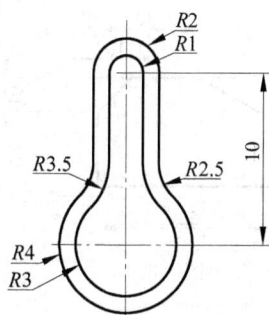

图 3.35

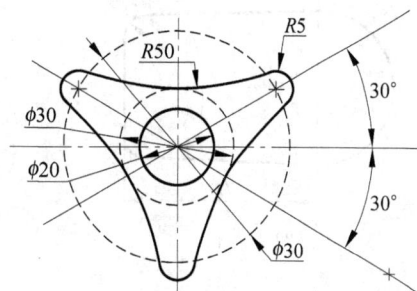

图 3.36

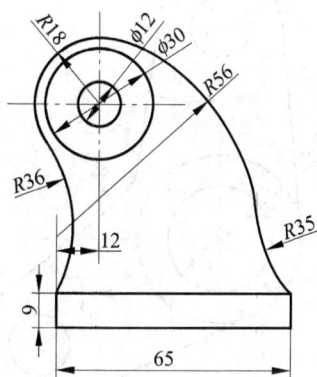

图 3.37

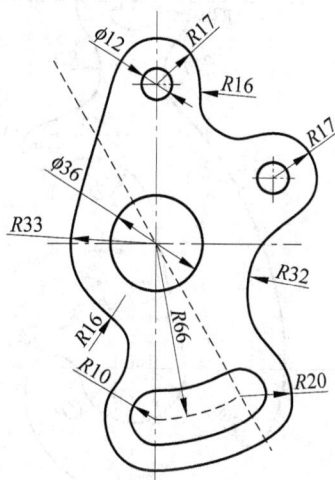

图 3.38

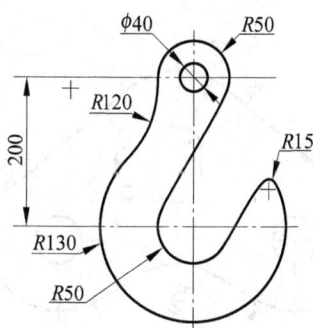

图 3.39

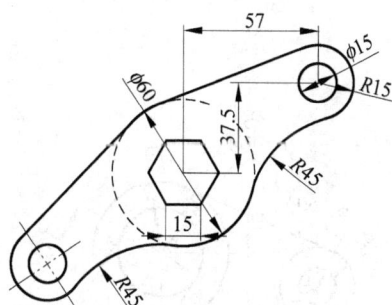

图 3.40

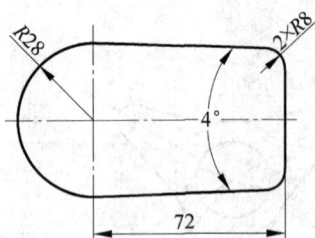

图 3.41

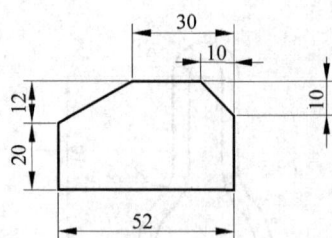

图 3.42

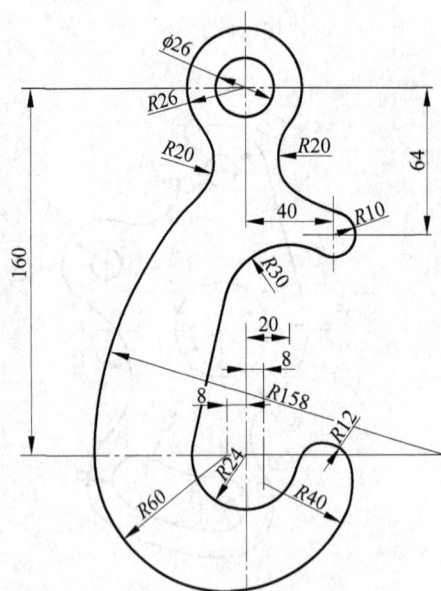

图 3.43

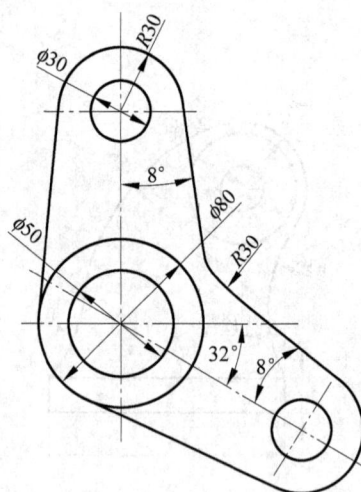

图 3.44

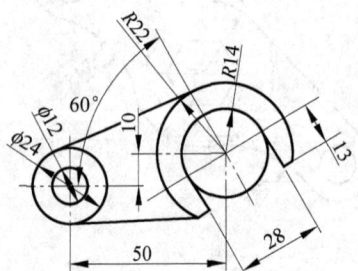

图 3.45

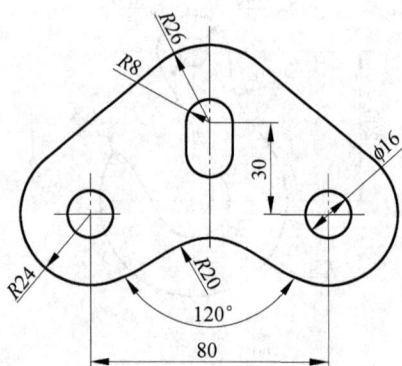

图 3.46

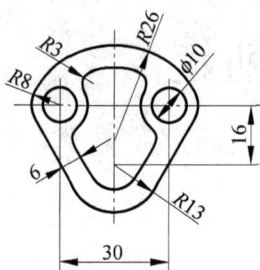

图 3.47

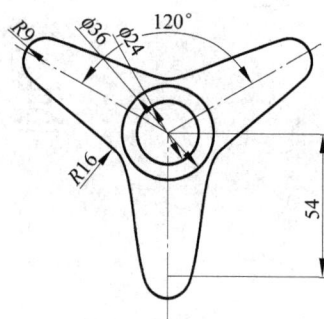

图 3.48

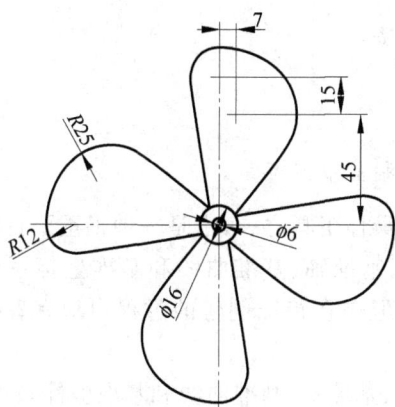

图 3.49

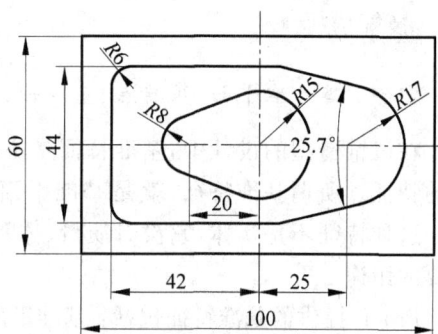

图 3.50

第 4 章

基准特征的创建

了解基准特征的概念,学会基准特征的创建方法。

学会创建基准平面、基准点、基准轴、基准曲线和基准坐标系。

在三维造型的设计中,基准特征是协助建模的最佳工具之一,也是一种很重要且很实用的特征。所谓基准特征,就是基准平面、基准点、基准轴、基准曲线和基准坐标系的统称。这种特征不是实体,它没有质量、体积和厚度,但是在特征创建的过程中却有着极其重要的用途。

Pro/E 提供的基准特征包括:基准平面、基准点、基准轴、基准曲线和基准坐标系等,它们是系统设置好的,可以直接使用,使用者也可以根据需要自己创建必要的基准特征。使用"模型基准"子菜单中的命令(见图 4.1)或工具图标(见图 4.2)都可以进行基准特征的应用。

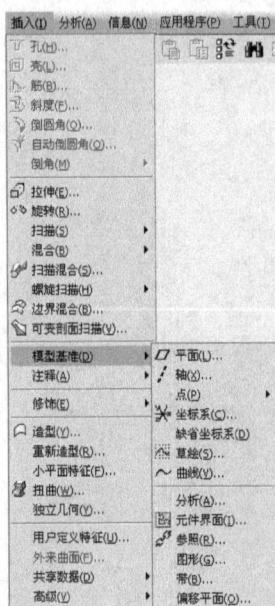

图 4.1 "模型基准"子菜单　　　　　　图 4.2 基准特征工具图标

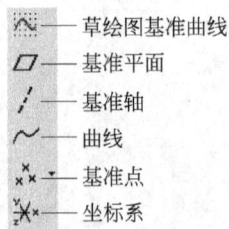

4.1 使用和创建基准平面

基准平面是所有基准特征中使用最频繁也是最重要的基准特征,常用做草绘平面和参考平面。

Pro/E 系统提供的基准平面有三个,即 FRONT、TOP 和 RIGHT,它们之间相互正交。

1. 基准平面的使用

进入三维建模模块进行草绘时,第一步就是定义草绘平面和选择参照面,然后才能进行绘制。选择草绘平面的步骤为:

① 进入零件草绘界面,并单击草绘图标工具 ,系统弹出"草绘"对话框,如图 4.3 所示。

② 用鼠标选择 TOP 面为草绘平面,系统给出的默认参照面 RIGHT 面为右参照面,此时也可以根据需要自己定义参照面,如图 4.4 所示,单击按钮 草绘 进行草绘。

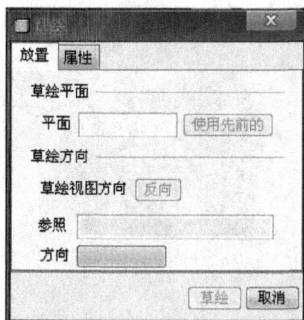

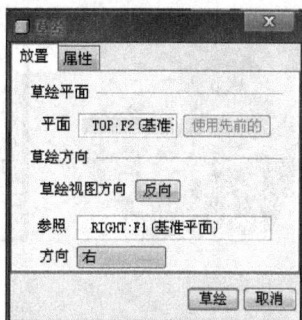

图 4.3 "草绘"对话框   图 4.4 草绘平面选择

2. "基准平面"对话框

在进行三维建模时,系统提供的三个基准平面往往是不够的,常常需要新建基准平面作为设计参照。建立基准平面的方法为:单击基准平面工具图标 ,或选择"插入"→"模型基准"→"平面"命令,系统弹出"基准平面"对话框,如图 4.5 所示,单击任一基准平面(如 TOP 面),"基准平面"对话框中添加了参照面(TOP 面)如图 4.6 所示。

图 4.5 "基准平面"对话框   图 4.6 新建基准平面

对话框中的"显示"选项卡用于设置基准平面的大小,选中 ☑调整轮廓 复选框,系统会自动确定草绘平面的大小;"属性"选项卡用于设置基准平面的名称,用户自己建立的基准平面,系统会依次定义为 DTM1、DTM2……

在对话框的"参照"选项区域中可以选择点、线、面作为参照来建立基准平面。

3. 基准平面的创建

要创建基准平面,首先要有一个已知的点、线或面作为参照,并确定它们与基准面之间的关系。通过点、线、面确定一个基准平面的组合很多,下面举例说明几种常用的确定基准平面的方法。

(1) 选择面创建偏距基准平面

通过选择一个已有的平面来创建与此平面平行的基准平面。操作过程为:单击基准平面工具图标 ▱ →选择面1→输入偏距为"50"→单击"确定"按钮,加工如图4.7所示。

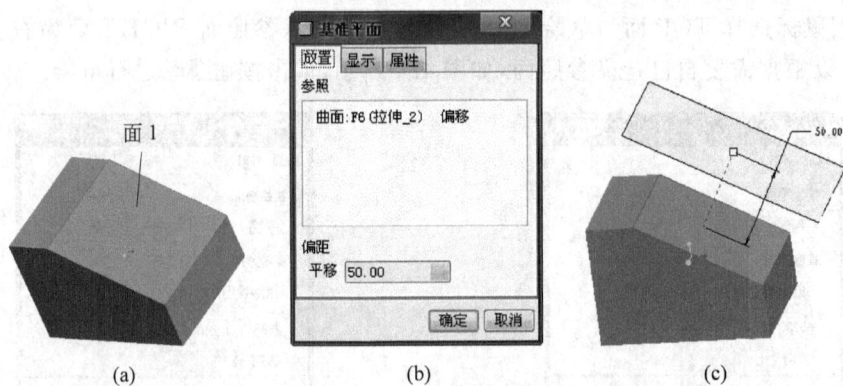

图4.7　创建偏距基准平面

(2) 选择两条线创建基准平面

通过选择两条线来创建基准平面,当选择的两条线平行或相交时,则产生由这两条直线所决定的基准平面,如图4.8所示。当选择的两条线不在同一平面时,线的放置参数可选择"穿过"或"法向",如图4.9所示。

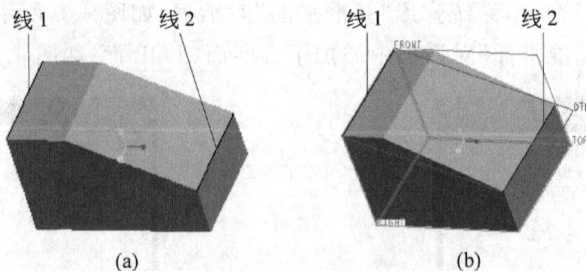

图4.8　选择两条线创建基准平面

注意:在选择多个图元时,需要按住 Ctrl 键。

(3) 选择一条线和一个面创建基准平面

选择通过一条线并与一个平面呈一定的角度来创建基准平面,如图4.10所示。

图 4.9　选择两条线创建基准平面 1

图 4.10　通过线和面创建基准平面

（4）选择点创建基准平面

通过选择三个点来创建基准平面，如图 4.11 所示。

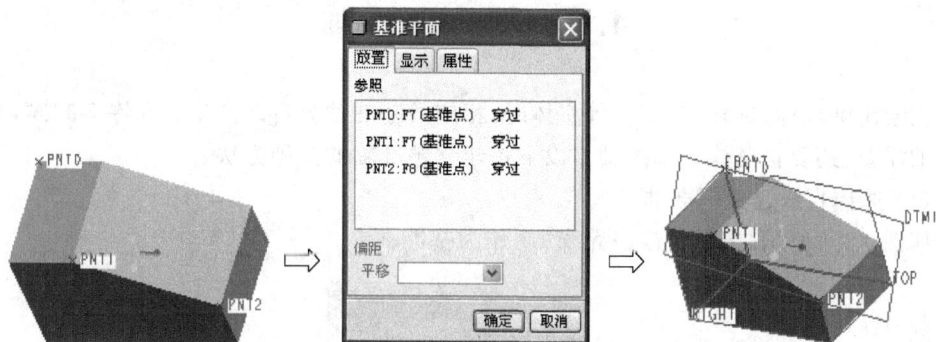

图 4.11　通过点创建基准平面

（5）穿过一轴与一平面平行创建基准平面

通过选择一个轴和一个面，在"基准平面"对话框的"放置"选项卡中选择"平行"，产生穿过轴与一平面平行的基准平面，如图 4.12 所示。

（6）穿过一轴与一平面垂直创建基准平面

通过选择一个轴和一个面，在"基准平面"对话框的"放置"选项卡中选择"法向"，产生穿过轴与一平面垂直的基准平面，如图 4.13 所示。

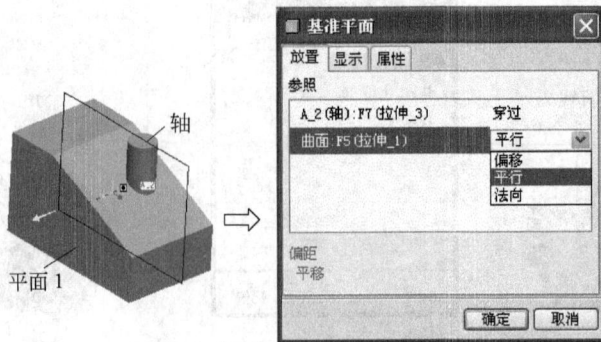

图 4.12   穿过一轴与一平面平行创建基准平面

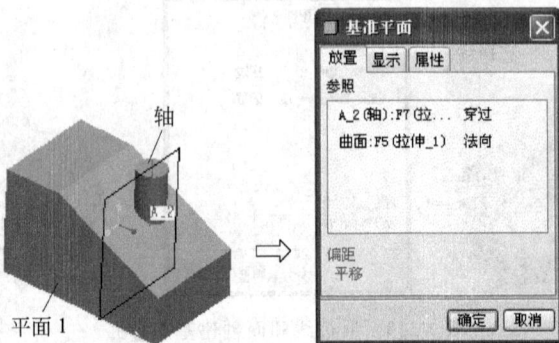

图 4.13   穿过一轴与一平面垂直创建基准平面

4.2　基　准　轴

在绘制圆柱体、旋转体、圆孔等实体时,相应的基准轴会自动产生。在许多时候,为了绘图的需要,还要自己建立基准轴。以下是建立基准轴的几种方法。

(1) 选择直线建立基准轴

如图 4.14 所示,选择实体边界线 $L1$ 作为基准轴。

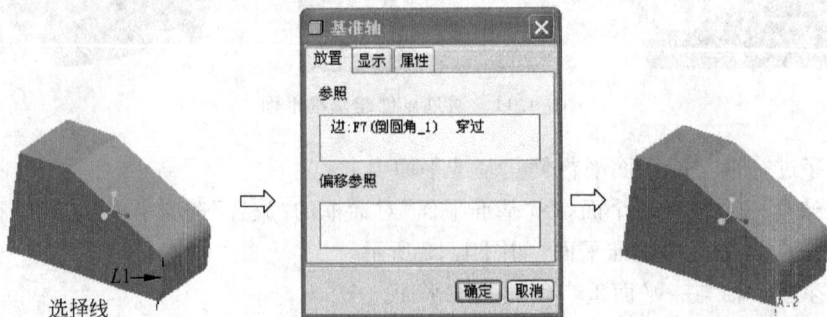

图 4.14   选择直线建立基准轴

（2）选择两点建立基准轴

选择两点建立基准轴的操作如图4.15所示。

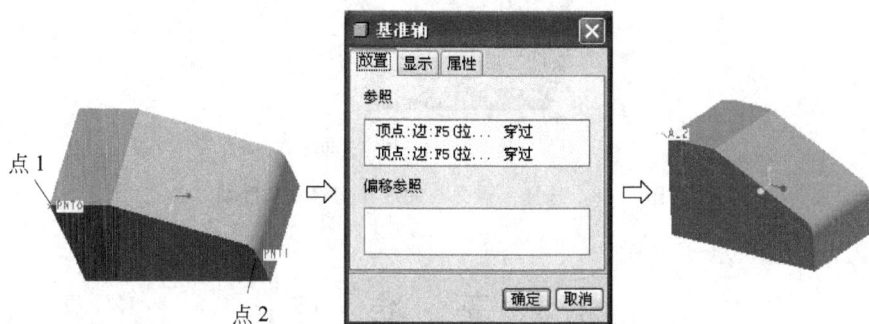

图 4.15　选择两点建立基准轴

（3）选择两个平面建立基准轴

选择两个平面建立基准轴的操作如图4.16所示。

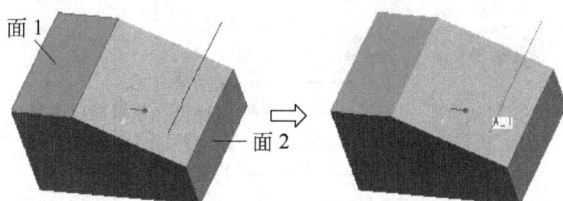

图 4.16　选择两个平面建立基准轴

（4）选择圆柱曲面建立基准轴

选择圆柱曲面建立基准轴的操作如图4.17所示。

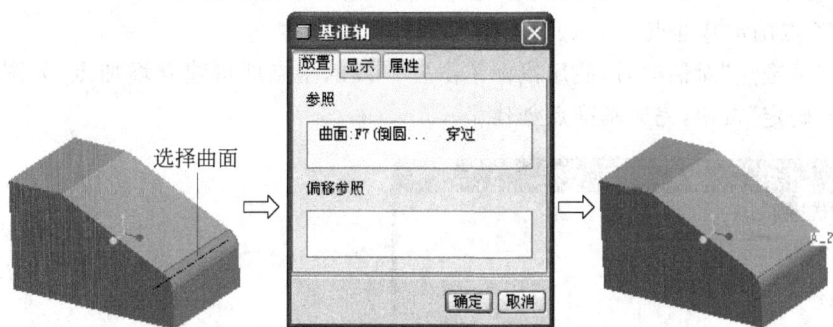

图 4.17　选择圆柱曲面建立基准轴

（5）选择一点并与曲线相切建立基准轴

选择一点并与曲线相切建立基准轴的操作如图4.18所示。

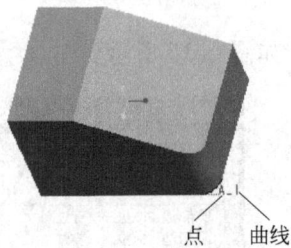

点　　曲线

图 4.18　选择一点并与曲线相切建立基准轴

4.3 基 准 点

基准点的作用主要是用来作为定位参照,标识为 PNT0、PNT1、PNT2……Pro/E 4.0 提供了 4 种类型的创建基准点的方法。

基准点工具图标及解释如图 4.19 所示。

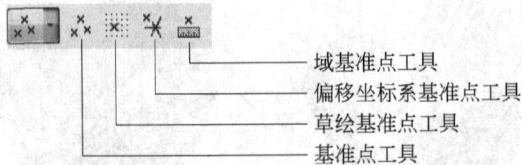

域基准点工具
偏移坐标系基准点工具
草绘基准点工具
基准点工具

图 4.19　基准点工具图标

1. 基准点工具

单击基准点工具图标 ,系统弹出"基准点"对话框,如图 4.20 所示。在创建基准点的操作过程中,可以使用图元、图元的交点和图元的偏移建立基准点。

(1) 顶点确定基准点

进入"基准点"对话框后,使用鼠标单击任一线的端点即可建立增加点,如图 4.21 所示。单击"确定"按钮,完成基准点创建。

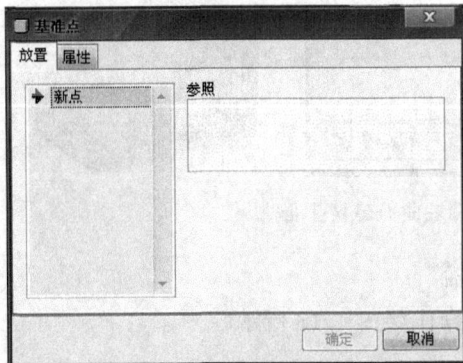

图 4.20　"基准点"对话框

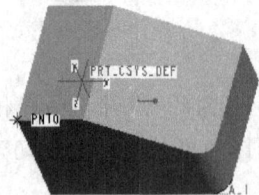

图 4.21　选择点创建基准点

（2）偏移确定基准点

进入"基准点"对话框后，选择一条直线 $L1$，如图 4.22 所示，在"基准点"对话框中输入参数如图 4.23 所示（偏移比率为"0.50"），单击"确定"按钮，完成在直线 $L1$ 上点的基准点创建。改变偏移比率值或者输入偏移距离，可在直线 $L1$ 上的不同位置创建基准点。

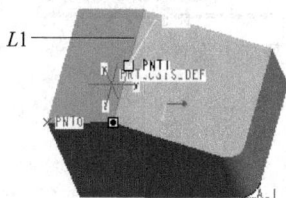

图 4.22 选择直线 $L1$

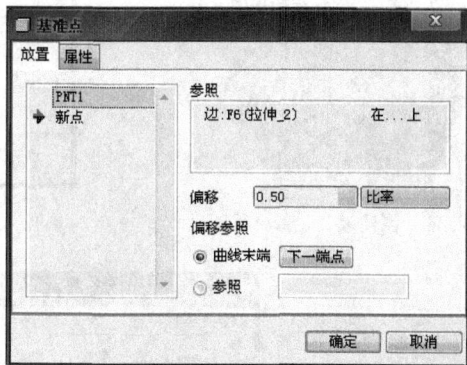

图 4.23 创建基准点 PNT1

（3）位移确定基准点

① 进入"基准点"对话框后，连续选择一个点 $P1$（可以是基准点、顶点、端点等）和一条直线 $L1$（见图 4.24），输入偏移距离（见图 4.25），单击"确定"按钮，完成与直线平行且与顶点距离为 27mm 的基准点 PNT1 的创建。

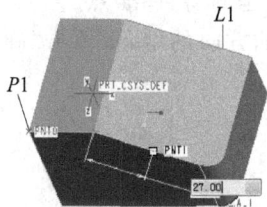

图 4.24 创建基准点 PNT1

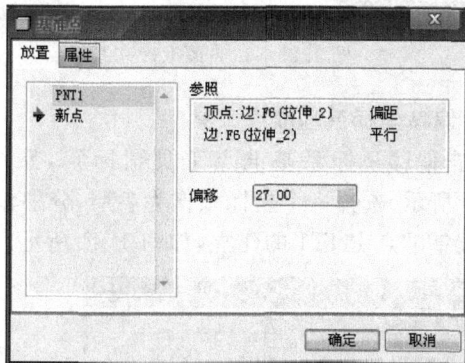

图 4.25 基准点设置 1

② 连续选择一个点 P 和一个平面（见图 4.26），输入偏移距离如图 4.27 所示，单击"确定"按钮，完成与平面平行且与顶点 $P1$ 距离为 30mm 的基准点 PNT1 的创建。

（4）在曲面上建立基准点

选择一个平面，单击激活"偏移参照"选项，连续选择边线 $L1$ 和 $L2$，如图 4.28 所示，修改偏移距离，单击"确定"按钮，完成基准点 PNT1 的建立。

2. 草绘基准点工具

单击草绘基准点图标 ⊠ 并确定草绘平面，进入草绘环境。单击创建点图标 ✖ 创建基准点并修改尺寸，即可创建草绘基准点，如图 4.29 所示。

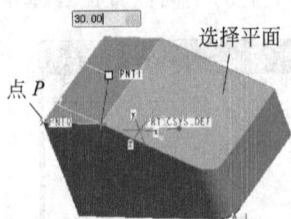

图 4.26　创建基准点 PNT1

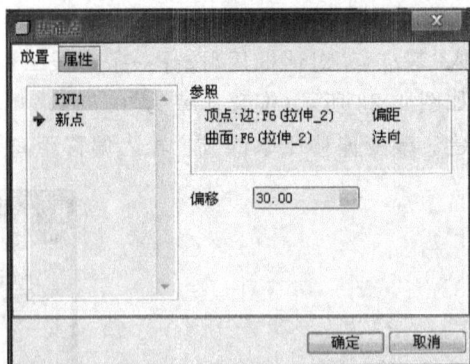

图 4.27　基准点设置 2

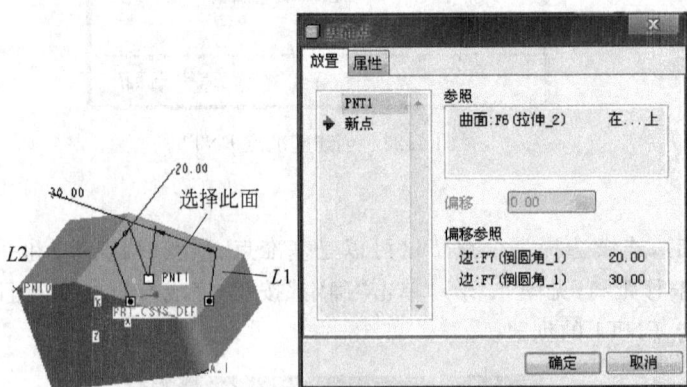

图 4.28　在曲面上建立基准点

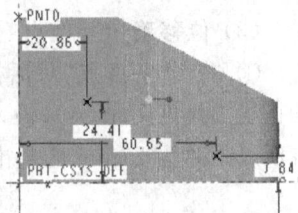

图 4.29　草绘基准点

3. 偏移坐标系基准点工具

单击偏移坐标系基准点工具图标 ✖，系统弹出"偏移坐标系基准点"对话框，如图 4.30 所示。选择一个坐标系作为参照，分别输入 X、Y、Z 轴方向的偏距，单击"确定"按钮，完成基准点 PNT1 的建立，如图 4.31 所示。

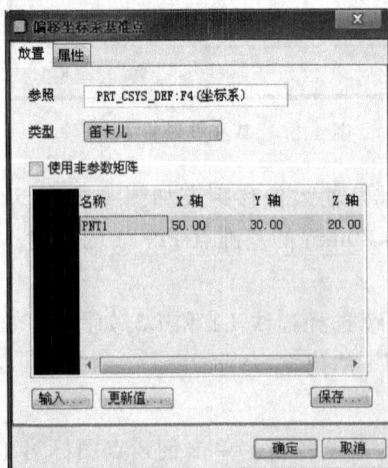

图 4.30　"偏移坐标系基准点"对话框

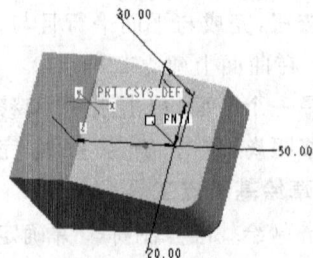

图 4.31　输入 X、Y、Z 轴方向的偏距

4. 域基准点工具

域基准点的创建非常简单,直接在草绘平面上创建基准点即可。

4.4　坐　标　系

坐标系是设计中非常重要的公共基准,常用来确定特征的绝对位置,是创建混合实体特征、折弯特征中不可缺少的基本参照,常用在组件配件、3D 格式转换(IGES、VDA)、NC 加工和工程分析等方面。

系统默认的坐标系标识为 PRT_CSYS_DEF,以后再创建的坐标系都以 CS0、CS1、CS2……标识。

单击基准坐标系工具图标 ✗×,系统弹出"坐标系"对话框,用鼠标选择系统坐标系 PRT_CSYS_DEF,输入在 X 轴、Y 轴和 Z 轴方向上的偏移量,如图 4.32 所示,单击"确定"按钮,产生新的坐标系 CS0,如图 4.33 所示。

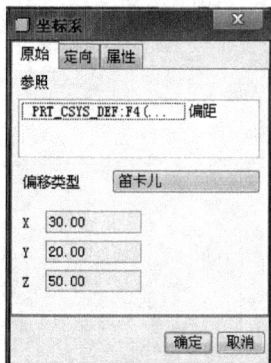

图 4.32　"坐标系"对话框

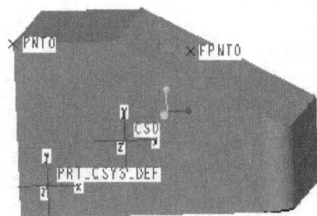

图 4.33　创建坐标系 CS0

也可以选择两条直线的交点创建坐标系。单击基准坐标系工具图标 ✗,系统弹出"坐标系"对话框,选择线 $L1$、$L2$,单击"确定"按钮,如图 4.34 所示。

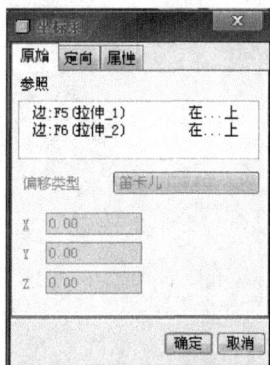

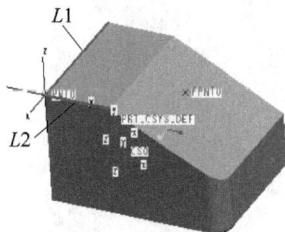

图 4.34　选择两条直线的交点创建坐标系

思考与练习

1. 创建一个与图 4.35 所示面 1 平行且距离为 20mm 的平面。
2. 创建一个平面,使其穿过线 $L1$ 且与面 1 成 60°夹角,如图 4.36 所示。

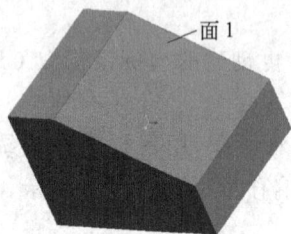

图 4.35

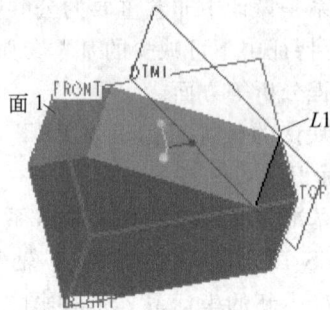

图 4.36

第 5 章

基础实体特征

知识目标

掌握建立基础实体特征的基本方法。

技能目标

学会使用拉伸、旋转、扫描、螺旋扫描、扫描混合等工具绘制简单的三维实体图。

通常所见到的零件都是由许多的实体特征组成的,这些实体特征可以用增料方式,通过对已绘制草图运用拉伸、旋转、扫描等命令来建构,称这些特征为零件实体的基本特征。也可以用减料方式,通过绘制草图从已有实体中运用拉伸、旋转、扫描等减去实体命令来建构;或用圆角过渡(等半径或变半径)、导斜角、加筋板、抽壳、添加拔模斜度等命令来建构,称这些特征为零件实体的辅助特征,它们是建立在基本特征之上的。无论采用哪一种方式,首先都必须根据零件实体特征选择草绘基准面、绘制草图、生成零件的实体特征。

绘制基础实体特征可直接通过选取工具图标(见图 5.1)和选取下拉菜单中的命令(见图 5.2)来完成。

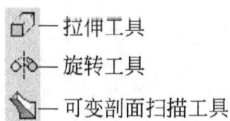

口—拉伸工具

φ—旋转工具

口— 可变剖面扫描工具

图 5.1 绘制基础实体特征工具图标

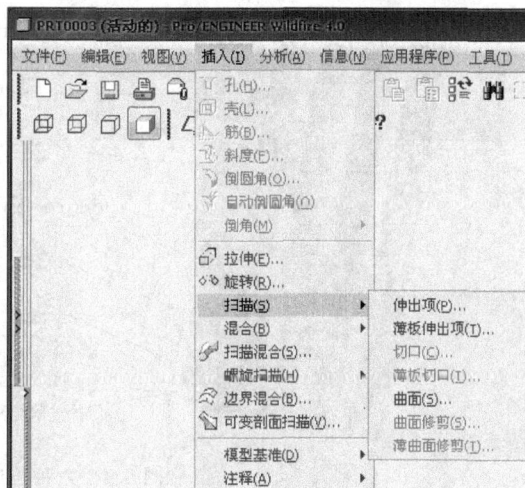

图 5.2 绘制基础实体特征命令

5.1 拉 伸 特 征

单击拉伸工具图标 🗗 或选择"插入→拉伸"命令来建立拉伸实体,并单击左下角"放置"按钮,系统弹出图5.3所示的选项。单击按钮 定义...,选择一个基准面(如 TOP 面)作为草绘平面,系统默认的参照面为 RIGHT 作为右参照面,单击"草绘"按钮,进入草绘环境。草绘完成后单击按钮 ✔ 退出草绘环境并确定拉伸实体的特征。

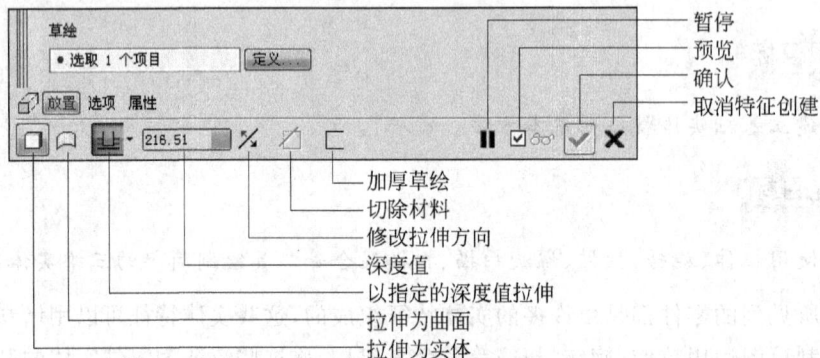

图5.3 拉伸选项

注意:在某一基准面上所绘制的线框必须是封闭的,该封闭的线框平面草图沿着其法线方向运动形成实体特征。

拉伸特征包括拉伸实体、拉伸曲面和拉伸切除。深度选项有六种拉伸选择,选择方法如图5.4所示。

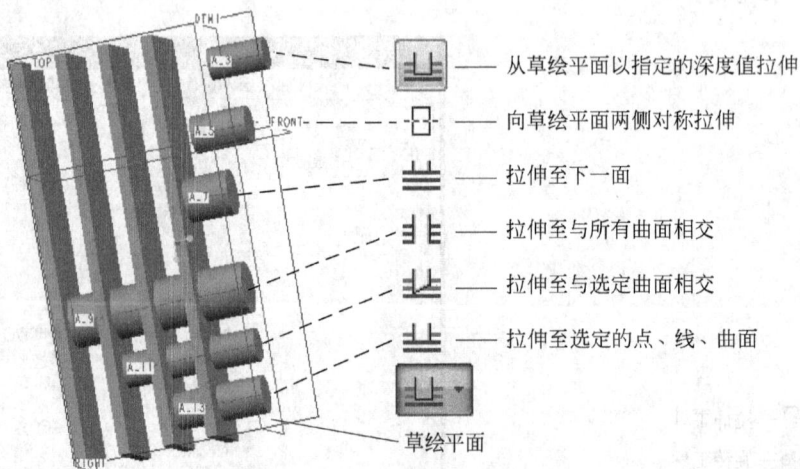

图5.4 六种拉伸选择

【实例 5.1】 建立如图 5.5 所示的零件。

（1）进入拉伸体截面草绘界面

进入 Pro/E 野火版界面环境后，移动鼠标单击"新建"工具图标□或选择"File"→"New"命令，系统将弹出"新建"对话框。移动鼠标选择"新建"对话框中的"零件"复选框，在"名称"文本框中输入文件名称 prt0003，然后选中"使用缺省模板"复选框，再单击"确定"按钮，此时系统将弹出"新文件选项"对话框。在"新文件选项"对话框中选择绘图单位"mmns_part_solid"（公制），选中"复制相关绘图"复选框，然后再单击"确定"按钮，系统将新建一个名为"prt0003.prt"的屏幕窗口，用以建立实体特征。

移动鼠标单击拉伸体特征图标□，并单击"放置"按钮，系统弹出如图 5.3 所示的选项。单击"定义"按钮，选择一个基准面（如 TOP 面）作为草绘平面，默认系统的参照面 RIGHT 作为右参照面，单击"草绘"按钮，系统进入拉伸体截面草绘界面。

（2）建立实体绘制草图

依次利用草绘图视工具图标┊、□、⌐、○、⌒、⌒，并对尺寸进行适当的修改，完成截面草图的绘制，如图 5.6 所示，单击草绘图视工具图标✓退出草绘界面。

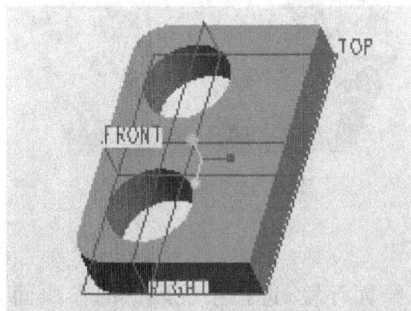

图 5.5 零件 1

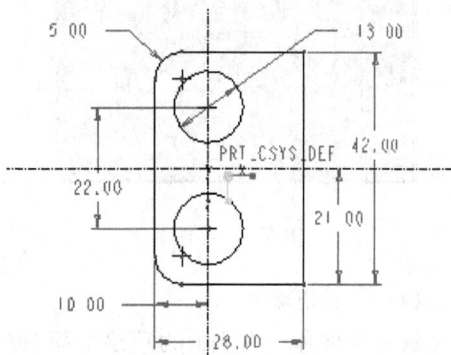

图 5.6 草绘图

（3）建立实体

移动鼠标单击拉伸体特征图标□，并在后面的文本框中输入拉伸体厚度值 8，单击按钮✓，选择适当的显示类型，如图 5.5 所示，完成实体的建立。

【实例 5.2】 建立如图 5.7 所示的零件。

（1）进入拉伸体截面草绘界面

方法见实例 5.1。

（2）建立零件底座实体

利用草绘图视工具图标┊绘制两条相互垂直的中心线，单击图标□绘制一长方形，尺寸为 200×100，单击草绘图视工具图标✓退出草绘界面，并在后面的文本框中输入拉伸体厚度值面"30"，单击按钮✓，完成零件底座实体的建立，如图 5.8 所示。

图5.7　零件2

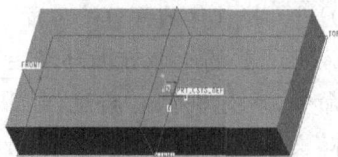

图5.8　零件底座1

（3）建立拉伸体

　　选择底座的上表面为草绘平面，进入拉伸草绘面环境，选择系统默认的参照面。单击通过边创建图元图标▢，分别选取引用左边线、上边线和下边线，关闭通过边创建图元功能；绘制一条垂线，单击工具图标⊬裁剪掉多余的线，结果如图5.9所示。移动鼠标单击拉伸体特征图标△，并在后面的文本框中输入拉伸体高度值70，单击按钮✔，如图5.10所示，完成实体的建立。

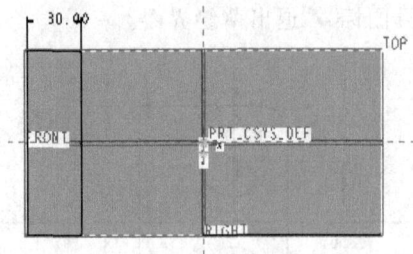

图5.9　零件3

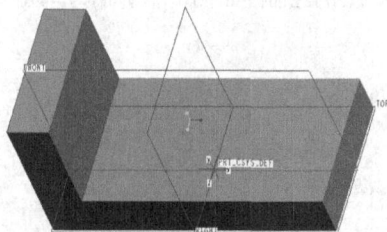

图5.10　零件底座2

（4）圆形切除

　　选择拉伸体的右表面为草绘平面，进入拉伸草绘面环境，选择系统默认的参照面。单击通过边创建图元图标▢，分别选取引用左边线、上边线和下边线，使用圆心两点图标✏来绘制圆弧，使用约束图标⊙使圆弧与边线相切，使用"修剪"命令裁剪掉多余的线，使用拉伸切除图标◿进行拉伸切除，结果如图5.11所示。

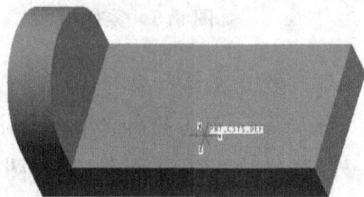

图5.11　圆形切除

（5）产生 $\phi30$ 的通孔

　　选择拉伸体的右表面为草绘平面，进入拉伸草绘面环境，选择系统默认的参照面。草绘圆确定圆的直径为 $\phi30$，使用约束工具图标⊙使其与已知圆弧同心，如图5.12所示。使用工具图标▦▬▬▬✕◿拉伸切除，结果如图5.13所示。

（6）产生 $\phi60$ 的盲孔

　　选择拉伸体的右表面为草绘平面，进入拉伸草绘面环境，选择系统默认的参照面。草绘圆确定圆的直径为 $\phi60$，使用约束图标⊙使其与已知圆弧同心，拉伸切除，深度为

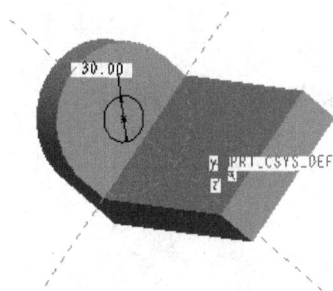

图 5.12　草绘 φ30

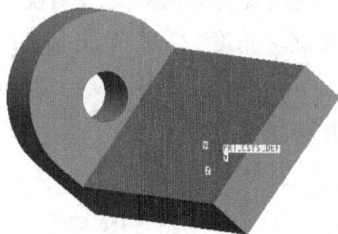

图 5.13　拉伸切除

"10",结果如图 5.7 所示。

(7) 编辑定义

在特征模型树中选取需要修改的拉伸特征,右击选择"编辑定义"命令就可以修改拉伸的特征。

5.2　旋转特征

单击旋转工具图标 ✦ 建立旋转特征,即在某一基准面上所绘制的线框的平面草图沿该草图上的一条中心线旋转生成的实体特征。旋转特征包括旋转生成和旋转切除。

注意:在建立旋转实体绘制零件草图时,一定要在封闭线框一侧绘制一条中心线作为旋转轴。否则,不能生成旋转实体。

【**实例5.3**】　建立如图 5.14 所示的零件。

(1) 进入旋转特征

单击旋转工具图标 ✦ 建立旋转特征,在窗口的下面出现图 5.15 所示的对话框。

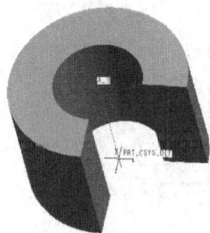

图 5.14　旋转曲面

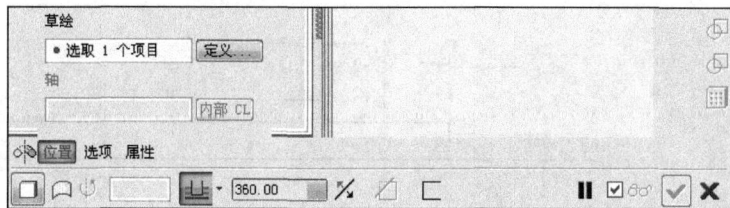

图 5.15　"旋转特征"对话框

(2) 草绘截面

在"旋转特征"对话框中单击"位置"按钮,再单击"定义"按钮,选择 TOP 面作为草绘平面,选择系统默认的参照面。单击按钮"草绘"进入草绘环境,绘制图 5.16 所示的矩形。

注意:在进行绘图时首先要绘制中心线,草绘的矩形必须在中心线一侧,如果要得到旋转曲面草绘图可不封闭,如果要得到实体则草绘图必须封闭。草绘完成单击按钮 ✔ 进入旋转定义界面。

(3) 确定旋转方向和旋转角度

输入旋转角度"270",单击按钮 ⚁ 确定旋转方向,结果如图5.14所示。

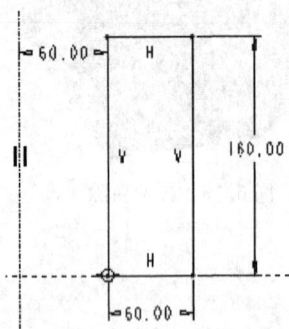

图5.16　旋转曲面草绘

图5.17　轴

【实例5.4】　建立如图5.17所示的零件。

分析:首先绘制轴,再建立拉伸切除、倒角等特征。

参考建模步骤如下。

(1) 进入建立实体零件界面

进入建立实体零件界面,零件名为zhou01。

(2) 使用旋转特征建立轴实体1

在"旋转特征"对话框中单击"位置"按钮,单击"定义"按钮,选择"FRONT"面作为草绘平面,以系统默认的基准面RIGHT为草绘参考面。单击"草绘"按钮进入草绘环境,依次单击草绘图视工具图标 ⚁、⚁、⚁、⚁,完成图5.18所示的轴截面草图1,单击草绘图视工具图标 ⚁ 退出草绘界面。

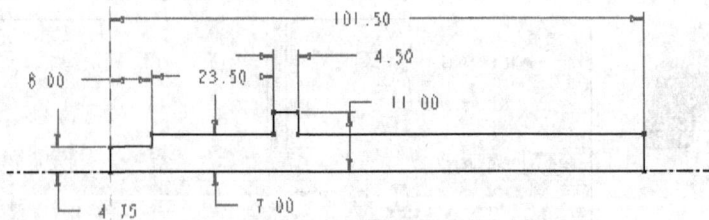

图5.18　轴截面草图1

(3) 建立轴实体

在"旋转特征"对话框的旋转角度文本框中输入"360",单击按钮 ⚁,完成轴实体1的建立,如图5.19所示。

(4) 进入拉伸体截面草绘界面绘制草图

使用鼠标单击图视工具图标 ⚁,并单击"放置"、"定义"按钮,选择基准面FRONT为

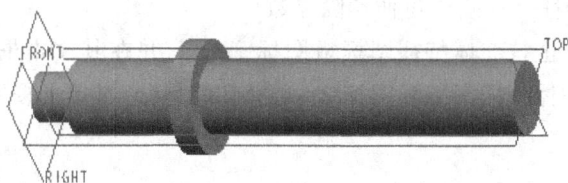

图 5.19 轴实体 1

草绘平面,以系统默认的基准面 RIGHT 为草绘参考面,单击"草绘"按钮,系统进入拉伸体截面草绘界面。

利用草绘图视工具图标 ╲ 绘制草图,单击图标 ▣,单击按钮 ⊙ 使两直线端点均与实体的边界重合。修改尺寸后完成如图 5.20 所示的轴截面草图,单击草绘图视工具图标 ✔ 退出草绘界面。

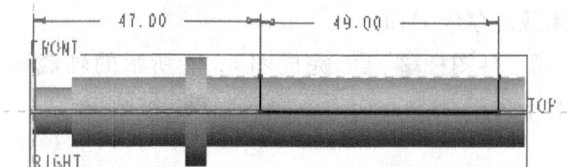

图 5.20 轴截面草图 1

(5) 确定拉伸切除参数

移动鼠标依次单击拉伸体特征图标板图标 ⊟、◿,并在其文本框中输入拉伸切除宽度值"20"后,单击拉伸体特征图标板图标 ◿,选择切除部分,再单击按钮 ✔,完成拉伸切除,如图 5.21 所示。

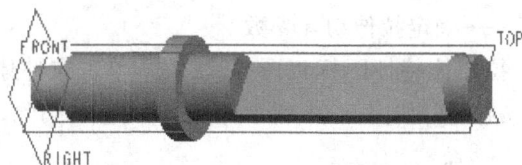

图 5.21 拉伸切除

(6) 拉伸切除特征草绘

进入拉伸体截面草绘界面,依次利用草绘图视工具图标 ▢、↷、十、⇗,完成图 5.22 所示的轴截面草图,单击草绘图视工具图标 ✔ 退出草绘界面。

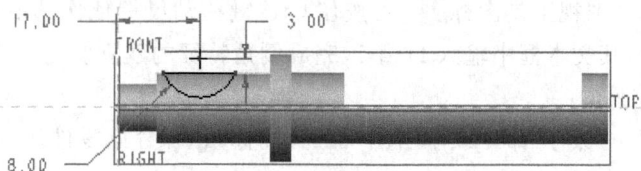

图 5.22 轴截面草图 2

（7）拉伸切除特征——确定拉伸切除参数

移动鼠标依次单击拉伸体特征图标板图标 ⊟、⟋，并在其文本框中输入拉伸切除宽度值为"3"，单击拉伸体特征图标板图标 ⟋，选择切除部分，再单击按钮 ✔，完成轴实体切除，如图5.23所示。

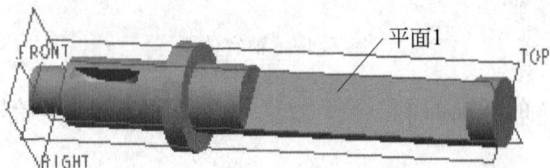

图 5.23　轴实体 3

（8）拉伸切除特征草绘

使用鼠标选择图5.23所示的平面1为草绘平面，以系统默认的基准面RIGHT为草绘参考面，进入拉伸体截面草绘界面。

依次利用草绘图视工具图标 ○、⟋，完成图5.24所示的轴截面草图，单击草绘图视工具图标 ✔ 退出草绘界面。

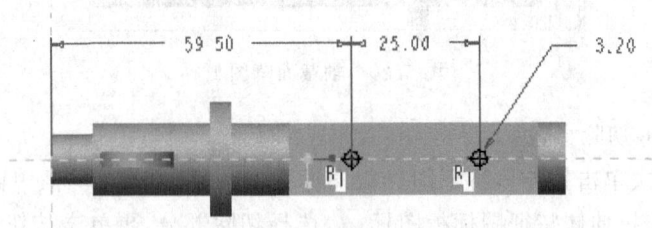

图 5.24　轴截面草图 3

（9）拉伸切除特征——确定拉伸切除参数

移动鼠标依次单击拉伸体特征图标板图标 ≣、⟋，单击拉伸体特征图标板图标 ⟋，选择切除部分，再单击按钮 ✔，如图5.25所示，完成轴实体的切除。

图 5.25　切除孔

（10）建立倒角特征

移动鼠标单击图视工具图标 ⌐，再按住Ctrl键移动鼠标依次选取图5.25所示轴两端面的边界线，在其文本框中输入D值1，完成倒角特征的建立。

（11）保存文件

选择"文件"→"保存"命令或单击图视工具图标 ⊟，保存此零件。

5.3 扫 描 特 征

所谓扫描特征,即在某一基准面上所绘制的封闭线框,沿另一基准面上任一空间曲线扫描生成的实体特征 ,如果线框不封闭则只能产生扫描曲面。扫描特征包括扫描生成和扫描切除。建立扫描特征的步骤如下。

1. 进入扫描特征

选择"插入"→"扫描"→"伸出项"命令,系统弹出"伸出项:扫描"对话框,如图 5.26 所示。在菜单管理器中(如图 5.27 所示)选择"草绘轨迹",选择 FRONT 面作为草绘平面,以系统默认的基准面 RIGHT 为草绘参考面,选择"正向"→"缺省"命令进入草绘界面。

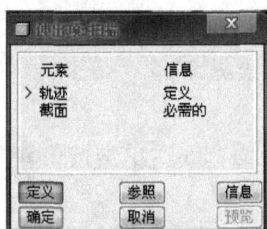

图 5.26 "伸出项:扫描"对话框

图 5.27 菜单管理器

2. 草绘扫描特征轨迹

单击草绘样条图标 ∿ 草绘样条线并修改尺寸,如图 5.28 所示,单击按钮 ✔ 结束草绘。扫描轨迹的起点可以改变,如图 5.29 所示。

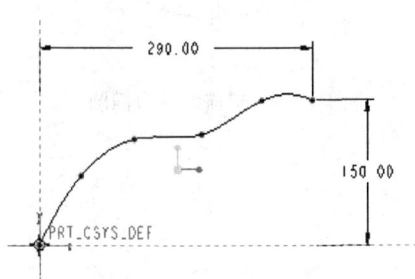

图 5.28 绘制样条线

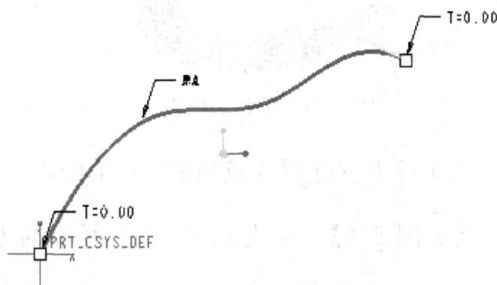

图 5.29 扫描轨迹的起点可以改变

3. 绘制扫描截面

绘制图 5.30 所示的草绘图,单击按钮 ✔ 完成扫描截面的草绘。单击"预览"、"确定"按钮,结果如图 5.31 所示。

4. 编辑特征

在模型树中将鼠标移动到 ⌔伸出项 标识52 上右击选择"编辑定义"命令,系统弹出"伸出项:扫描"对话框,如图 5.32 所示;双击"截面"并修改截面圆弧直径为"50",单击按钮 ✔ 完成修改,单击"预览"、"确定"按钮,结果如图 5.33 所示。

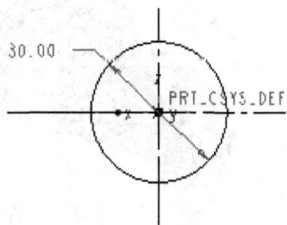

图 5.30 扫描截面

图5.31　扫描实体特征　　　　图5.32　编辑特征　　　　图5.33　编辑结果

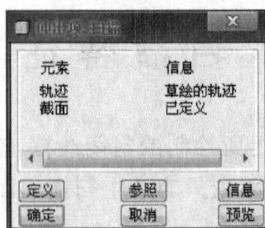

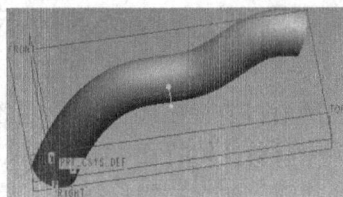

【实例5.5】　建立如图5.34所示的零件。

（1）进入零件草绘界面。

单击草绘图标✍草绘扫描轨迹曲线，选择FRONT面作为草绘平面，以系统默认的基准面RIGHT为草绘参考面，单击"草绘"按钮进入草绘界面。

（2）绘制圆。

单击圆绘制工具图标○绘制一个圆，修改圆的直径为"200"，单击按钮✔退出草绘。

（3）进入扫描特征。

单击扫描工具图标✍创建扫描特征，单击创建和编辑扫描剖面图标✍绘制扫描截面，椭圆扫描截面如图5.35所示。

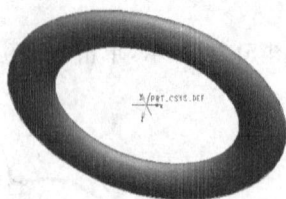

图5.34　零件实体1　　　　　　　　图5.35　扫描截面为椭圆

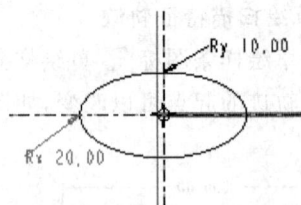

（4）单击按钮✔完成扫描特征的绘制。

【实例5.6】　建立如图5.36所示的零件。

① 使用拉伸实体工具创建拉伸实体，尺寸为200×120×30，如图5.37所示。

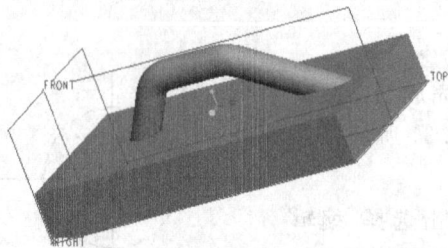

图5.36　零件实体2　　　　　　　　图5.37　拉伸实体1

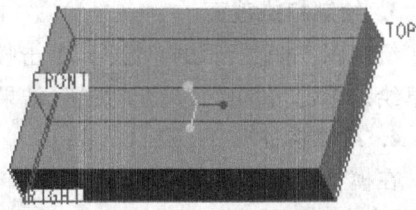

② 选择 FRONT 面作为草绘平面,草绘图 5.38 所示的扫描轨迹轮廓线。

③ 选择"插入"→"扫描"→"伸出项"→"选取轨迹"→"曲线链"命令,选择曲线,如图 5.39 所示。选择"完成"选项,系统弹出菜单管理器属性对话框,如图 5.40 所示。选择"自由端点"→"完成"选项,草绘扫描截面如图 5.41 所示。

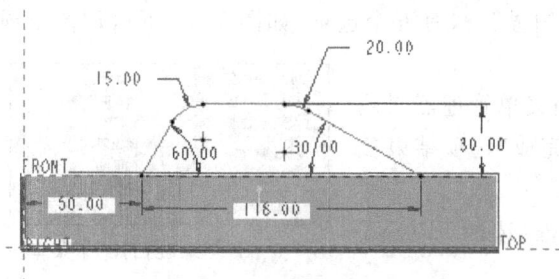

图 5.38 扫描轨迹轮廓线

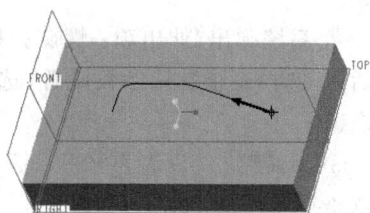

图 5.39 选择扫描轨迹

图 5.40 菜单管理器属性对话框

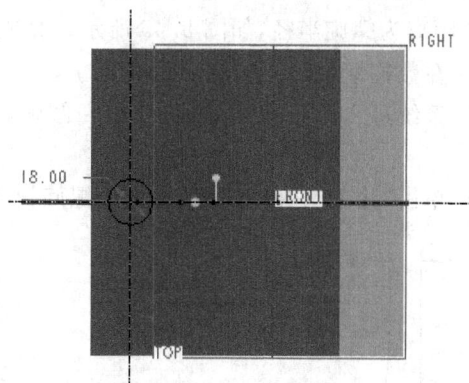

图 5.41 草绘扫描截面

④ 单击"预览"按钮,结果如图 5.42 所示。双击"属性"选项,修改属性参数为"合并终点",如图 5.43 所示,选择"完成"选项,单击"预览"、"确定"按钮,结果如图 5.36 所示。

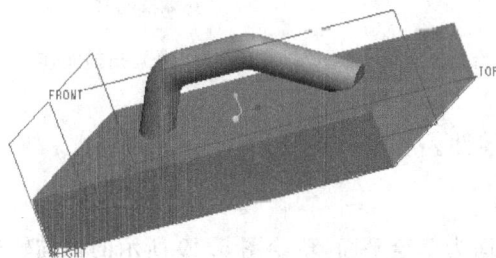

图 5.42 自由端点扫描实体

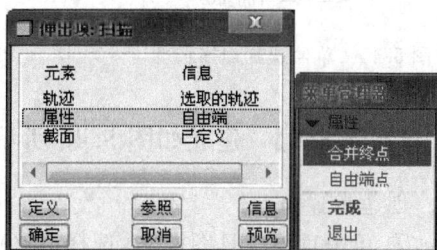

图 5.43 修改属性

5.4　螺旋扫描特征

螺旋扫描的创建步骤如下。

① 选择主菜单中的"插入"→"螺旋扫描"→（有五个选项，如图5.44所示）"伸出项"命令。

② 系统弹出"伸出项：螺旋扫描"和菜单管理器属性对话框，选择系统默认参数设置，选择"完成"选项结束参数设置。

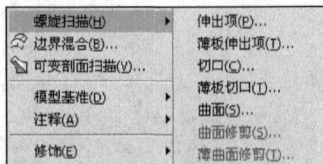

③ 系统弹出"设置草绘平面"对话框，选择FRONT为草绘平面。

图5.44　"螺旋扫描"子菜单

④ 在系统弹出的设置菜单中选择"正向"→"缺省"命令开始进入草绘界面。

⑤ 首先绘制一条中心线，再绘制一条直线，直线的长度为螺旋扫描的长度，直线与中心线的距离为螺旋半径，如图5.45所示。完成后单击按钮。

⑥ 在数据框中输入螺旋节距值30。

⑦ 系统进入草绘截面界面，草绘一圆弧，半径为20，如图5.46所示，退出草绘截面界面。

⑧ 单击"预览"、"确定"按钮，完成螺旋扫描的创建，如图5.47所示。

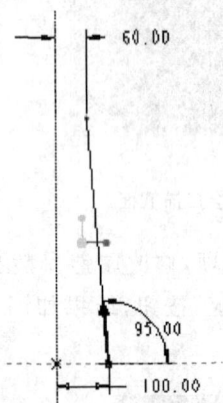

图5.45　草绘螺旋扫描长度　　图5.46　草绘扫描截面　　图5.47　螺旋扫描实体

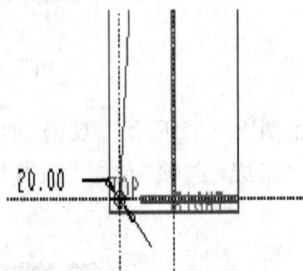

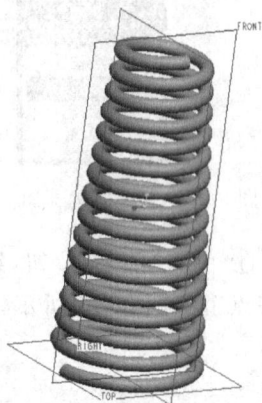

【实例5.7】 建立如图5.48所示的零件。

创建步骤如下。

① 单击草绘工具图标，选择FRONT面为草绘平面，草绘图5.49所示的扫描轨迹曲线。

② 创建扫描特征。单击扫描工具图标进行扫描特征创建，单击创建和编辑扫描截面图标绘制扫描截面，选择图5.49作为扫描轨迹，绘制图5.50所示的两个圆。选择扫描方式为实体（□）并确认，结果如图5.51所示。

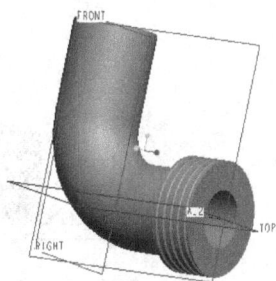

图 5.48 示例零件

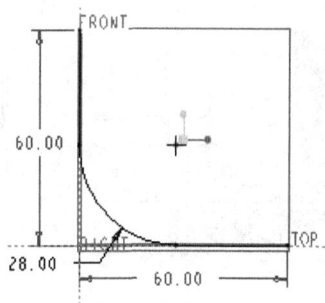

图 5.49 扫描轨迹曲线

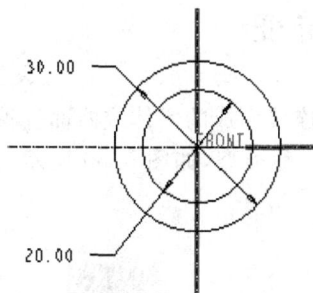

图 5.50 扫描截面曲线

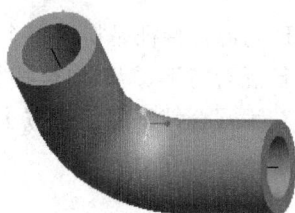

图 5.51 扫描实体

③ 创建拉伸实体，其外圆直径为 40，内圆直径为 20，拉伸长度为 15，结果如图 5.52 所示。

④ 螺旋扫描切除。选择"插入"→"螺旋扫描"→"切口"命令，系统弹出"切剪：螺旋扫描"对话框及菜单管理器属性对话框，如图 5.53 所示。单击"草绘轨迹"选项。

图 5.52 拉伸实体 2

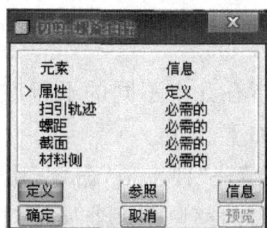

图 5.53 "切剪：螺旋扫描"对话框及菜单管理器属性对话框

⑤ 选择草绘平面。系统弹出"设置草绘平面"对话框，选择 FRONT 为草绘平面，选择"正向"→"缺省"命令，进入草绘界面。

⑥ 绘制一条中心线和一条轨迹线，如图 5.54 所示，完成草绘。

⑦ 输入螺旋扫描的节距值为 1.5 [输入节距值 1.5000]，完成输入。

⑧ 草绘横截面。草绘图 5.55 所示的横截面，圆的直径为 1.00，完成截面草绘。在系统弹出的"方向"对话框中单击"正向"、"预览"、"完成"按钮，结果如图 5.48 所示。

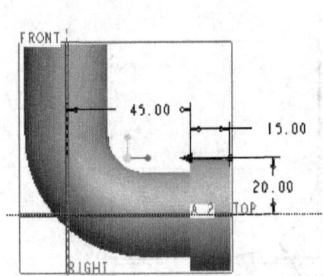

图 5.54　草绘轨迹和中心线

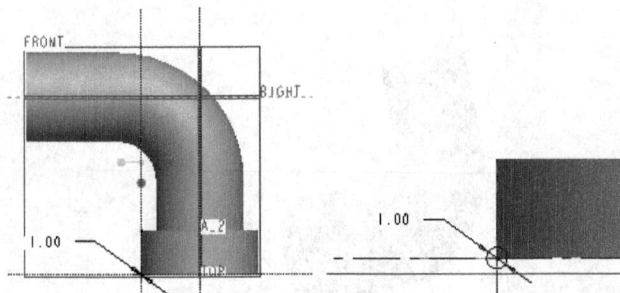

图 5.55　草绘横截面

5.5　创建混合特征

Por/E 的混合特征是指将多个截面按一定的顺序连接而成的实体或曲面。混合特征主要有平行混合特征、旋转混合特征和一般混合特征三种类型,如图 5.56 所示。下面分别介绍这三种混合特征的创建方法。

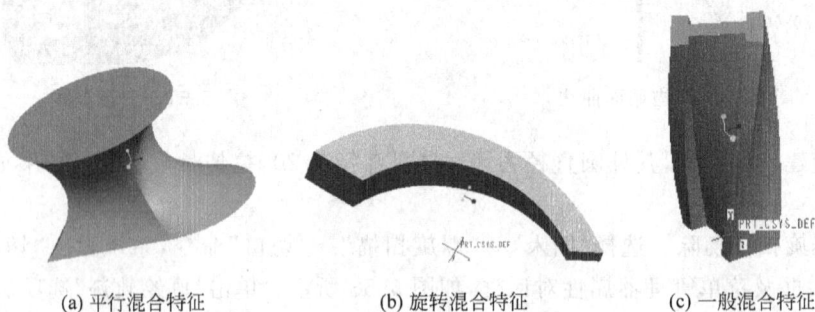

(a) 平行混合特征　　　　　(b) 旋转混合特征　　　　　(c) 一般混合特征

图 5.56　三种混合特征

1. 平行混合特征

所谓平行混合特征是指在几个不同的平行截面上草绘剖面轮廓,由这些剖面混合组成的实体特征。创建步骤如下。

① 选择"插入"→"混合"→"伸出项"命令,在弹出的菜单管理器对话框中选择默认设置,选择"完成"选项,在弹出的菜单管理器属性对话框中确认"直的"属性,选择"完成"选项。在弹出的"选择草绘平面"对话框中选择 TOP 面为草绘平面,选择"正向"→"缺省"命令,进入第一个草绘截面界面。

② 草绘图 5.57 所示的截面,截面由四段图元组成(三段直线和一段圆弧)。注意图中显示的起始点和箭头方向。

③ 选择"草绘"→"特征工具"→"切换平面"命令,进入第二个截面的草绘界面,草绘图 5.58 所示的矩形。

注意:图中显示的起始点和箭头方向及边的数量(四段)要与第一个截面相同。

④ 选择"草绘"→"特征工具"→"切换平面"命令,进入第三个截面的草绘界面,草绘

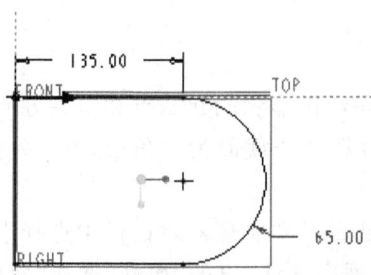

图 5.57 草绘轨迹和中心线

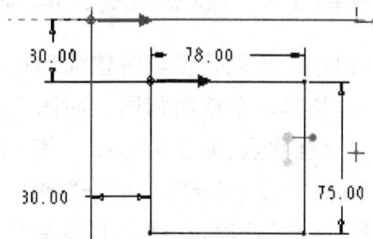

图 5.58 草绘横截面

图 5.59 所示的直径为 170 的圆,并绘制两条中心线,在中心线和圆的交点处使用打断工具 将圆打为四段(与截面一线段的个数相同),单击 $p1$ 点,选择"草绘"→"特征工具"→"起始点"命令来改变起始点的位置和方向,如图 5.60 所示。

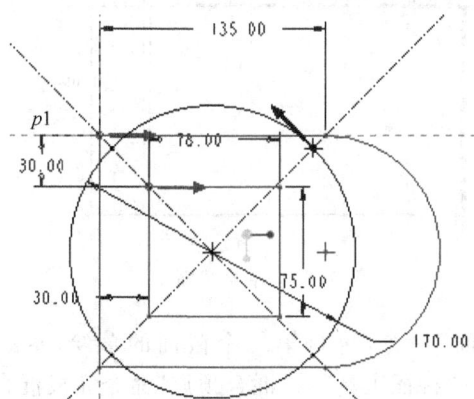

图 5.59 草绘轨迹和中心线

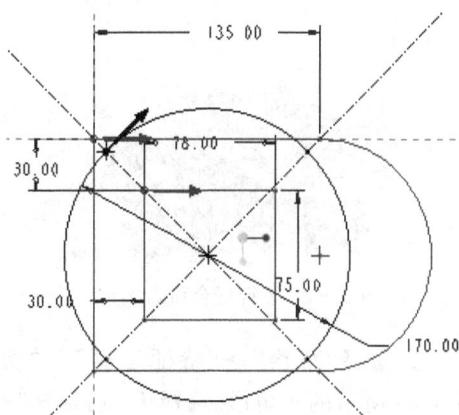

图 5.60 改变起始点的位置和方向

⑤ 单击工具图标 ✔ 完成草绘,输入截面 1 与截面 2 之间的距离为"50"。输入截面 2 与截面 3 之间的距离为"60",单击"预览"按钮,结果如图 5.61 所示。

⑥ 双击伸出项对话框中的"属性"选项,在弹出的菜单管理器属性对话框中单击"光滑"→"完成"选项(见图 5.62),单击"预览"按钮,选择"完成"选项,完成平行混合特征的创建,结果如图 5.63 所示。

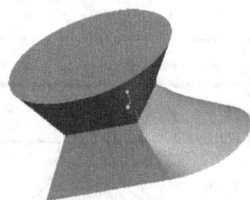

图 5.61 平行混合实体(直的)

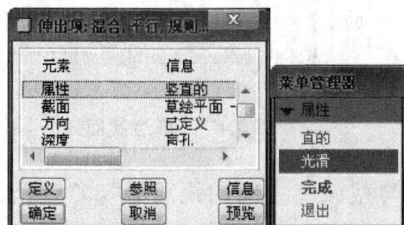

图 5.62 伸出项的属性设置

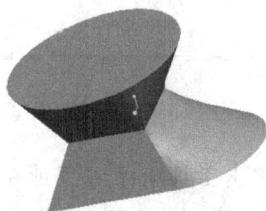

图 5.63 平行混合实体(光滑)

【实例5.8】 建立如图5.64所示的零件。

在创建平行混合特征时曾强调过：不同截面的草绘图显示的起始点和箭头方向及边的数量要与第一个截面相同。而图5.64所示的零件第二个截面为三角形，少了一条边，需要用"混合顶点"命令来定义。其步骤如下。

① 选择"插入"→"混合"→"伸出项"命令，在弹出的菜单管理器对话框中选择默认设置，选择"完成"选项，在弹出的菜单管理器属性对话框中确认"直的"属性，选择"完成"选项。在弹出的"选择草绘平面"对话框中选择 TOP 面为草绘平面，选择"正向"→"缺省"命令，进入第一个草绘截面。

② 草绘图5.65所示的截面。

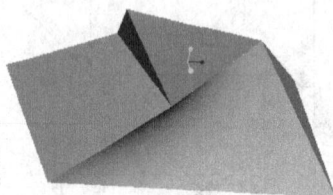

图5.64　平行混合顶点实体

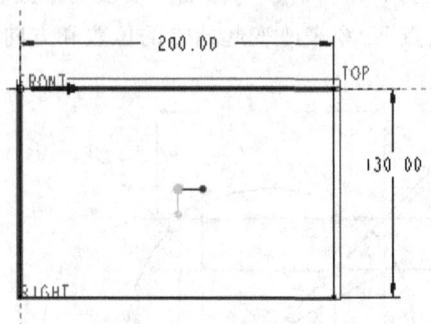

图5.65　草绘截面1

③ 选择"草绘"→"特征工具"→"切换平面"命令，进行第二个截面的草绘，草绘图5.66所示的三角形。选择 P 点，选择"草绘"→"特征工具"→"混合顶点"命令完成混合顶点的添加。

④ 选择"草绘"→"特征工具"→"切换平面"命令，进行第三个截面的草绘，草绘图5.67所示的点 P1。

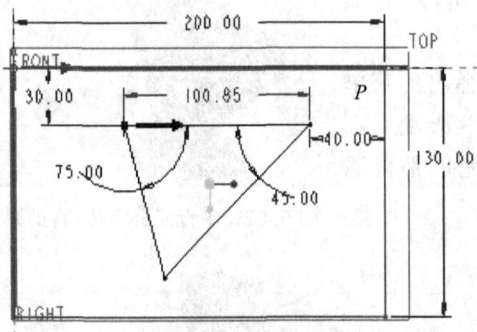

图5.66　草绘截面2

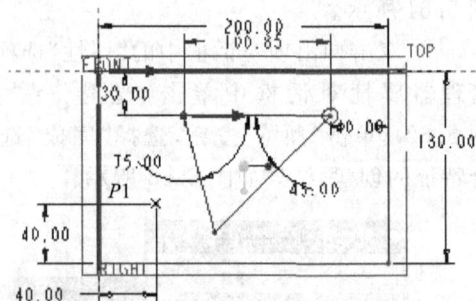

图5.67　草绘截面3

⑤ 单击工具图标 ✔ 完成草绘，输入截面1与截面2之间的距离为"50"，输入截面2与截面3之间的距离为"60"，单击"预览"按钮，选择"完成"选项，结果如图5.64所示。

2. 旋转混合特征

旋转混合特征的截面不是相互平行的,而是在不同的截面之间呈一定的旋转角度,其创建步骤如下。

① 选择"插入"→"混合"→"伸出项"命令,在弹出的菜单管理器对话框中选择"旋转的"选项,再选择"完成"选项,在弹出的菜单管理器属性对话框中选择"光滑"→"开放"选项,选择"完成"选项。在弹出的"选择草绘平面"对话框中选择 TOP 面为草绘平面,选择"正向"→"缺省"命令,进行第一个截面草绘。

② 单击创建参照坐标系工具图标╬,或选择"草绘"→"坐标系"命令创建坐标系,如图 5.68 所示。草绘图 5.69 所示的截面 1。

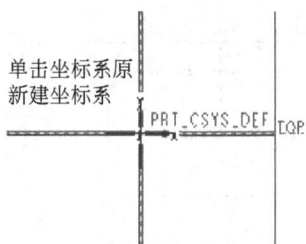

图 5.68　新建坐标系　　　　　　　　　图 5.69　草绘截面 1

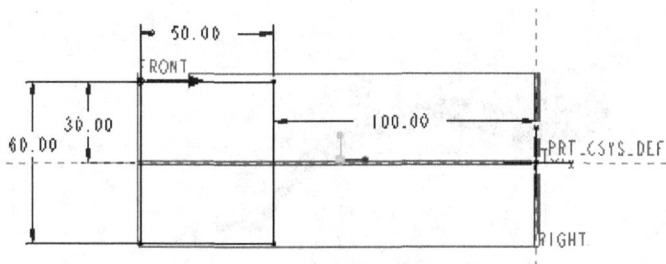

③ 单击工具图标✔完成截面 1 草绘,在系统提问"继续下一截面吗?"时单击"是"按钮,在弹出的截面 2 的选择角度对话框中输入"70",即截面 2 和截面 1 呈 70°夹角,按Enter 键。

④ 进行截面 2 的草绘,首先创建参照坐标系,方法如上所述,草绘图 5.70 所示的草图。

⑤ 单击工具图标✔完成截面 2 草绘,在系统提问"继续下一截面吗?"时输入"是",在弹出的截面 3 的选择角度对话框中输入"80",即截面 3(见图 5.71)和截面 2 呈 80°夹角,按 Enter 键,结束截面草绘。

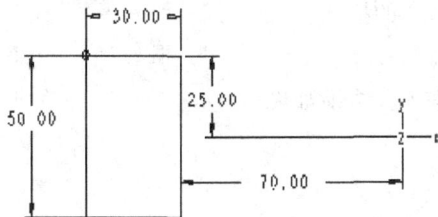

图 5.70　草绘截面 2　　　　　　　　　图 5.71　草绘截面 3

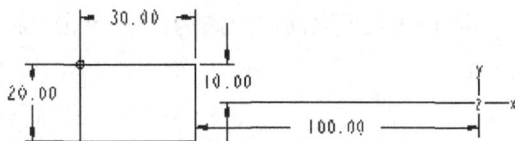

⑥ 单击"预览"→"确定"按钮完成旋转混合特征的创建,如图 5.72 所示。

3. 一般混合特征

一般混合特征是指不同的草绘截面绕坐标轴按规定的角度形成的特征。

① 选择"插入"→"混合"→"伸出项"命令,在弹出的菜单管理器对话框中选择"一般"

选项,再选择"完成"选项,在弹出的菜单管理器属性对话框中选择"光滑"选项,选择"完成"选项。在弹出的"选择草绘平面"对话框中选择 TOP 面为草绘平面,选择"正向"→"缺省"命令,进行第一个截面草绘。

② 创建参照坐标系,草绘图 5.73 所示的截面。选择"文件"→"保存副本"命令,保存草绘截面,输入文件名为"ch1"。

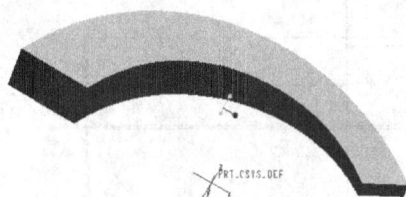

图 5.72　旋转混合特征

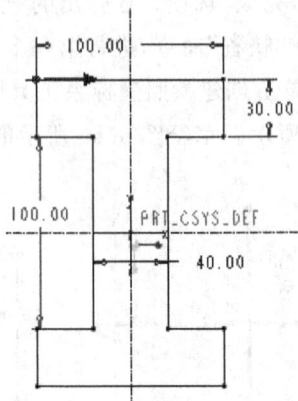

图 5.73　草绘截面 4

③ 退出截面 1 草绘,系统弹出定义第二个草绘截面的参数对话框,输入绕 X 轴旋转角度为"0",输入绕 Y 轴旋转角度为"0",输入绕 Z 轴旋转角度为"30",进行第二个截面草绘。

④ 选择"草绘"→"数据来自文件"命令,打开"ch1. sec"截面。选取任一位置放置草绘图,输入比例为"1",完成截面 2 的插入。

⑤ 退出截面 2 草绘,单击"是"按钮继续草绘。系统弹出定义第三个草绘截面的参数对话框,输入绕 X 轴旋转角度为"0",输入绕 Y 轴旋转角度为"0",输入绕 Z 轴旋转角度为"30",进行第三个截面草绘。

⑥ 选择"草绘"→"数据来自文件"命令,打开"ch1. sec"截面。选取任一位置放置草绘图,输入比例为"1",完成截面 3 的插入。

⑦ 退出截面 3 草绘,单击"否"按钮结束草绘。

⑧ 输入截面之间的距离为 180,单击"确定"按钮,结果如图 5.74 所示。

图 5.74　一般混合特征

5.6　扫描混合特征

所谓扫描混合特征就是确定扫描路径(引导曲线)和截面曲线完成特征的创建。它和扫描特征及混合特征有着本质的区别。扫描特征的截面为恒定的,而混合特征的截面虽然可以改变,但是扫描路径却是被约束的。扫描混合特征却不受这些约束。扫描混合特征的创建步骤如下。

① 进入零件草绘界面,选择"插入"→"扫描混合"命令。

② 单击草绘工具图标 ,选择 TOP 面作为草绘平面,单击"草绘"按钮,草绘图 5.75 所示的圆弧。单击工具图标 ✔ 完成扫描路径(引导曲线)的草绘。

③ 单击工具图标 ▶,用鼠标选取图中的黄色起始点箭头可以改变扫描起点。选择图 5.75 所示圆弧的左下角为第一个截面的草绘点。

④ 单击控制对话框中的"参照"选项,弹出图 5.76 所示的参照选项,可以根据需要修改各选项。

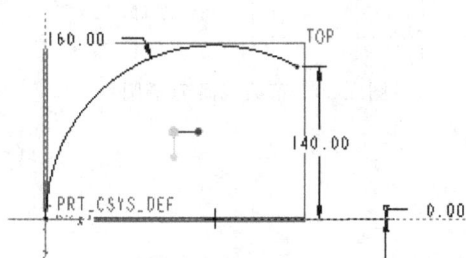

图 5.75 草绘截面 5

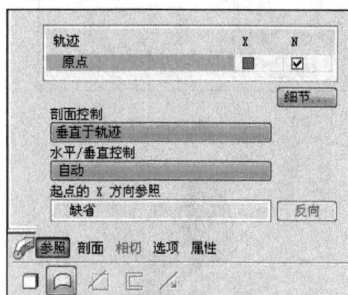

图 5.76 参照选项

⑤ 单击控制对话框中的"剖面"选项,弹出图 5.77 所示的剖面参照选项。

⑥ 此时草绘图形上的各剖面点都以绿色点标出,选择扫描轨迹起始点作为截面控制的第一个点,单击"草绘"按钮进行截面 1 的草绘,草绘图 5.78 所示的直径为 30mm 的圆。

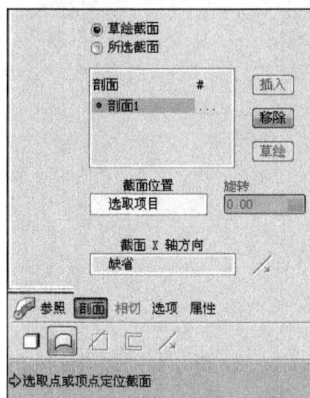

图 5.77 剖面参照选项

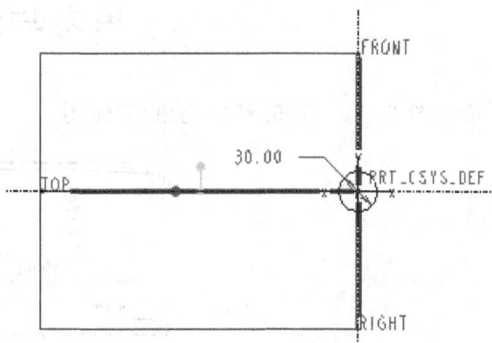

图 5.78 草绘截面 6(圆)

⑦ 完成草绘,单击"插入"按钮系统会增加一个剖面 2,如图 5.79 所示,选择扫描轨迹的另一点作为截面控制的第二个点,单击"草绘"按钮进行截面 2 的草绘,草绘图 5.80 所示的椭圆。

⑧ 完成草绘,结果如图 5.81 所示,为扫描混合曲面。

⑨ 将鼠标移动到 扫描混合 1 特征并右击,选择"编辑定义"命令,单击创建实体图标工具图标 退出编辑,结果如图 5.82 所示。

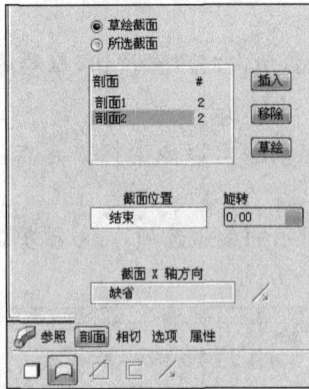

图 5.79　插入一个剖面

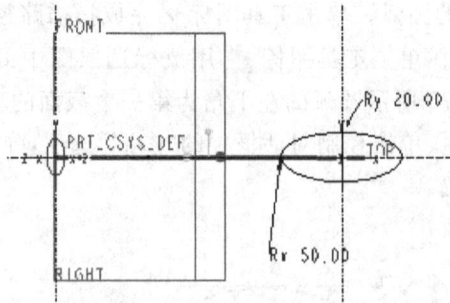

图 5.80　草绘截面7(椭圆)

图 5.81　扫描混合曲面

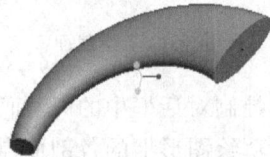

图 5.82　扫描混合实体

思考与练习

草绘图 5.83～图 5.85 所示的实体图。

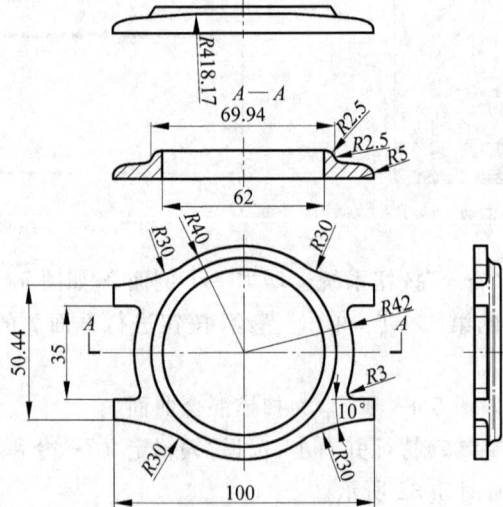

图　5.83

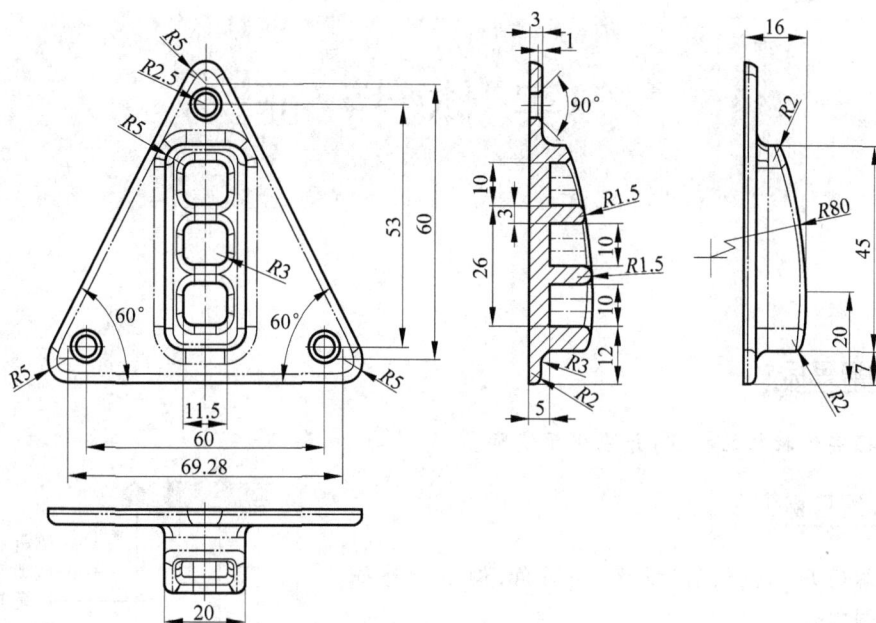

图 5.84

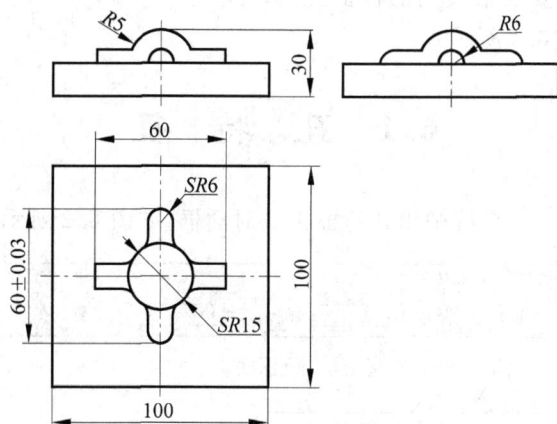

图 5.85

第 6 章

实 体 特 征

知识目标

掌握实体特征的特点,并应用于实际。

技能目标

熟练运用孔、壳、筋、拔模、倒圆角、倒角等特征工具绘制零件。

在三维实体造型中,孔、壳、筋、拔模、倒圆角、倒角等特征工具是很重要且很实用的特征工具。这些特征工具的图标如图 6.1 所示。

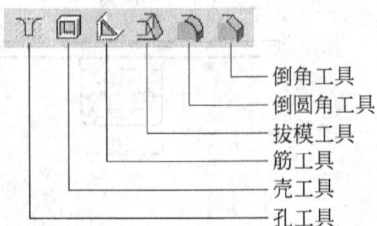

倒角工具
倒圆角工具
拔模工具
筋工具
壳工具
孔工具

图 6.1 实体特征工具

6.1 孔 特 征

单击孔工具图标 ,系统弹出孔特征工具对话框,如图 6.2 所示。

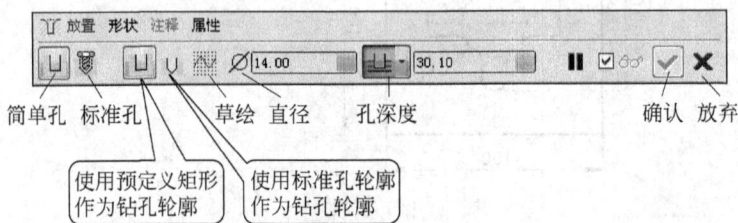

简单孔 标准孔 草绘 直径 孔深度 确认 放弃

使用预定义矩形 使用标准孔轮廓
作为钻孔轮廓 作为钻孔轮廓

图 6.2 孔特征工具对话框

1. 创建简单孔特征

(1) 创建简单孔特征(线性)

用鼠标在拉伸实体的上表面上单击放置孔,输入孔的直径为"20"、孔的深度为"15",单击"放置"按钮,在"偏移参照"列表框中连续选择"面 1"和"面 2"作为尺寸参照,输入偏移量为"35"和"25",如图 6.3 所示;结束简单孔特征创建,结果如图 6.4 所示。

(2) 创建简单孔特征(径向)

用鼠标在拉伸实体的任一表面上单击放置孔,输入孔的直径为"20"、孔的深度为

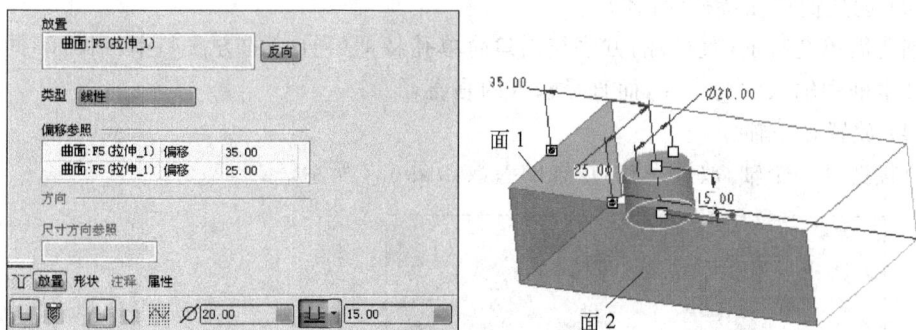

图 6.3　确定简单孔参数(线性)

图 6.4　创建简单孔(线性)

"15",单击"放置"按钮,选择类型为"径向",在"偏移参照"列表框中连续选择"面 1"和"轴 A_5"作为尺寸参照,输入孔中心与轴距离为"50",输入与基准面 1 的夹角为"45"度,如图 6.5 所示,结束简单孔特征(径向)绘制,结果如图 6.6 所示。

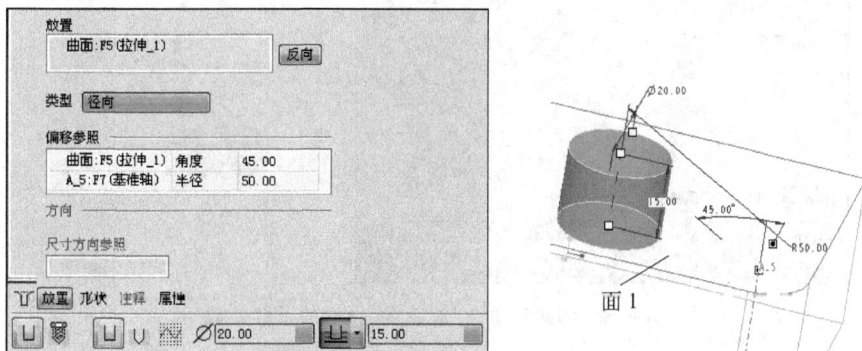

图 6.5　确定简单孔参数(径向)

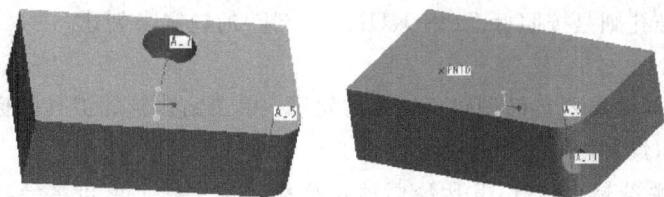

图 6.6　创建简单孔(径向)

（3）创建简单孔特征（直径）

创建简单孔特征（直径）的方法与创建简单孔特征（径向）的方法基本一样，不同处是径向文本框中输入的为半径，而直径输入的是直径。

（4）放置在一轴

直接选择一个轴，放置一孔，设置的参数如图6.7所示。

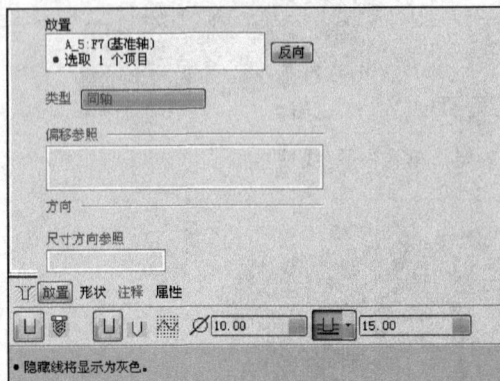

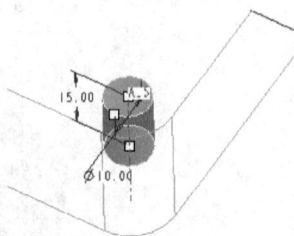

图6.7　创建简单孔（放置在一轴）的设置参数

（5）放置在一点

直接选择一个基准点，放置一孔，设置的参数如图6.8所示。

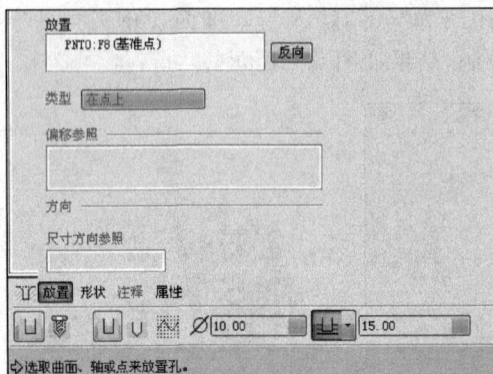

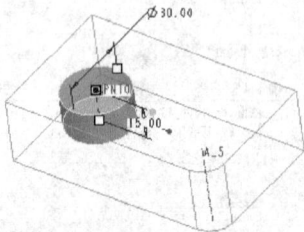

图6.8　创建简单孔（放置在一点）的设置参数

2. 创建标准孔特征

标准孔特征的创建方法与简单孔基本一样，不同之处在于简单孔的直径和深度可以随意确定，而标准孔则是按照标准（ISO、UNC、UNF）的规定来创建。

3. 创建草绘孔

可以根据不同的需要自己创建草绘孔的轮廓：单击钻孔轮廓工具图标🔲和🔳，激活草绘器创建剖面，绘制图6.9所示的草绘图。

注意：一定要绘制中心线，且所绘制的轮廓线必须封闭。退出草绘，选择图6.10所示的"面1"为孔的放置面，"面2"和"面3"为参照面，完成创建草绘孔，如图6.11所示。

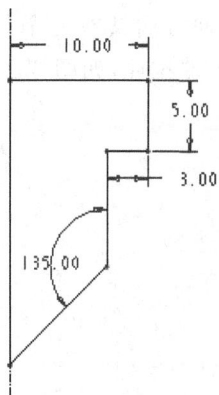

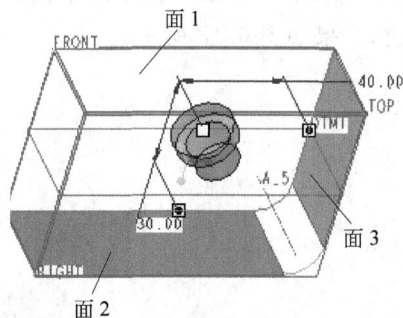

图 6.9　草绘孔轮廓　　　图 6.10　确定放置位置和参照面　　　图 6.11　创建草绘孔

6.2　壳　特　征

单击壳工具图标◻进行实体抽壳，系统弹出抽壳参数对话框，如图 6.12 所示。选择图 6.13 所示的"面 1"为移除的曲面，抽壳厚度为"2"，结果如图 6.14 所示。

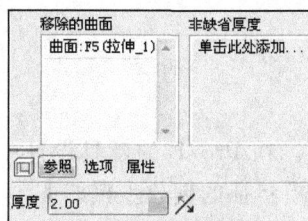

图 6.12　抽壳参数对话框　　　图 6.13　选择移除面　　　图 6.14　抽壳结果

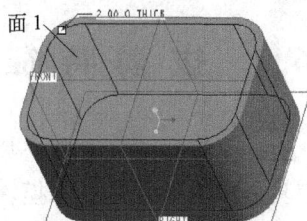

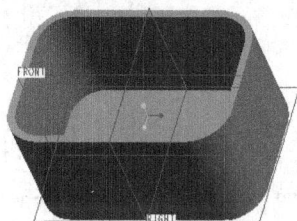

6.3　筋　特　征

单击筋工具图标◿并单击"参照"按钮，系统弹出的对话框如图 6.15 所示。单击"定义"按钮定义草绘平面，选择 FRONT 面为草绘平面，进行草绘。

草绘图 6.16 所示的一条直线，直线的端点要与实体的边界线对齐。完成草绘并输入

图 6.15　筋特征对话框　　　图 6.16　草绘直线

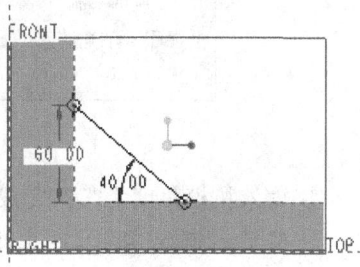

筋板的厚度为"10",单击工具图标 ⬚ 进行筋板拉伸方向的调节。拉伸方向共有三个位置：向草绘平面的两侧拉伸,向草绘平面的下端拉伸,向草绘平面的上端拉伸,如图6.17所示。单击按钮 ✓ 完成筋板的创建,结果如图6.18所示。

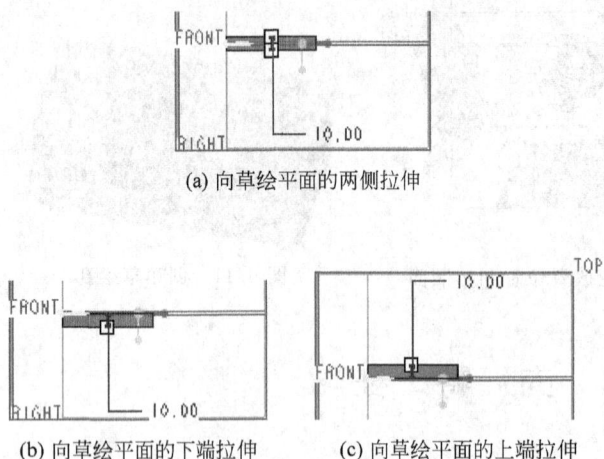

(a) 向草绘平面的两侧拉伸

(b) 向草绘平面的下端拉伸   (c) 向草绘平面的上端拉伸

图 6.17   拉伸方向(三个位置)

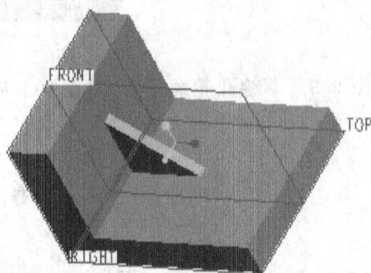

图 6.18   筋特征

6.4   拔 模 特 征

对于任何塑料模具来讲,产品的拔模斜度是非常必要的。在Pro/E的模具设计中,产品没有拔模斜度就意味着在模具分模时无法进行分模。拔模特征的创建步骤如下。

① 单击拔模工具图标 ⬚ 系统弹出拔模特征对话框,如图6.19所示。单击"参照"按钮,选择图6.20(a)所示的"面1"为拔模曲面(所谓拔模曲面是指需要产生拔模斜度的面),选择"面2"为拔模枢轴,单击"反向"按钮可以改变拔模的方向(与原来反向),如图6.20(b)所示。

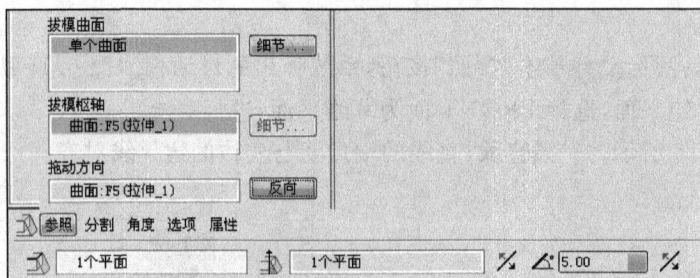

图 6.19   拔模特征对话框

② 输入拔模角度为"5",完成一个面的拔模。

③ 按Ctrl键连续选取四个侧面,则可完成四个面的拔模,如图6.21所示。

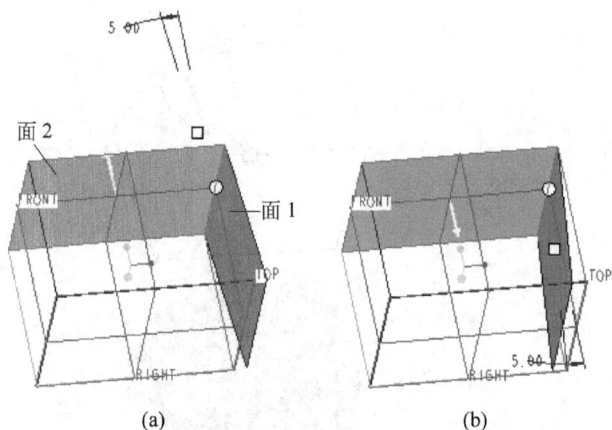

图 6.20 选择拔模曲面和拔模枢轴

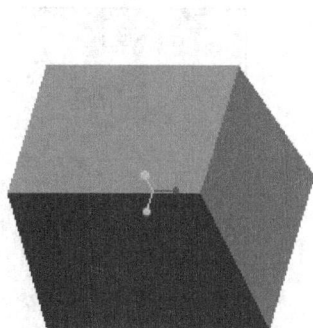

图 6.21 以底面为拔模枢轴，
拔模四个侧面

6.5 倒圆角特征

倒圆角大致可分为等半径圆角、变半径圆角、过渡圆角和完全圆角，下面分别介绍四种圆角的创建步骤。

1. 等半径圆角

单击倒圆角工具图标，系统弹出倒圆角对话框，如图 6.22 所示。按对话框的提示选择图 6.23 所示边线 $L1$ 倒圆角，输入圆角半径为"8"，完成倒圆角操作，结果如图 6.24所示。

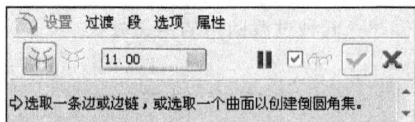

图 6.22 倒圆角对话框

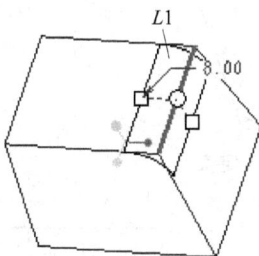

图 6.23 选择边线倒圆角

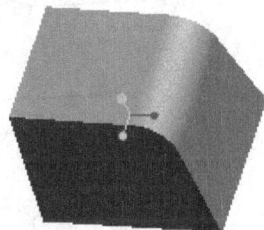

图 6.24 完成倒圆角

2. 变半径圆角

单击倒圆角工具图标，系统弹出倒圆角对话框，如图 6.22 所示。按对话框的提示选择图 6.23 所示边线 $L1$ 倒圆角，输入圆角半径为"8"，单击对话框中的"设置"按钮，在"半径"文本框内右击并选择"添加半径"命令，修改新添加的半径值为"11"，如图 6.25 所示，完成倒变半径圆角，结果如图 6.26 所示。

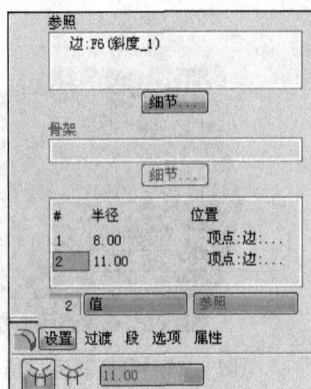

图 6.25　变半径圆角参数设置

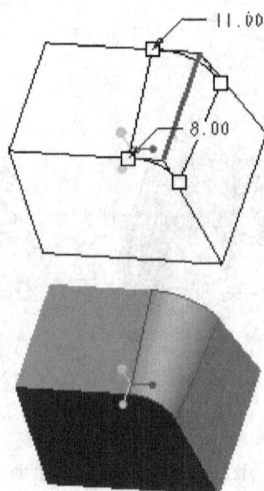

图 6.26　完成倒变半径圆角

3. 过渡圆角

单击倒圆角工具图标 ，选择图 6.27 所示的三条边线，输入圆角半径为"6"，单击切换到过渡模式工具图标 ，过渡的圆角显示如图 6.27 所示。单击过渡圆角部位激活定义，即可进行过渡圆角的定义。

过渡圆角的定义方式有五种，如图 6.28 所示，其过渡圆角效果如图 6.29～图 6.33 所示。

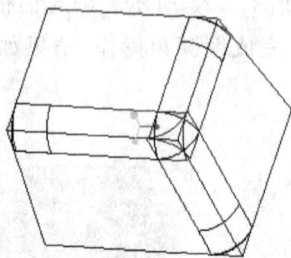

图 6.27　激活过渡圆角定义

图 6.28　五种过渡圆角的定义方式

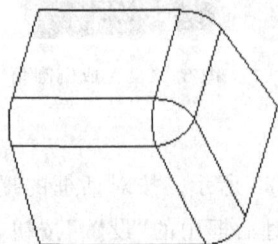

图 6.29　缺省过渡圆角

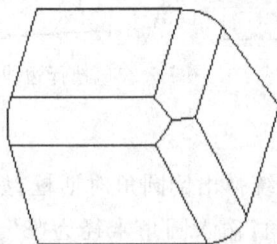

图 6.30　相交过渡圆角

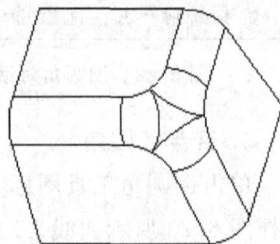

图 6.31　拐角球过渡圆角

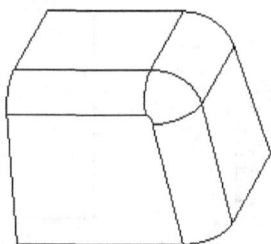

图 6.32 仅限倒圆角 1   图 6.33 曲面片

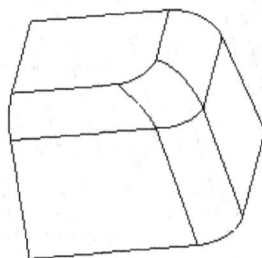

4. 完全圆角

连续选择图 6.34 所示的"面 1"和"面 2",单击"设置"、"完全倒圆角"按钮,选择上表面为倒圆角替换面,完成完全圆角创建。

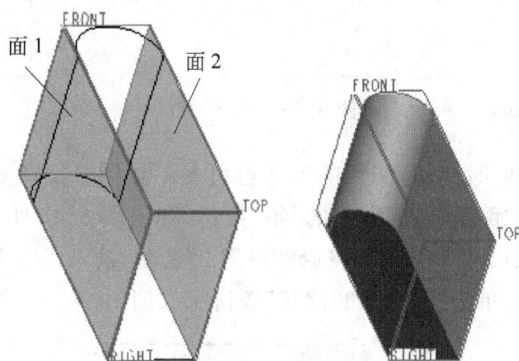

图 6.34 完全圆角

6.6 倒 角 特 征

倒角分为边倒角和拐角倒角两种方式,创建的方法如下。

1. 边倒角

单击倒角工具图标 进入边倒角方式,系统弹出边倒角对话框,如图 6.35 所示。

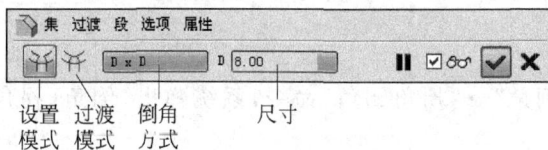

图 6.35 边倒角对话框

选择一边线进行倒角,输入尺寸为"10",倒角结果如图 6.36 所示。

单击倒角方式图标按钮 ,系统弹出四种边倒角选择方式,如图 6.37 所示。其对应的倒角效果如图 6.38~图 6.41 所示。

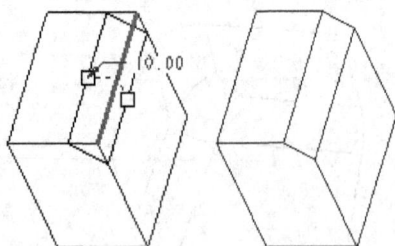

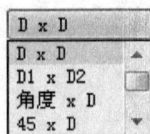

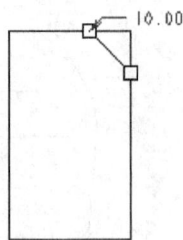

图 6.36 边倒角   图 6.37 四种边倒角选择方式   图 6.38 D×D

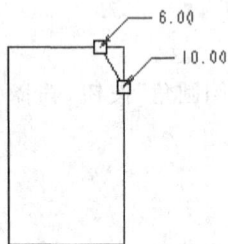

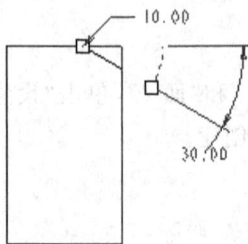

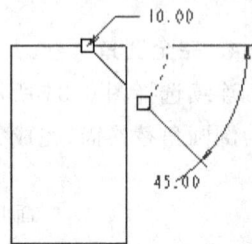

图 6.39 D1×D2(6×10)   图 6.40 角度×D   图 6.41 45×D

也可以选择多个边同时倒角,倒角的尺寸也可各不相同。如图 6.42 所示,选择图中的边线 L1、L2 和 L3,单击"倒角"对话框中的"集"按钮,弹出图 6.43 所示的集对话框。分别:选择"设置 1"选项,输入尺寸 D 为"10";选择"设置 2"选项,输入尺寸 D 为"8";选择"设置 3"选项,输入尺寸 D 为"6";单击"预览"和"确认"按钮完成倒角,结果如图 6.44 所示。

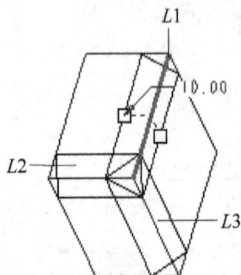

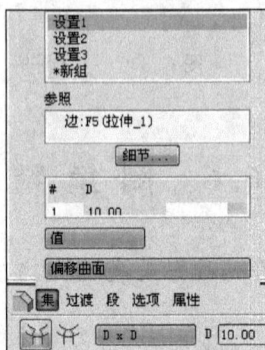

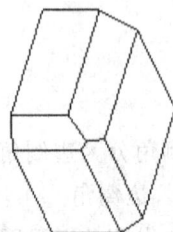

图 6.42 选择三个边线倒角   图 6.43 集对话框   图 6.44 多边倒角

2. 拐角倒角

选择"插入"→"倒角"→"拐角倒角"命令,系统弹出"倒角(拐角):拐角"对话框,如图 6.45 所示。

选择拐角:

选择边线 L1(注意选取的位置要靠近拐角处),选择"输入"选项,输入"20",如图 6.46 所示。选择边线 L2(注意选择的位置要靠近拐角处),选择"输入"选项,输入"30"。选择边线 L3(注意选取的位置要靠近拐角处),选择"输入"选项,输入"25"。

单击"预览"→"确定"按钮完成拐角的创建,结果如图 6.47 所示。

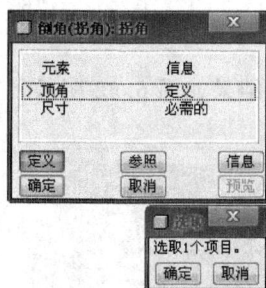

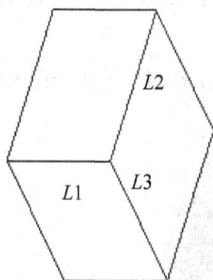

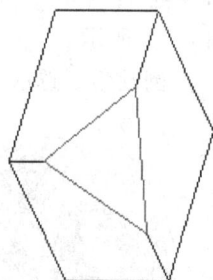

图 6.45 "倒角(拐角):拐角"对话框　　图 6.46 选择边线　　图 6.47 拐角倒角

【实例 6.1】 创建图 6.48 所示的实体特征。

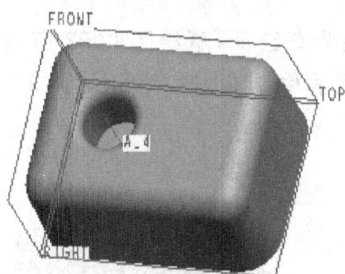

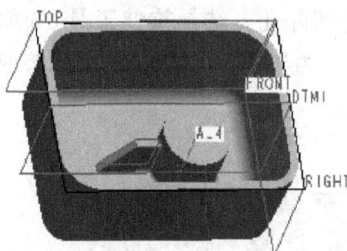

　　　　(a) 实体正面　　　　　　　　　　(b) 实体背面

图 6.48 零件实体图

参考步骤如下。

① 建立拉伸实体。选择 TOP 面为草绘平面,草绘 60×45 的矩形,拉伸长度为"30",结果如图 6.49 所示。

② 建立拔模斜度。选择底面为拔模枢轴,四个侧面为拔模曲面,输入拔模角度为"3",结果如图 6.50 所示。

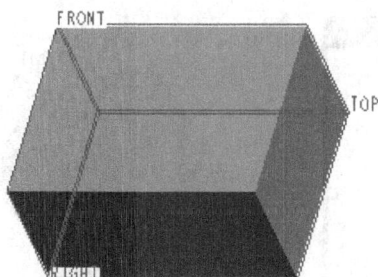

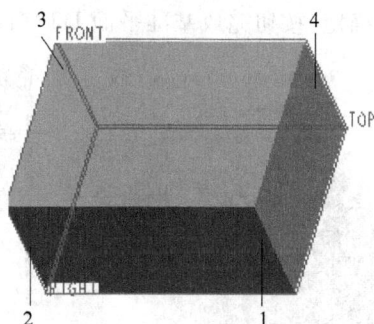

　　图 6.49 建立拉伸实体　　　　　　　　图 6.50 建立拔模斜度

③ 倒四边变圆角。按顺序选取图 6.50 所示的四个边,并在每个设置中添加一个半径并定义半径(设置 1:半径 1 为"10",半径 2 为"6";设置 2:半径 1 为"8",半径 2 为

"6";设置 3：半径 1 为"12"，半径 2 为"6"；设置 4：半径 1 为"10"，半径 2 为"6"），结果如图 6.51 所示。

④ 倒圆角。选取上表面边界，倒圆角，输入半径为"6"，结果如图 6.52 所示。

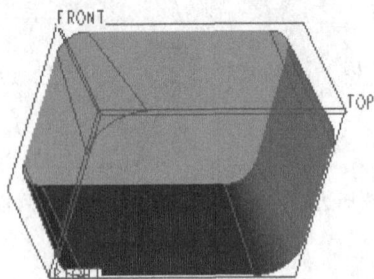

图 6.51　倒四边变圆角

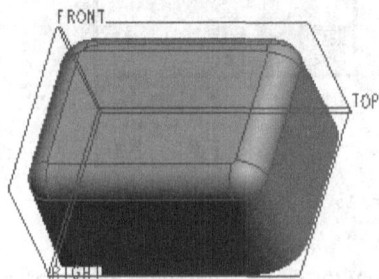

图 6.52　倒圆角

⑤ 拉伸切除孔。选择拉伸工具，选取上表面为草绘面，草绘图 6.53 所示的圆，选择拉伸切除深度为"15"，注意选择切除方向。切除后倒圆角，圆角半径为"3"，如图 6.54 所示。

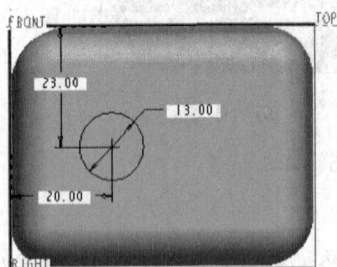

图 6.53　拉伸切除草绘

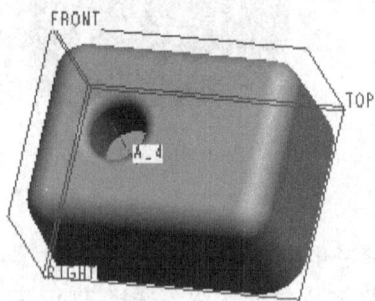

图 6.54　倒圆角

⑥ 抽壳。选择底面为移除曲面，输入抽壳厚度为"2"，结果如图 6.55 所示。

⑦ 建立基准平面。选择基准面 FRONT 和基准轴 A_4，参数设置如图 6.56 所示。单击"确定"按钮完成基准平面 DTM1 的创建，如图 6.57 所示。

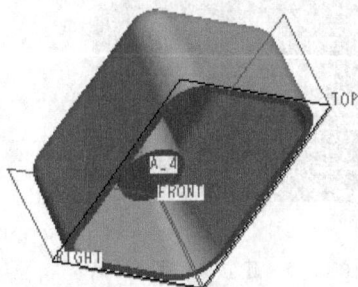

图 6.55　抽壳

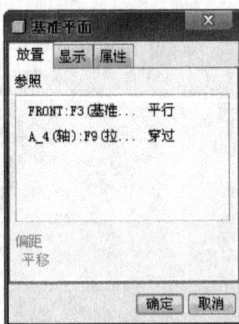

图 6.56　基准平面参数设置

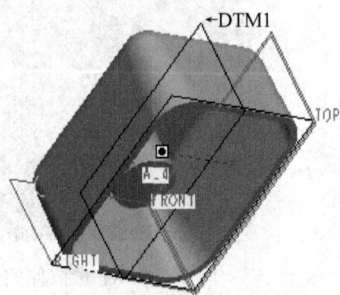

图 6.57　创建 DTM1

⑧ 建立筋板。单击建立筋板工具图标,选择 DTM1 作为草绘平面,草绘图 6.58 所示的图形,完成草绘。输入筋板的厚度为"2",双向对称,完成筋板的创建,结果如图 6.59 所示。

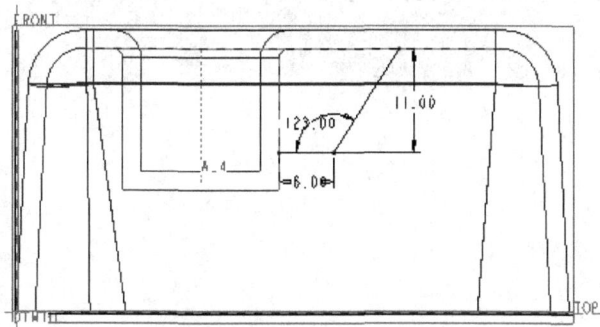

图 6.58　筋板草绘图

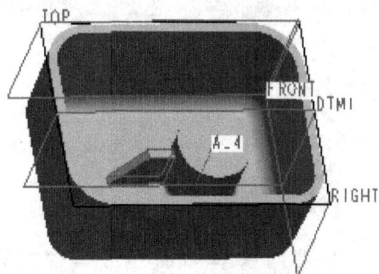

图 6.59　完成零件的建立

思考与练习

1. 创建一个圆柱实体,圆柱的半径为 10mm,高为 20mm,圆柱顶端倒圆角,半径为 3mm,拔模斜度为 1°,抽壳厚度为 2mm,如图 6.60 所示。

2. 创建图 6.61 所示的实体,实体的尺寸为 50mm×50mm×25mm,三个边的倒角分别为 10mm、5mm、10mm。

图 6.60　圆柱零件

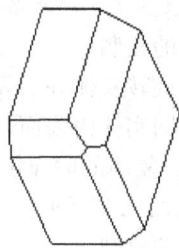

图 6.61　零件倒角

第 7 章

特征的操作

知识目标

掌握对特征的操作过程和方法。

技能目标

能熟练地运用特征操作工具完成特征的复制、阵列、移动、旋转和镜像等操作。

所谓特征的操作就是对实体特征(如孔、圆柱等特征)进行复制、旋转、镜像、阵列等操作,掌握了特征操作的技巧,会大大提高绘图的速度。

7.1 特征的复制

在实际的绘图设计中,经常需要复制实体的表面曲面或曲线,用做模具的分模曲面或曲线。下面以图 7.1 所示零件实体为例,介绍曲面和曲线的复制方法。

1. 曲面的复制

① 草绘旋转实体并抽壳,圆弧的半径为"100",抽壳厚度为"3",如图 7.1 所示。

② 选择圆实体内表面,并选择"插入"→"复制"→"插入"→"粘贴"命令,完成实体内表面的复制。复制的曲面位置并没有变化,只是在原实体表面多了一个曲面,复制的曲面呈粉红色,如图 7.2 所示。

2. 曲线的复制

选择零件实体的边界 $L1$,如图 7.3 所示,并选择"插入"→"复制"→"插入"→"粘贴"命令,完成曲线的复制。

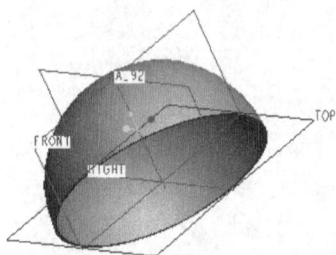

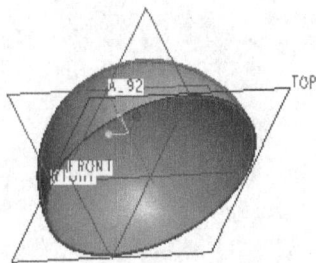

图 7.1 零件实体　　图 7.2 复制内表面曲面　　图 7.3 复制曲线

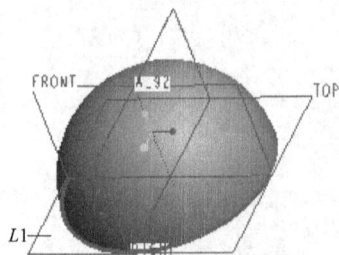

7.2 特征的阵列

特征的阵列包括直线阵列、增量阵列、斜向阵列、旋转阵列和填充阵列。

1. 直线阵列

① 单击需要阵列的孔特征"*k*1",单击阵列工具图标▦或选择"编辑"→"阵列"命令,系统弹出阵列特征对话框,如图 7.4 所示,同时图形上显示出参照方向尺寸,如图 7.5 所示。

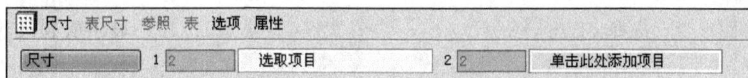

图 7.4 阵列特征对话框

② 单击图 7.5 所示实体零件图中"30"尺寸,输入在此方向上的阵列距离增量"20",输入该方向上的阵列个数为"3"。

③ 单击第二方向的"单击此处添加项目",单击图 7.5 所示实体零件图中"40"尺寸,输入在此方向上的阵列距离为"30",输入该方向上的阵列个数为"4",单击图标☑完成阵列,结果如图 7.6 所示。

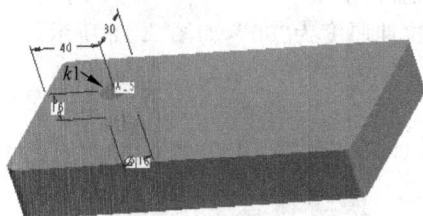

图 7.5 显示参照尺寸

图 7.6 阵列结果

2. 增量阵列

① 单击图 7.7 所示的孔特征,单击阵列工具图标▦或选择"编辑"→"阵列"命令,系统弹出阵列特征对话框,同时图形上显示出所有尺寸。单击图 7.7 所示实体零件图中"40"尺寸,输入尺寸增量为"40",按 Enter 键。

② 按住 Ctrl 键选择圆孔直径"φ30",输入尺寸增量"−5",按 Enter 键。

③ 按住 Ctrl 键选择圆孔深度"15",输入尺寸增量"−3",按 Enter 键。

④ 输入阵列总数"4",完成阵列,结果如图 7.8 所示。

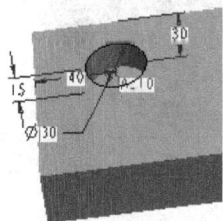

图 7.7 显示所有尺寸

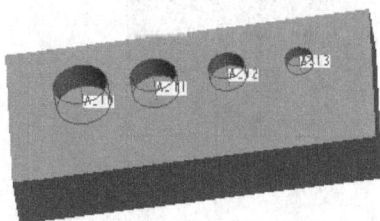

图 7.8 阵列结果

3. 斜向阵列

① 单击图 7.9 所示需要阵列的孔特征"k1",单击阵列工具图标▦或选择"编辑"→"阵列"命令,同时图形上显示出参照方向尺寸,如图 7.10 所示。

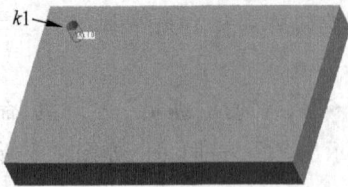

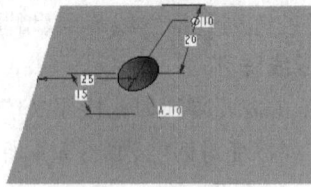

图 7.9　选择 k1 孔　　　　　　　　图 7.10　显示所有尺寸

② 单击图 7.10 中"20"尺寸,输入在此方向上的阵列距离增量为"30",输入该方向上的阵列个数为"3"。

③ 单击第二方向的"单击此处添加项目",单击图 7.10 中"25"尺寸,输入在此方向上的阵列距离为"40",输入该方向上的阵列个数为"4"。

④ 按住 Ctrl 键选择图 7.10 中"20"尺寸,输入尺寸增量"15",按 Enter 键。单击图标✔完成阵列,结果如图 7.11 所示。

4. 旋转阵列

旋转阵列是特征实体以一个轴作为参照完成的阵列。

① 创建拉伸实体特征 1:圆的直径为"200",拉伸厚度为"30",如图 7.12 所示。

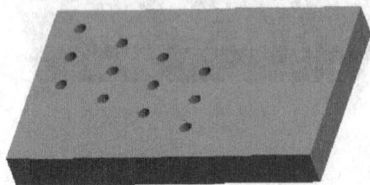

图 7.11　阵列结果　　　　　　　　图 7.12　创建拉伸实体特征 1

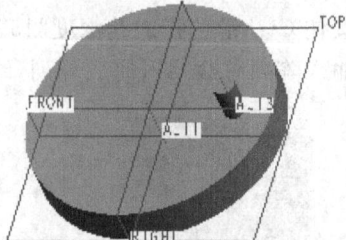

② 创建拉伸实体特征 2:尺寸如图 7.13 所示。拉伸高度为"30",如图 7.14 所示。

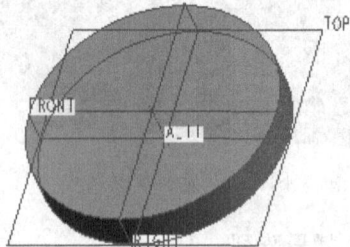

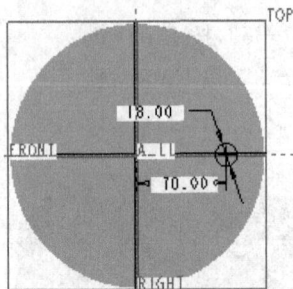

图 7.13　创建拉伸实体特征 2　　　　图 7.14　拉伸实体特征 2

③ 选择拉伸实体特征 2,单击阵列图标▦进行阵列的创建。

④ 在阵列特征对话框中选择阵列方式为"轴"阵列。选择图7.14所示的轴"A_11"为阵列参考,输入阵列角度为"45",阵列个数为"6",完成阵列,结果如图7.15所示。

⑤ 在第二方向输入阵列个数为"2",输入尺寸增量为"25",完成阵列,结果如图7.16所示。

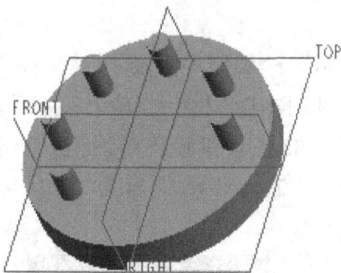

图7.15 阵列结果1

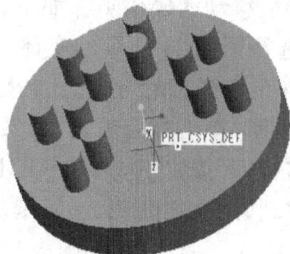

图7.16 阵列结果2

5. 填充阵列

填充阵列是指在确定的曲线范围内,按一定的规律填充。

① 创建一拉伸实体,实体的长、宽、高为200、150、30。

② 在拉伸实体的上表面草绘一矩形作为填充范围边界,尺寸如图7.17所示。

③ 选择拉伸实体的上表面为拉伸实体草绘平面,草绘如图7.18所示的圆,选择拉伸切除实体(切通),结果如图7.19所示。

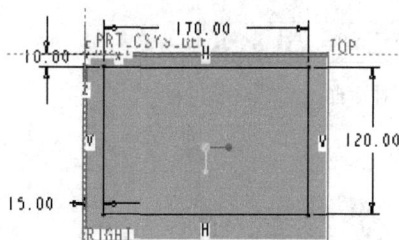

图7.17 草绘填充边界线

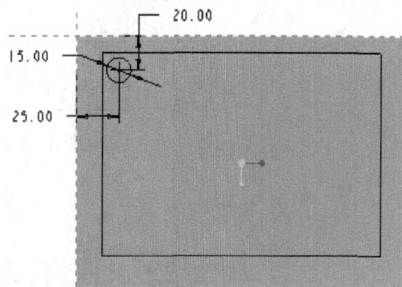

图7.18 草绘拉伸圆

④ 选取刚才建立的拉伸切除孔特征,单击阵列工具图标▦,在弹出的阵列特征对话框中选择"填充"选项。

⑤ 选择填充边界曲线,默认填充方式为"正方形",并输入阵列增量为"20",结果如图7.20所示。(注:填充方式分为正方形、菱形、三角形、圆形曲线和螺旋形。)

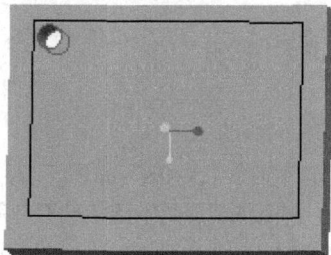

图7.19 拉伸切除实体结果

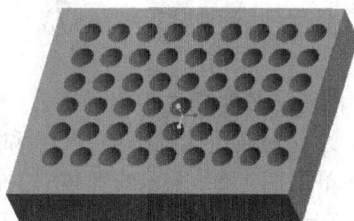

图7.20 方形填充阵列结果

7.3　特征的移动

对特征移动的操作步骤如下。

① 选择图7.21所示的实体,选择"编辑"→"复制"→"编辑"→"选择性粘贴"命令。

② 在系统弹出的"选择性粘贴"对话框中选中"对副本应用移动/旋转变换"复选框如图7.22所示,单击"确定"按钮,系统弹出图7.23所示的移动和旋转对话框,单击"沿选定参照平移特征"按钮[⟷],选择RIGHT面为移动参照面,输入移动距离为"300",完成实体特征的移动,结果如图7.24所示。

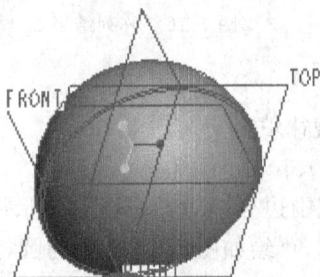

图7.21　选择实体

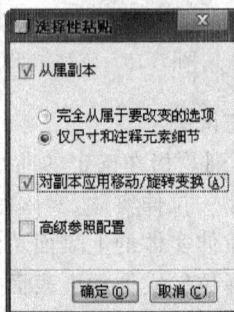

图7.22　"选择性粘贴"对话框

图7.23　移动和旋转对话框

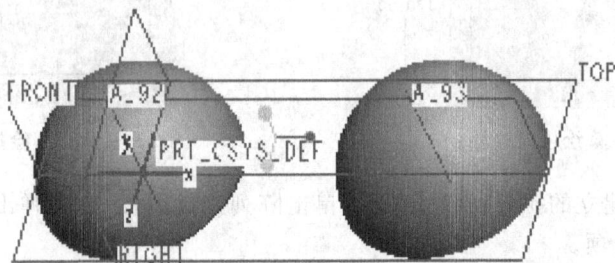

图7.24　特征的移动结果

7.4　特征的旋转

对特征旋转的操作步骤如下。

① 建立轴线。选择平面TOP和RIGHT的交线作为轴线"A_93",如图7.25所示。

② 单击图7.21所示的实体,选择"编辑"→"复制"→"编辑"→"选择性粘贴"命令。

③ 在系统弹出的"选择性粘贴"对话框中选中"对副本应用移动/旋转变换"复选框,单击"确定"按钮,系统弹出移动和旋转对话框,单击"相对选定参照旋转特征"按钮[↻],选

择轴"A_93"为旋转参照轴,输入旋转角度为"180",如图 7.26 所示,完成实体特征的旋转,结果如图 7.27 所示。

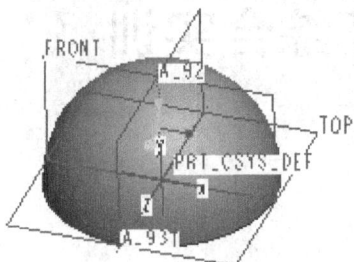

图 7.25 建立轴线

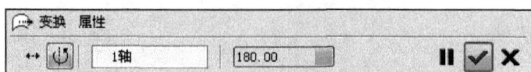

图 7.26 移动和旋转参数设置

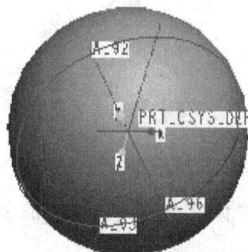

图 7.27 特征旋转结果

7.5 特征的镜像

单击需要镜像的孔特征"k1",选择"编辑"→"镜像"命令,系统弹出镜像特征对话框,如图 7.28 所示。选择 RIGHT 面作为镜像平面,如图 7.29 所示。单击图标☑完成孔特征的镜像,结果如图 7.30 所示。

图 7.28 镜像特征对话框

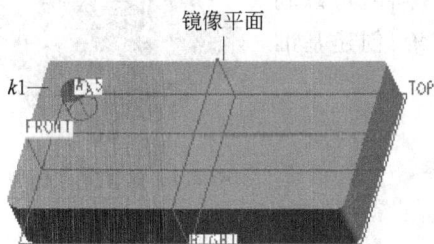

图 7.29 选择孔 k1 和镜像平面

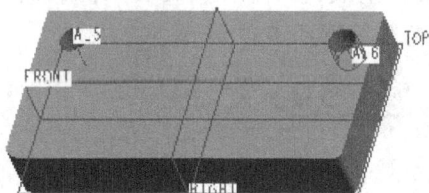

图 7.30 完成镜像

思考与练习

创建一个 300mm×200mm×20mm 的立方体,在立方体上均匀地分布 15 个 $\phi 10$ 的通孔。

第 8 章

实体特征综合实训

掌握常用的实体特征创建的基本方法。

技能目标

学会应用所学的拉伸、旋转、扫描、螺旋扫描、扫描混合等工具创建较复杂的三维实体图。

我们已经学习了实体特征的基本创建方法,本章通过一些典型的零件来学习如何应用已学的知识解决实际问题。

8.1 建立阀体零件模型

建立图 8.1 所示的阀体零件模型。

任务分析

此零件是由旋转体、拉伸体等组成的组合体零件,可以利用旋转生成、拉伸生成、旋转切除、拉伸切除、圆角、创建基准面、阵列等特征建立。

参考步骤

图 8.1 阀体零件模型

(1) 进入建立实体零件界面

进入 Pro/E 野火版界面环境后,移动鼠标单击图视工具"新建"图标□或选择"文件"→"新建"命令,系统弹出"新建"对话框。在"新建"对话框中选择"零件"选项,在"名称"文本框中输入文件名 fati01,再选中"使用缺省模板"复选框,单击"确定"按钮。然后在弹出的"新的文件选项"对话框中选择绘图单位"mmns_part_solid"(公制),选中"复制相关绘图"复选框,再单击"确定"按钮,进入建立实体零件界面。

(2) 建立阀体实体 1——建立旋转特征,进入旋转体截面草绘界面

移动鼠标单击图视工具图标⬦,单击"位置"、"定义"按钮,系统弹出"草绘放置选项"

对话框,选择基准面 TOP 为草绘平面,以系统默认的基准面 RIGHT 为草绘参考面,单击"草绘"按钮,系统进入旋转体截面草绘界面。

(3) 建立阀体实体 1——绘制草图 1

依次利用草绘图视工具图标 ⋮、□ 绘制一条水平的中心线,绘制矩形并修改尺寸,完成图 8.2 所示的阀体截面草图 1。单击草绘图视工具图标 ✔ 完成草绘。

(4) 建立阀体实体 1——确定旋转生成参数

移动鼠标单击旋转体特征图标板图标 ⊥,并在其文本框中输入旋转角度值"360"后,单击旋转体特征图标板图标 ✔,完成阀体实体 1 的建立,如图 8.3 所示。

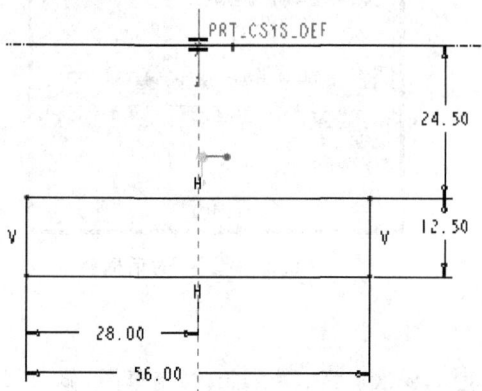

图 8.2 阀体截面草图 1

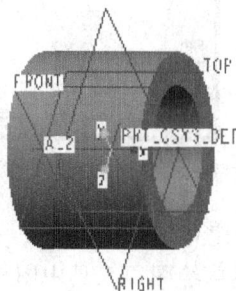

图 8.3 阀体实体 1

(5) 建立阀体实体 2——建立拉伸特征,建立基准轴

移动鼠标单击图视工具图标 ⋮,在系统弹出的"基准轴"对话框中选取一个面或圆弧(见图 8.4),单击"确定"按钮,完成基准轴 A_3 的建立。或移动鼠标依次选择"插入→模型基准→轴"命令,在系统弹出的"基准轴"对话框中连续选取基准面 FRONT 和基准面 TOP 后(见图 8.5),单击"确定"按钮,完成基准轴的建立,结果如图 8.6 所示。

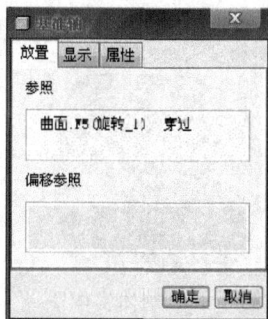

图 8.4 "基准轴"对话框

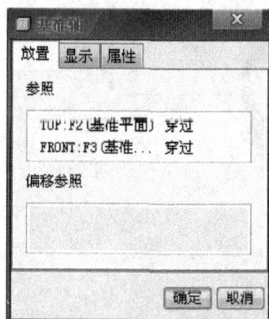

图 8.5 基准轴参数设置

图 8.6 建立基准轴

(6) 建立阀体实体 2——建立基准面

移动鼠标单击基准平面图标 ▱,或选择"插入"→"模型基准"→"平面"命令,在系统弹出的"基准平面"对话框中连续选择基准面 FRONT 和基准轴 A_3、输入夹角值"30",如

图 8.7 所示；单击"确定"按钮，完成基准面 DTM1 的建立。

（7）建立阀体实体 2——进入拉伸体截面草绘界面

使用鼠标单击图视工具图标 ，并单击"放置"、"定义"按钮，用鼠标选取图 8.6 所示阀体右端面为草绘平面，选择基准面 DTM1 为草绘参考面，单击"草绘"按钮，系统弹出"参照"对话框，如图 8.8 所示。选取基准轴 A_5 和外圆周边界作为草绘尺寸基准，然后单击"关闭"按钮，系统进入拉伸体截面草绘界面。

图 8.7　基准平面参数设置

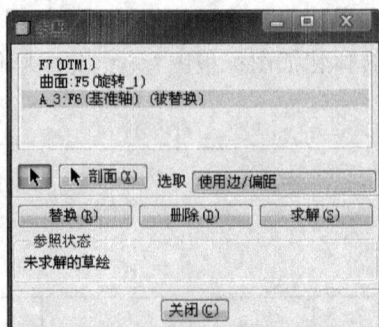

图 8.8　"参照"对话框

（8）建立阀体实体 2——绘制草图 2

利用草绘图视工具中图标 、 、 、 、 、 、 、 、 、绘制草图，修改尺寸后完成图 8.9 所示的阀体截面草图 2，单击草绘图视工具图标 退出草绘界面。

（9）建立阀体实体 2——确定拉伸生成参数

移动鼠标单击拉伸体特征图标板图标 ，并在其文本框中输入拉伸厚度值 8 后，单击拉伸体特征图标板图标 ，完成阀体实体 2 的建立，如图 8.10 所示。

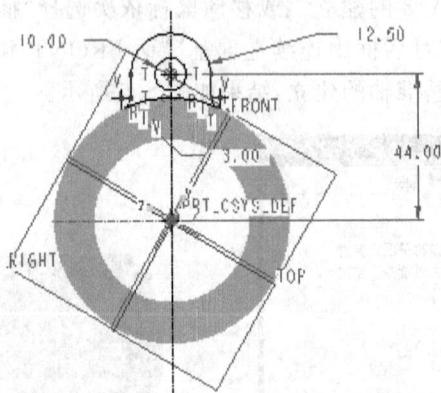

图 8.9　阀体截面草图 2

图 8.10　阀体实体 2

（10）建立阀体实体 3——阵列

单击选择上一步建立的拉伸特征，单击工具阵列工具图标 ，系统弹出阵列参数设定对话框，如图 8.11 所示。在尺寸控制按钮中选择"轴"，在"1 个项目"选项中选择轴"A_3"作为阵列中心轴，输入个数为"3"个，角度为"120"。单击阵列特征图标板图标 ，再单击"确定"按钮，完成阀体实体 3 的建立，如图 8.12 所示。

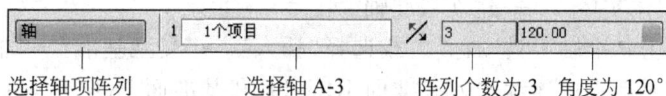

选择轴项阵列　　　选择轴A-3　　阵列个数为3　角度为120°

图 8.11　阵列参数设定

（11）建立阀体实体 4——建立基准面

移动鼠标单击图视工具图标□，选择"插入"→"模型基准"→"平面"命令，如图 8.13 所示，在系统弹出的"基准平面"对话框中选取基准面 FRONT 并输入偏移距离值"40.5"，单击"确定"按钮，完成基准面 DTM2 的建立。

图 8.12　阵列结果

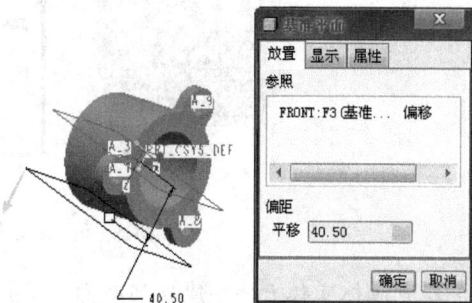

图 8.13　建立基准面 DTM2

（12）建立阀体实体 4——进入拉伸体截面草绘界面

移动鼠标单击拉伸体特征图标板图标□并单击"放置"→"定义"按钮，系统弹出"草绘"对话框。在对话框中用鼠标选择基准面 DTM2 为草绘平面，选择基准面 RIGHT 为草绘参考面，单击"草绘"按钮，系统进入拉伸体截面草绘界面。

（13）建立阀体实体 4——绘制草图 3

利用草绘图视工具图标○绘制草图，修改尺寸后完成图 8.14 所示的阀体截面草图 3，单击草绘图视工具图标✔退出草绘界面。

（14）建立阀体实体 4——确定拉伸生成参数

移动鼠标单击拉伸体特征图标板图标凸，并移动鼠标选取图 8.14 所示的阀体圆柱面，再单击拉伸体特征图标板图标✔，完成阀体实体 4 的建立，结果如图 8.15 所示。

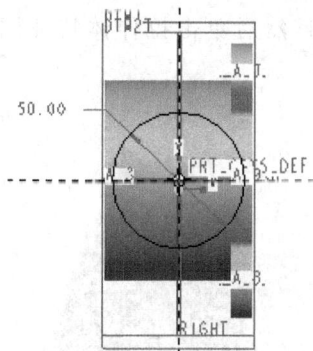

图 8.14　阀体截面草图 3

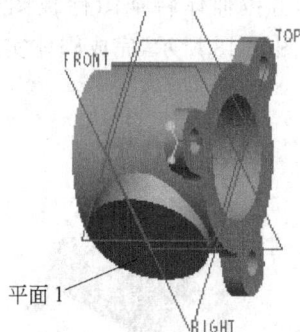

图 8.15　阀体实体 4

（15）建立阀体实体 5——建立基准轴

移动鼠标单击基准轴工具图标 ⁄，或选择"插入"→"模型基准"→"轴"命令，在系统弹出的"基准轴"对话框中连续选入基准面 RIGHT 和基准面 TOP 后，单击"确定"按钮，完成基准轴"A_12"的建立，如图 8.16 所示。

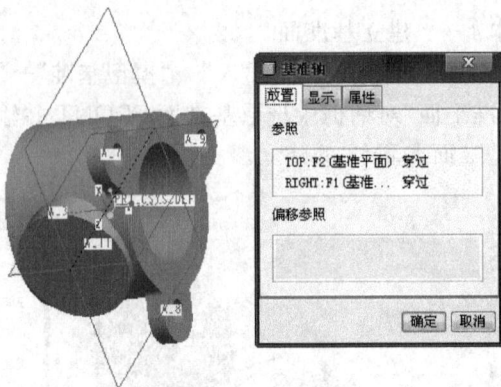

图 8.16　建立基准轴

（16）建立阀体实体 5——建立基准面

移动鼠标单击图视工具图标 ⬭，在系统弹出的"基准平面"对话框中选入基准面 RIGHT 和基准轴 A_12，输入夹角值"30"，单击"确定"按钮，完成基准面 DTM3 的建立。

（17）建立阀体实体 5——进入拉伸体截面草绘界面

移动鼠标单击拉伸体特征图标板图标 并单击"放置"→"定义"按钮，系统弹出"草绘"对话框。在对话框中用鼠标选入图 8.15 所示阀体上的平面 1，选择基准面 DTM3 为草绘参考面，单击"草绘"按钮，系统弹出"参照"对话框。选取基准轴"A_12"和"平面 1"外圆周边界作为草绘尺寸基准，然后单击"关闭"按钮，系统进入拉伸体截面草绘界面。

（18）建立阀体实体 5——绘制草图 4

利用草绘图视工具中图标 ○ 绘制草图，修改尺寸后完成图 8.17 所示的阀体截面草图 4，单击草绘图视工具图标 ✓ 退出草绘界面。

（19）建立阀体实体 5——确定拉伸切除参数

移动鼠标单击拉伸体特征图标板图标 ⬓、⬔，并在其文本框中输入拉伸切除深度值"8"后，单击拉伸体特征图标板图标 ⬔ 调整切除方向，然后单击拉伸体特征图标板图标 ✓，如图 8.18 所示，完成阀体实体 5 的建立。

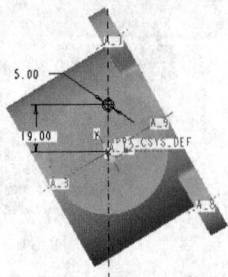

图 8.17　阀体截面草图 4

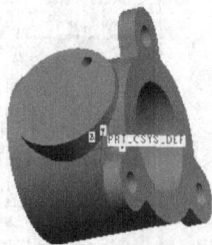

图 8.18　阀体实体 5

（20）建立阀体实体 6——阵列

单击选择上一步建立的拉伸特征，单击工具阵列工具图标▦，系统弹出阵列参数设置对话框，在尺寸控制按钮中选择"轴"，在"1 个项目"选项中选择轴"A_12"作为阵列中心轴，输入个数为"3"，角度为"120"。单击阵列特征图标板图标✓，再单击"确定"按钮，完成阀体实体 6 的建立，如图 8.19 所示。

（21）建立阀体实体 6——建立旋转特征，进入旋转体截面草绘界面

移动鼠标单击图视工具图标✥，并单击"放置"、"定义"按钮，系统弹出"草绘"对话框。在对话框中用鼠标选入基准面 RIGHT 为草绘平面，以系统默认的基准面 TOP 为草绘参考面，单击"草绘"按钮，系统进入拉伸体截面草绘界面。

（22）建立阀体实体 6——绘制草图 5

依次利用草绘图视工具中的图标┊、▢、╲、半绘制草图，修改尺寸后完成图 8.20所示的阀体截面草图 5，单击草绘图视工具图标✔退出草绘界面。

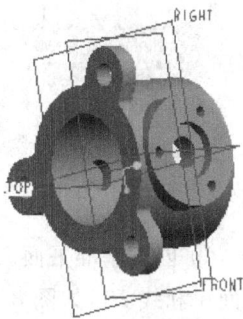

（23）建立阀体实体 6——确定旋转切除参数

移动鼠标依次单击旋转体特征图标板图标⊥、╱，并在其文本框中输入旋转角度值"360"后，单击旋转体特征图标板图标✓，完成阀体实体 7 的建立，如图 8.21 所示。

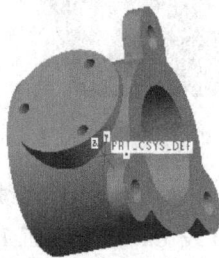

图 8.19 阀体实体 6   图 8.20 阀体截面草图 5   图 8.21 阀体实体 7

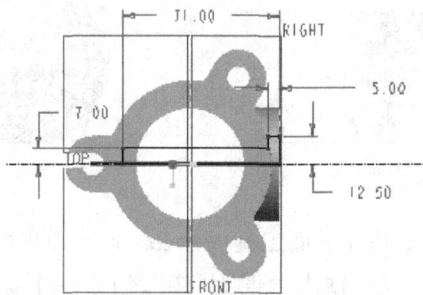

（24）圆角

移动鼠标单击图视工具图标⌒，或选择"插入"→"圆角"命令，再移动鼠标选取图 8.21 所示两个圆柱体的交线后，输入圆角半径值"3"，完成阀体的建立。

（25）保存

选择"文件"→"保存"命令或单击图视工具图标💾，保存此零件，完成绘图。

8.2 绘制拉伸特征零件模型

建立如图 8.22 所示的拉伸零件模型。

任务分析

此零件主要由拉伸体等组成，可以利用拉伸生成、拉伸切除、创建基准面等特征建立。

参考步骤

① 使用拉伸工具,选择 TOP 面为草绘平面,绘制如图 8.23 所示的拉伸体,长、宽和高分别为 200、120 和 80。

图 8.22　拉伸特征零件

图 8.23　绘制拉伸体

② 使用拉伸工具,选择面 1 为草绘平面,选择系统的默认参照面,绘制如图 8.24 所示的直线,切除拉伸实体。(选择工具 ▢、✔、✂、◿、⌗、✔),结果如图 8.25 所示。

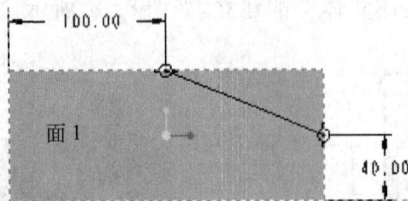

图 8.24　草绘直线

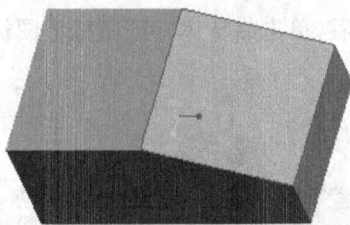

图 8.25　拉伸切除

③ 创建基准平面。单击基准平面工具图标 ▱,系统弹出"基准平面"对话框,连续选择面 1 和线 $L1$,如图 8.26 所示,输入角度为"30",创建一个穿过直线 $L1$ 且与平面 1 成 30°角的基准平面,单击"确定"按钮完成基准平面 DTM1 的创建。

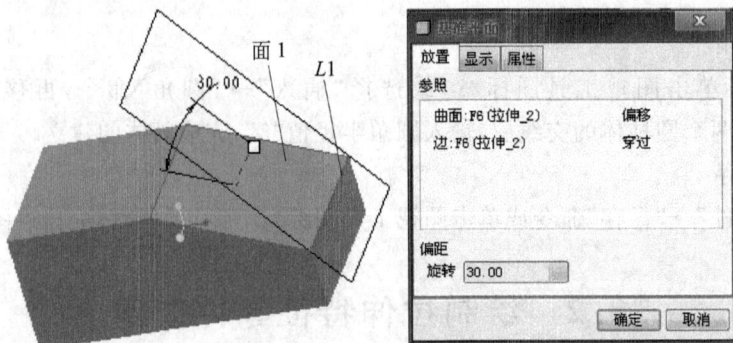

图 8.26　创建基准平面

④ 使用拉伸工具,选择基准平面 DTM1 面为草绘平面,选择系统的默认参照面,选择 FRONT 面和边界线 $L2$ 为草绘尺寸参照,如图 8.27 所示。绘制如图 8.28 所示的圆弧,完成草绘。

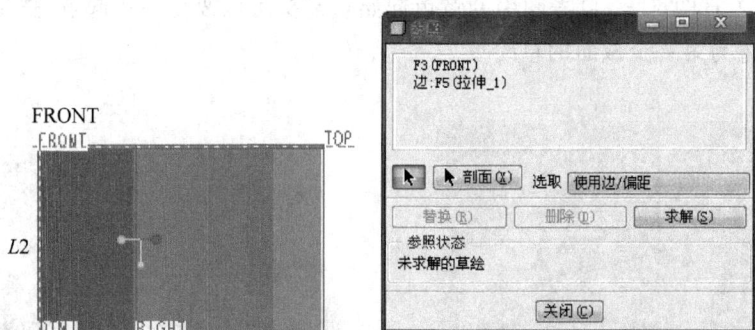

图 8.27 选择草绘及参照

⑤ 使用工具 ✕ 选择拉伸方向，使用工具 ⬆ 拉伸到一面，选择图 8.29 所示的面 1，单击按钮 ✅ 完成建模，如图 8.22 所示。

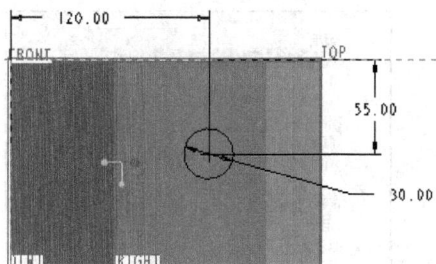

图 8.28 草绘圆弧

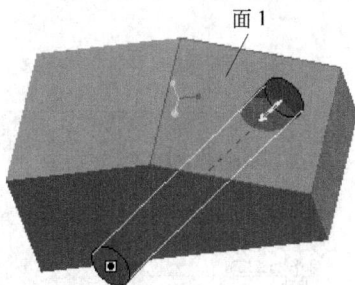

图 8.29 选择拉伸成型到面 1

8.3 建立拉伸、扫描混合特征零件模型

建立如图 8.30 所示的零件模型。

任务分析

此零件是由拉伸体和混合扫描等组成的组合体零件，可以利用拉伸生成、混合扫描等特征建立。

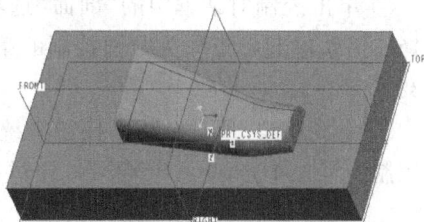

图 8.30 拉伸和扫描混合特征零件模型

参考步骤

① 创建拉伸特征。选择 TOP 面为草绘平面，草绘 148×78 的矩形，拉伸高度为"20"。

② 创建扫描混合特征。选择"插入"→"扫描混合"命令，单击草绘工具图标 ✐，选择拉伸特征上表面作为草绘平面，单击"草绘"按钮，进入草绘界面。草绘如图 8.31 所示的曲线轨迹，单击工具图标 ✅ 完成扫描路径（引导曲线）的草绘。

③ 单击工具图标▶，单击图中的黄色起始点箭头可以改变扫描起点，选择图 8.32 所示圆弧的左边为第一个截面的草绘点。

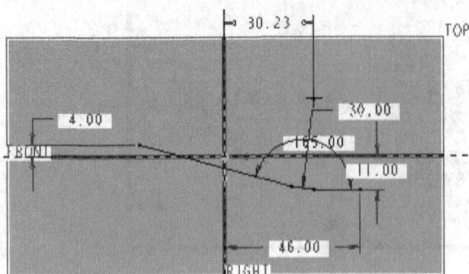

图 8.31　草绘圆弧

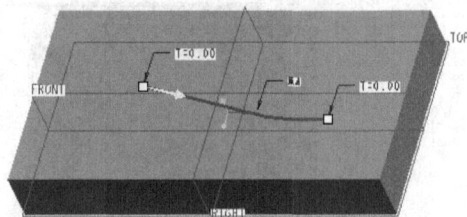

图 8.32　选择拉伸成型到面 2

④ 单击控制对话框中的"参照"选项，弹出如图 8.33 所示的参照选项。根据需要修改剖面"控制"选项为"恒定法向"，选择"方向参照"RIGHT 面，如图 8.34 所示。

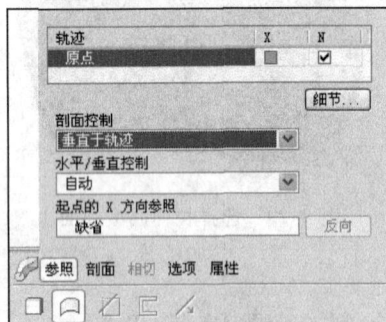

图 8.33　控制对话框

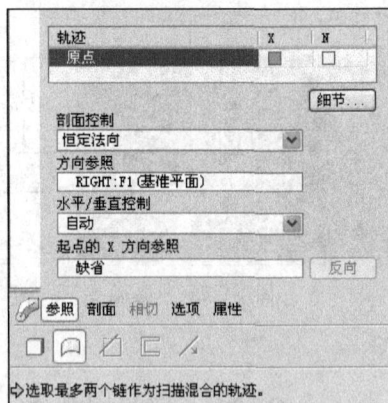

图 8.34　修改参照参数

⑤ 单击控制对话框中的"剖面"选项，此时草绘图形上的各剖面点都以绿色点标出，选择扫描轨迹起始点作为截面控制的第一个点，单击"草绘"按钮进行截面 1 的草绘，如图 8.35 所示。

⑥ 完成草绘，单击"插入"按钮系统会增加一个剖面 2，选择扫描轨迹的右端点作为截面控制的第二个点，单击"草绘"按钮进行截面 2 的草绘。草绘如图 8.36 所示的圆弧。

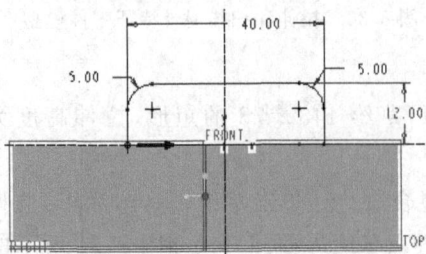

图 8.35　截面 1

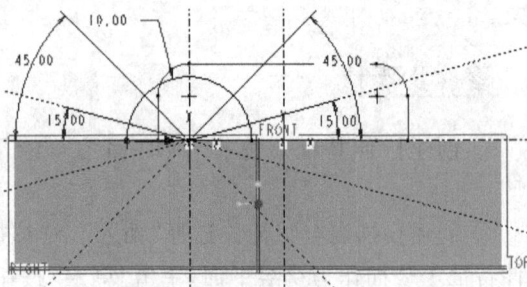

图 8.36　截面 2

⑦ 绘制四条中心线,如图 8.36 所示。在中心线与圆弧的交点处打断圆弧(系统规定扫描混合不同截面草绘图的线段个数必须相等,截面 1 的草绘由六段曲线组成,因此截面 2 的草绘也必须通过打断成为六段曲线)。

⑧ 完成草绘,结果如图 8.30 所示。

8.4 建立瓶体零件模型

建立如图 8.37 所示的零件模型。

任务分析

此零件是由混合伸出项和拉伸体等组成的零件。

参考步骤

① 选择"插入"→"混合"→"伸出项"命令,在弹出的"菜单管理器"对话框中选择默认设置,选择"完成"选项,在弹出的菜单管理器属性对话框中选择"光滑"选项,选择"完成"选项。在弹出的"选择草绘平面"对话框中选择 TOP 面为草绘平面,单击"正向"、"缺省"按钮,进行第一个截面草绘。

② 草绘如图 8.38 所示的截面 1,椭圆的长轴半径为"40",短轴半径为"25"。选择"草绘"→"特征工具"→"切换平面"命令,进行第二个截面的草绘。

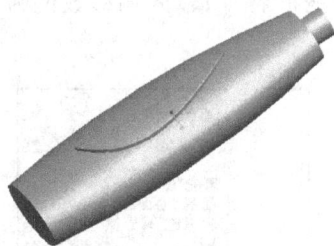

图 8.37 瓶体零件模型

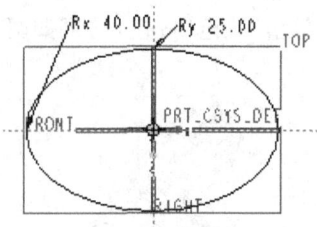

图 8.38 截面 3

③ 草绘如图 8.39 所示的截面 2,椭圆的长轴半径为"50",短轴半径为"30"。选择"草绘"→"特征工具"→"切换平面"命令,进行第三个截面的草绘。

④ 草绘如图 8.40 所示的截面 3,椭圆的长轴半径为"30",短轴半径为"20"。

⑤ 单击工具图标✔完成草绘,输入截面 1 与截面 2 之间的距离为"150",输入截面 2 与截面 3 之间的距离为"120",单击"预览"按钮,结果如图 8.41 所示。

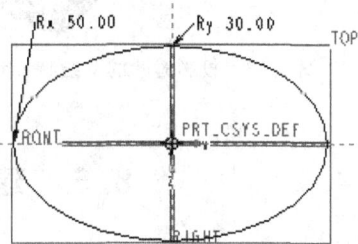

图 8.39 截面 4

⑥ 选择瓶体的上表面为草绘平面,草绘圆弧直径为"25",绘制拉伸实体长度为"20",完成零件的创建。

⑦ 选择 FRONT 面为草绘平面,使用样条绘图工具草绘如图 8.42 所示的树叶,完成草绘。

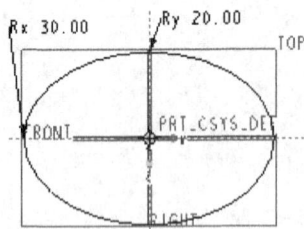

图 8.40 截面 5

图 8.41 瓶体

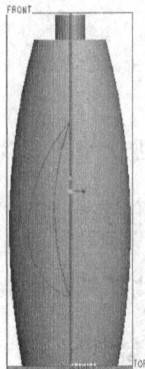

图 8.42 草绘树叶

⑧ 投影树叶的草绘特征到瓶体上:选取树叶草绘特征,选择"编辑"→"投影"命令,选取如图 8.43 所示的面 1 为投影曲面,结果如图 8.43 所示。

⑨ 偏移复制树叶特征,目的是把树叶的草绘特征刻画在瓶体上。步骤为:单击选择要偏移复制的瓶体的曲面,即面 1;选择"编辑"→"偏移"命令,并单击图标 选择展开特征;选择"选项"、"草绘区域"选项,单击"草绘"、"定义"按钮,如图 8.44 所示;选择 FRONT 面作为草绘平面,使用实体引用图标 复制树叶特征;输入偏移数值为"3",方向向内,单击"确定"按钮,结果如图 8.37 所示。

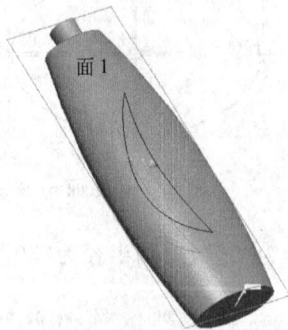

图 8.43 投影树叶的草绘特征到瓶体上

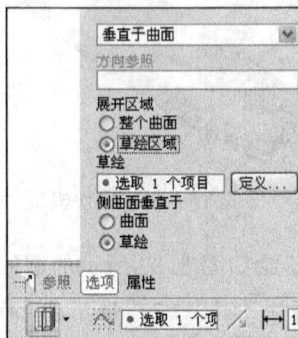

图 8.44 偏移复制树叶特征

8.5   建立手机面盖实体模型

建立如图 8.45 所示的手机面盖模型。

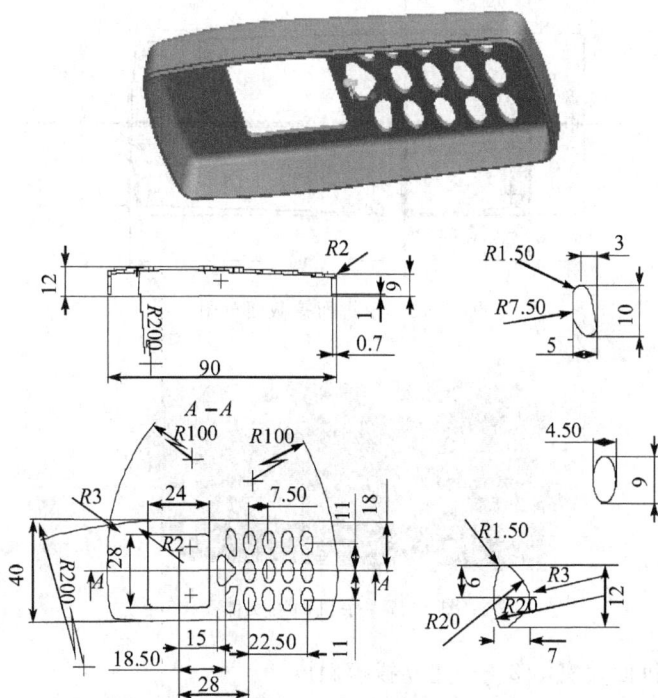

图 8.45 手机面盖、线架结构工程图

任务分析

此零件是由一个壳体切割而成的零件,可以利用拉伸生成、斜度、拉伸切除、圆角、抽壳、实体阵列等特征建立。

参考步骤

(1) 进入建立实体零件界面

进入 Pro/E 野火版界面环境后,移动鼠标单击图视工具"新建"图标 🗋,系统弹出"新建"对话框。在"新建"对话框中选择"零件"选项,在"名称"文本框中输入文件名称 shouji01,再选中"使用缺省模板"复选框,单击"确认"按钮。选择绘图单位为"mmns_part_solid"(公制),选中"复制相关绘图"复选框,再单击"确认"按钮,此时进入建立实体零件界面。

(2) 建立手机面盖实体 1——建立拉伸特征,进入拉伸体截面草绘界面

选择基准面 TOP 为草绘平面,以系统默认的基准面 RIGHT 为草绘参考面,草绘如图 8.46 所示的草绘图。

(3) 建立手机面盖实体 1——确定拉伸生成参数

移动鼠标单击拉伸体特征图标板图标 🔟,输入拉伸体厚度为"15",完成手机面盖实体 1 的建立,如图 8.47 所示。

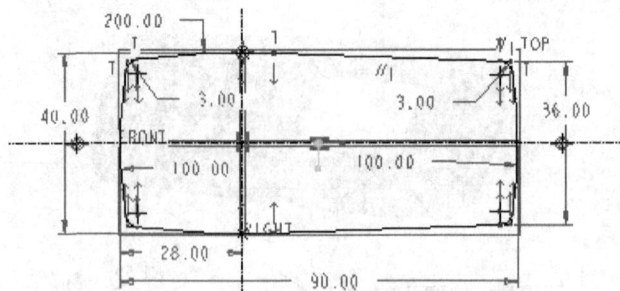

图 8.46　手机面盖截面草图 1

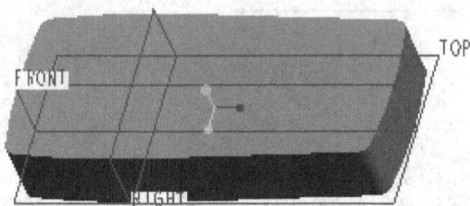

图 8.47　手机面盖实体 1

（4）建立手机面盖实体 2——建立拔模斜度

移动鼠标单击图视工具图标 ，按住 Ctrl 键用鼠标依次选取手机面盖实体 1 的所有侧面，如图 8.48 所示。再移动鼠标选择"参照"→"拔模枢轴"选项，选取手机面盖实体 1 的下表面，并在斜度特征图标板上的文本框中输入拔模斜度值"1"，单击图标 ，完成手机面盖实体 2 拔模斜度的建立，如图 8.49 所示。

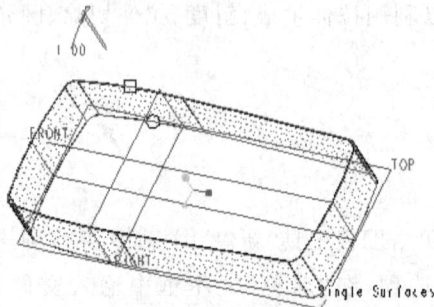

图 8.48　拔模斜度的建立

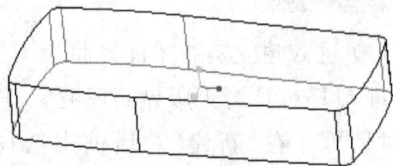

图 8.49　手机面盖实体 2

（5）建立手机面盖实体 3——建立拉伸特征，进入拉伸体截面草绘界面

移动鼠标单击图视工具图标 ，选择 FRONT 基准面为草绘平面，以系统默认的基准面 RIGHT 为草绘参考面，草绘如图 8.50 所示的拉伸体截面草绘界面。

（6）建立手机面盖实体 3——确定拉伸切除参数

移动鼠标依次单击拉伸体特征图标板图标 、 ，并在其文本框中输入拉伸切除宽度值"50"后，单击拉伸体特征图标板图标 ，选择切除部分，完成手机面盖实体 3 的建立，如图 8.51 所示。

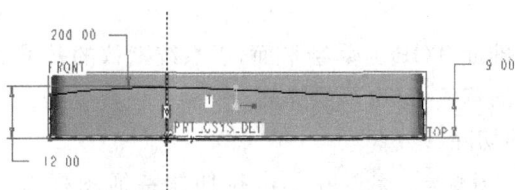

图 8.50　手机面盖截面草图 2

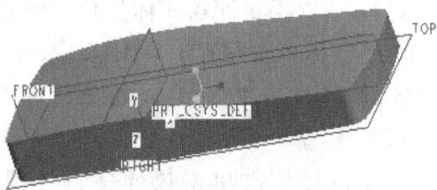

图 8.51　手机面盖实体 3

（7）建立手机面盖圆角特征

移动鼠标单击图视工具图标，再按住 Ctrl 键移动鼠标依次选取图 8.51 所示实体的上表面边界，单击圆角特征图标板图标并在其文本框中输入圆角半径值"2"，如图 8.52 所示，完成手机面盖圆角特征的建立。

（8）建立手机面盖抽壳特征

移动鼠标单击图视工具图标，再移动鼠标选取图 8.52 所示实体的下表面，在抽壳特征图标板的文本框中输入壳体厚度值"1.5"，完成手机面盖实体抽壳特征的建立，如图 8.53 所示。

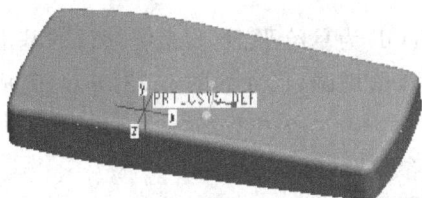

图 8.52　手机面盖实体倒圆角

图 8.53　手机面盖实体抽壳特征

（9）建立手机面盖实体拉伸切除特征

移动鼠标单击图视工具图标，选择基准面 TOP 为草绘平面，以系统默认的基准面 RIGHT 为草绘参考面，完成如图 8.54 所示的草绘，退出草绘界面。

（10）确定拉伸切除参数

移动鼠标依次单击拉伸体特征图标板图标、，并单击拉伸体特征图标板图标，选择切除方向及切除部分，如图 8.55 所示，完成手机面盖实体的切除。

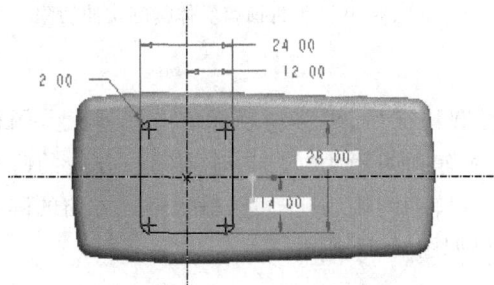

图 8.54　手机面盖切除草图 1

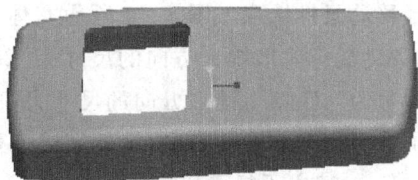

图 8.55　手机面盖实体切除特征 1

（11）建立手机面盖实体拉伸切除特征

移动鼠标单击图视工具图标▢,选择基准面 TOP 为草绘平面,以系统默认的基准面 RIGHT 为草绘参考面,完成如图 8.56 所示的草绘,退出草绘界面。

（12）建立手机面盖实体 7——确定拉伸切除参数

移动鼠标依次单击拉伸体特征图标板图标非、◢,并单击拉伸体特征图标板图标⁒,选择切除方向及切除部分,结果如图 8.57 所示。

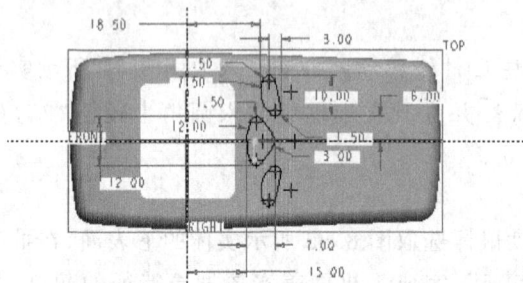

图 8.56　手机面盖切除草图 2

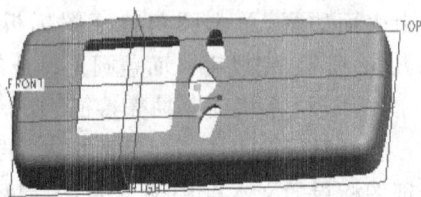

图 8.57　手机面盖实体切除特征 2

（13）建立手机面盖实体拉伸切除特征

移动鼠标单击图视工具图标▢,选择基准面 TOP 为草绘平面,以系统默认的基准面 RIGHT 为草绘参考面,利用草绘图视工具图标〇草绘椭圆,尺寸如图 8.58 所示,完成后退出草绘界面。

（14）建立手机面盖实体 8——确定拉伸切除参数

移动鼠标依次单击拉伸体特征图标板图标非、◢,并单击拉伸体特征图标板图标⁒,选择切除方向及切除部分,结果如图 8.59 所示。

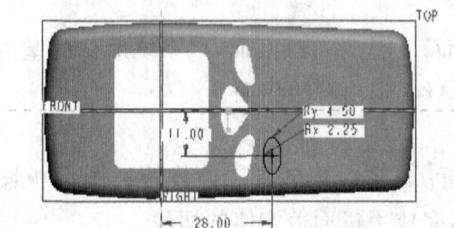

图 8.58　手机面盖截面草图 3

图 8.59　手机面盖实体椭圆拉伸切除

（15）建立阵列特征

移动鼠标选取如图 8.60 所示实体上的椭圆特征后,再移动鼠标单击阵列工具图标▦,移动鼠标选取第一方向的尺寸为"28",输入阵列间距为"7.5",输入第一方向的阵列成员数为"4";单击第二方向的尺寸为"11",输入阵列间距为"－11",输入第二方向的阵列成员数为"3",如图 8.60 所示。完成阵列,结果如图 8.61 所示。

（16）建立手机面盖实体止口

移动鼠标单击图视工具图标▢,选择基准面 TOP 为草绘平面,以系统默认的基准面

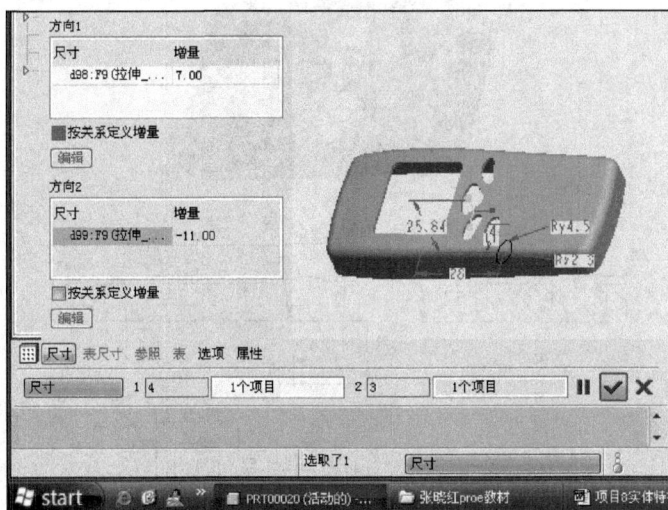

图 8.60 阵列特征参数的设置

RIGHT 为草绘参考面,进行草绘。依次利用草绘图视工具图标 ▢ 、▣ ,并在信息窗口的文本框中输入偏移数值"0.7",如图 8.62 所示,完成止口的绘制,退出草绘界面。

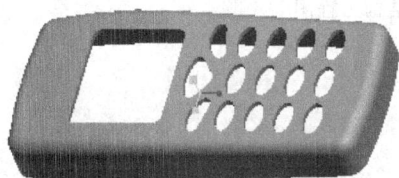

图 8.61 阵列切除结果

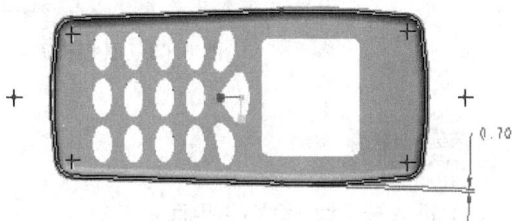

图 8.62 手机面盖截面草图 4

(17) 建立手机面盖实体——确定拉伸生成参数

移动鼠标单击拉伸体特征图标板图标 ⊥ ,并在后面的文本框中输入拉伸体厚度值"1",单击拉伸体特征图标板图标 ✓ ,选择适当的显示类型,完成手机面盖实体的建立,结果如图 8.45 所示。

8.6 建立照相机面盖实体模型

建立如图 8.63 所示的照相机面盖模型。

任务分析

此零件是一个壳体零件,可以利用拉伸生成、扫描切除、拉伸切除、斜度、圆角、抽壳等特征建立。

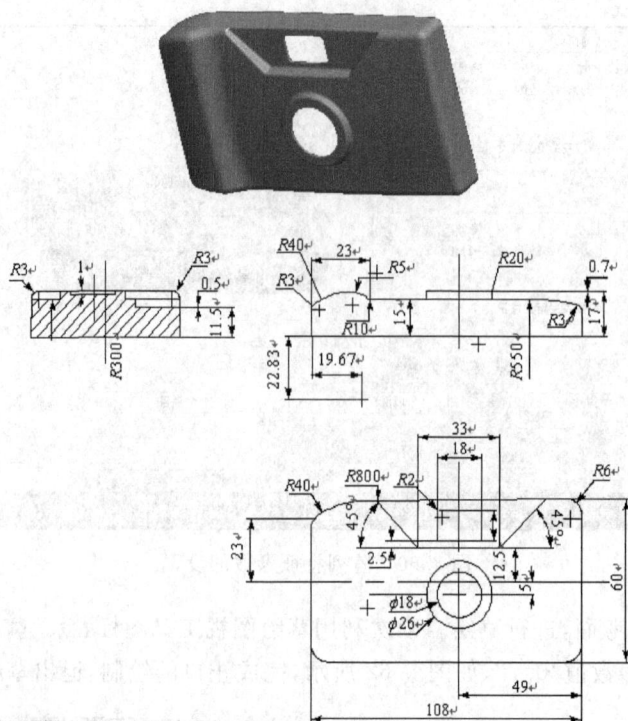

图 8.63 照相机面盖、线架结构工程图

参考步骤

（1）进入建立实体零件界面

进入 Pro/E 野火版界面环境后，移动鼠标单击图视工具"新建"图标 ▢，系统弹出"新建"对话框。在"新建"对话框中选择"零件"选项，在"名称"文本框中输入文件名称 zxj01，再选中"使用缺省模板"复选框，单击"确认"按钮。选择绘图单位为"mmns_part_solid"（公制），选中"复制相关绘图"复选框，再单击"确认"按钮，进入建立实体零件界面。

（2）建立拉伸特征，进入拉伸体截面草绘界面

选择基准面 FRONT 为草绘平面，以系统默认的基准面 RIGHT 为草绘参考面，草绘如图 8.64 所示的照相机面盖截面草绘图 1，草绘完成后退出草绘界面。

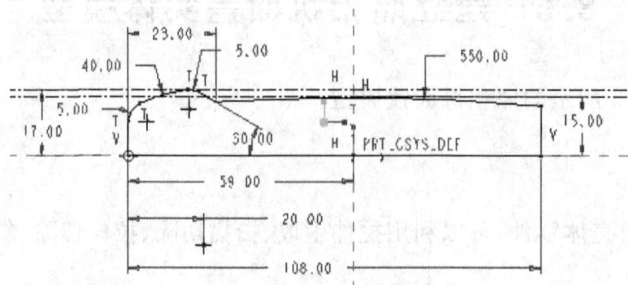

图 8.64 照相机面盖截面草绘图 1

（3）拉伸生成

移动鼠标单击拉伸体特征图标板图标 ⊟，并在后面的文本框中输入拉伸体厚度值
"60"后，单击拉伸体特征图标板图标 ✓，选择适
当的显示类型，完成照相机面盖实体1的建立，如
图8.65所示。

（4）建立扫描切除特征，进入扫描切除体扫描
路径草绘界面

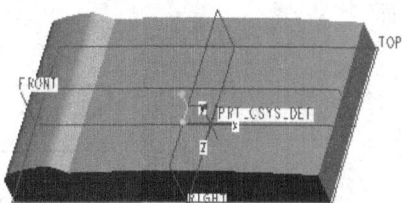

图8.65 照相机面盖实体1

选择"插入"→"扫描"→"切口"命令，此时系
统弹出图8.66（a）所示的扫描切除模型及"菜单管
理器"对话框。选择"草绘轨迹"选项，系统弹出图8.66（b）所示的对话框。选择"新设
置"、"平面"选项及模型树中的基准面FRONT（草绘平面），并在系统随后弹出的对话框
中（如图8.66（c）和图8.66（d）所示）选择"正向"、"缺省"选项，系统进入扫描切除体扫描
路径草绘界面。

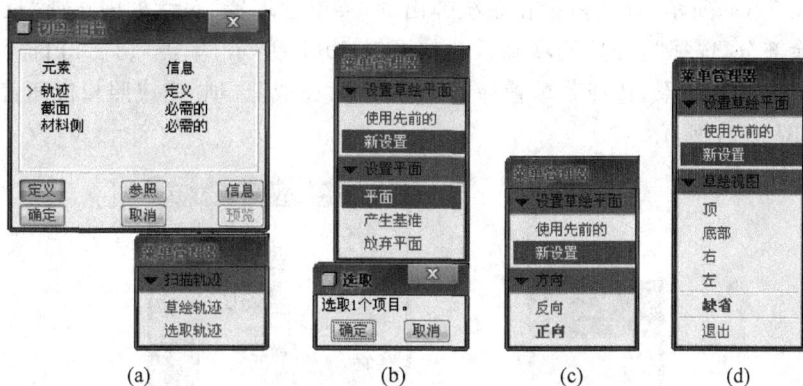

图8.66 扫描切除模型及"菜单管理器"对话框

（5）绘制扫描切除路径

利用草绘图视工具图标 ▢ 绘制草图，若要变动扫描路径的起始点位置，可移动鼠标
选取准备作为扫描路径起始点的点，选择"草绘"→"特征工具"→"起始点"命令。完成照
相机面盖扫描切除路径草图，如图8.67所示，单击图标 ✓ 退出扫描切除路径草绘界面，
进入扫描切除截面草绘界面。

（6）进入扫描切除体扫描截面草绘界面

移动鼠标在系统弹出的"菜单管理器"对话框中选择"自由端点"→"完成"选项，如
图8.68所示，系统进入扫描切除体扫描截面草绘界面。

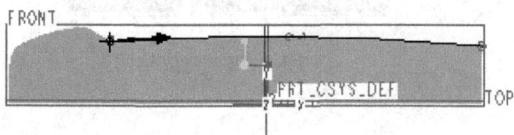

图8.67 扫描切除路径草图

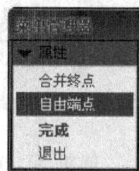

图8.68 "菜单管理器"对话框

（7）绘制扫描切除截面

草绘如图8.69所示的扫描切除截面草图,单击工具图标 ✔ 退出扫描切除截面草绘界面。

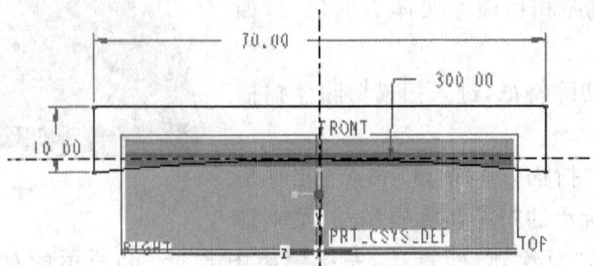

图8.69　扫描切除截面草图

（8）确定扫描切除部分

如图8.70(a)所示,移动鼠标在系统弹出的"菜单管理器"对话框中选择"反向"选项,调整要切除部分,选择"正向"选项确认。如图8.70(b)所示,单击"切剪:扫描"对话框中的"预览"按钮预览结果,选择菜单管理器对话框的"完成"选项,完成照相机面盖实体的切除建立,如图8.71所示。

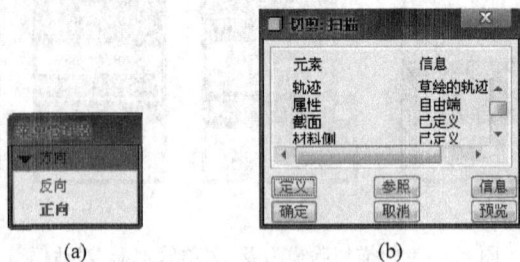

(a)　　　　　　　　　　(b)

图8.70　菜单管理器扫描切除模型对话框

（9）倒圆角

单击倒圆角工具图标 ⟍ ,按住 Ctrl 键移动鼠标选取图8.71所示面1、面2,在其文本框中输入圆角半径值"10",如图8.72所示,完成倒圆角。

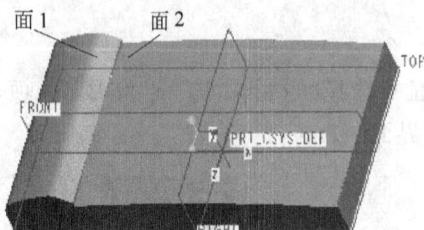

图8.71　照相机面盖实体扫描切除　　　　图8.72　完成倒圆角

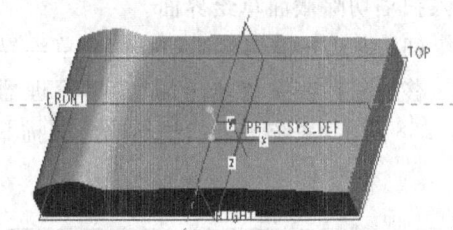

（10）建立基准面 DTM1

移动鼠标单击基准平面工具图标 ▱ ,在系统弹出的"基准平面"对话框中选入基准面

TOP并输入偏移距离值"17",单击"确定"按钮,完成基准面DTM1的建立。

(11) 进入拉伸体截面草绘

选择基准面DTM1为草绘平面,选择基准面RIGHT为草绘参考面,单击"草绘"按钮,系统进入拉伸体截面草绘界面,草绘如图8.73所示的圆。单击草绘图视工具图标✅退出草绘界面。

(12) 确定拉伸生成参数

移动鼠标单击拉伸体到一面工具图标👍,并选取照相机面盖的上表面,再单击图标✅,完成拉伸特征的建立,如图8.74所示。

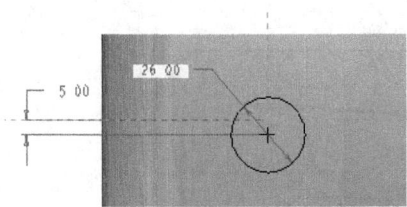

图 8.73　照相机面盖截面草图 1　　　　图 8.74　照相机面盖实体 2

(13) 建立拉伸切除特征

单击拉伸特征图标🗗,选择基准面DTM1为草绘平面,选择基准面RIGHT为草绘参考面,单击"草绘"按钮,系统进入拉伸体截面草绘界面,草绘如图8.75所示的草图。单击草绘图视工具图标✅退出草绘界面。选择拉伸完全切除实体,结果如图8.76所示。

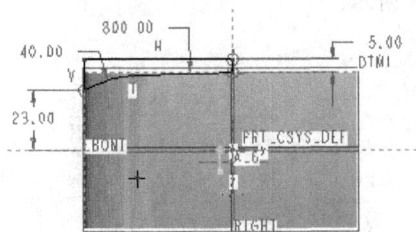

图 8.75　照相机面盖截面草图 3　　　　图 8.76　照相机面盖实体 3

(14) 倒圆角

单击倒圆角工具图标🔽,选取实体的相邻两面建立半径为3的圆角特征,如图8.77所示。

(15) 建立拉伸切除特征

单击拉伸工具图标🗗,建立拉伸切除特征。选择DTM1面为草绘平面,草绘如图8.78所示的草图。切除深度值为"5",切除结果如图8.79所示。

(16) 建立斜度特征

移动鼠标单击图视工具图标📐,按住Ctrl键用

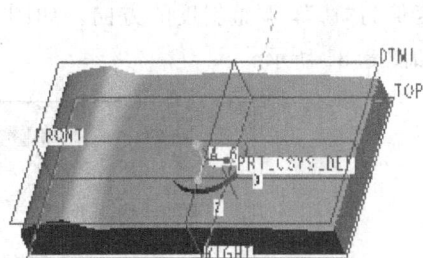

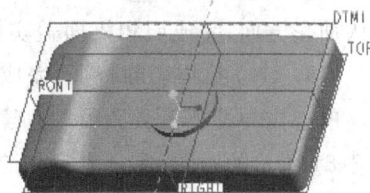

图 8.77　照相机面盖实体倒圆角

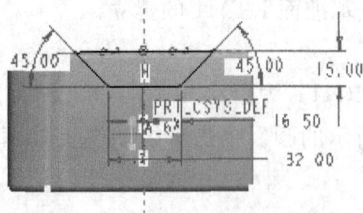

图 8.78　照相机面盖截面草图 4

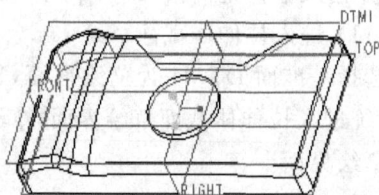

图 8.79　照相机面盖拉伸切除实体

鼠标依次选取照相机面盖欲加斜度的三个侧面,选择图中红色的"面 1"为拔模枢轴,输入斜度值为"10",调整斜度的方向。如图 8.80 所示,完成照相机面盖斜度特征的创建,结果如图 8.81 所示。

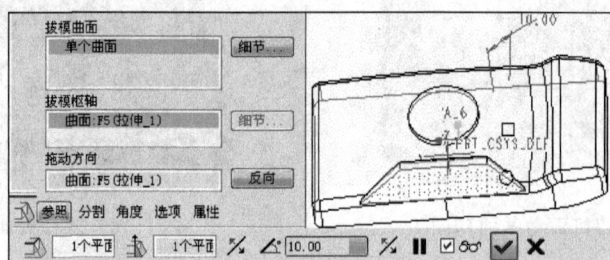

图 8.80　斜度设置

(17) 倒圆角

单击倒圆角工具图标 ![icon],选取实体要建立圆角的相邻两面建立半径为 1 的圆角特征,完成照相机面盖实体圆角的建立,如图 8.82 所示。

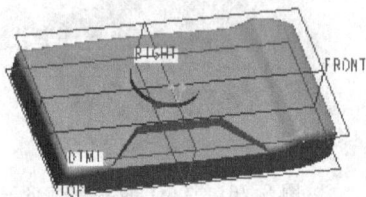

图 8.81　创建斜度

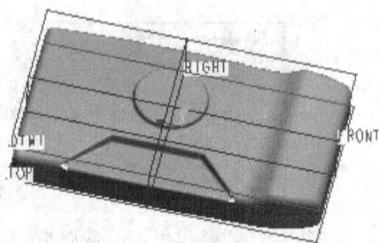

图 8.82　照相机面盖实体圆角

(18) 建立照相机面盖实体抽壳特征

单击壳工具图标 ![icon],再移动鼠标选取照相机面盖的下表面,输入壳体厚度值为"1",确认抽壳方向,完成照相机面盖实体抽壳特征的创建,如图 8.83 所示。

(19) 建立拉伸切除特征,完成照相机面盖实体的建立

单击拉伸特征工具图标 ![icon],建立拉伸切除特征。选择 TOP 面为草绘平面,草绘如图 8.84 所示的草图,完全贯穿切除,完成照相机面盖实体的建立。

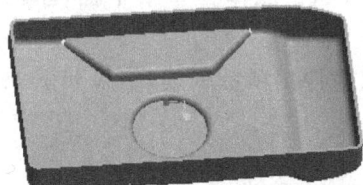

图 8.83　照相机面盖实体抽壳特征

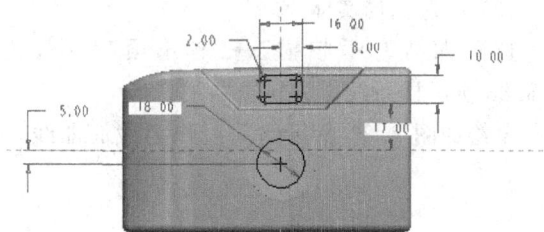

图 8.84　照相机面盖截面草图 5

8.7　建立叶片实体模型

建立如图 8.85 所示的叶片模型。

任务分析

此零件可以利用旋转生成实体、扫描伸出项、阵列、旋转切除等特征建立完成。

参考步骤

（1）进入建立实体零件界面

进入 Pro/E 野火版界面环境后，移动鼠标单击图视工具"新建"选项图标 □，系统弹出"新建"对话

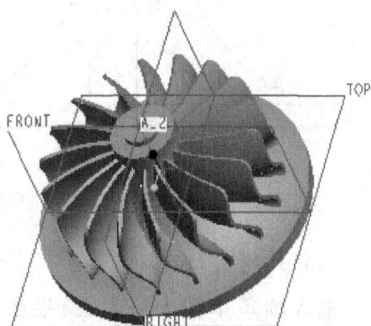

图 8.85　叶片模型

框。在"新建"对话框中选择"零件"文本框，在"名称"文本框中输入文件名称 yepian，再选中"使用缺省模板"复选框，单击"确认"按钮，选择绘图单位为"mmns_part_solid"（公制），选中"复制相关绘图"复选框，再单击"确认"按钮，进入建立实体零件界面。

（2）创建旋转实体

单击旋转工具图标 ⊹，选择 FRONT 面作为草绘平面，草绘如图 8.86 所示的轮廓。注意绘制中心线。确认完成，结果如图 8.87 所示。

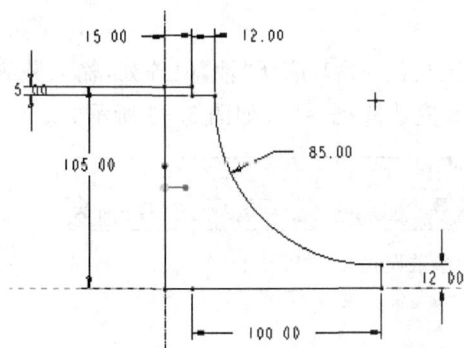

图 8.86　草绘图

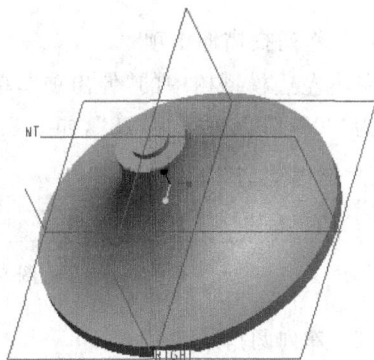

图 8.87　旋转实体

（3）创建扫描实体

选择"插入"→"扫描"→"伸出项"命令，选择 FRONT 面作为草绘平面，草绘如图 8.88 所示样条线作为轨迹曲线。

草绘如图 8.89 所示的曲线作为截面曲线，完成扫描伸出项的创建，结果如图 8.90 所示。

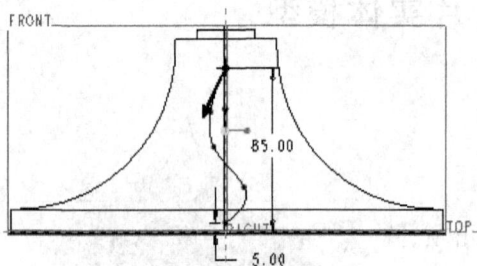

图 8.88　草绘的轨迹曲线

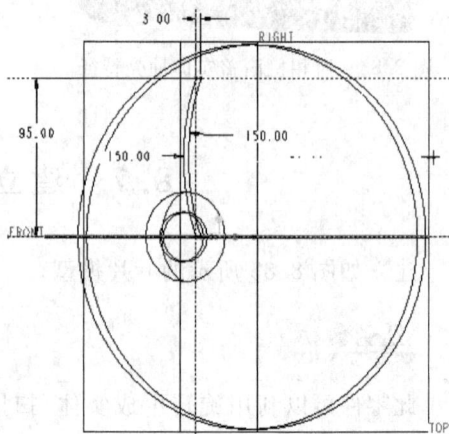

图 8.89　草绘截面曲线

（4）倒圆角

输入圆角半径为"10"，结果如图 8.91 所示。

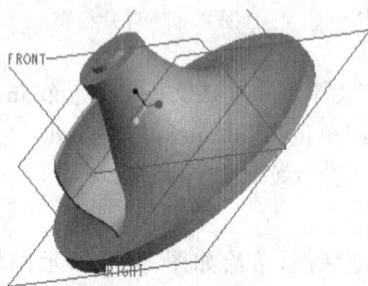

图 8.90　生成扫描实体

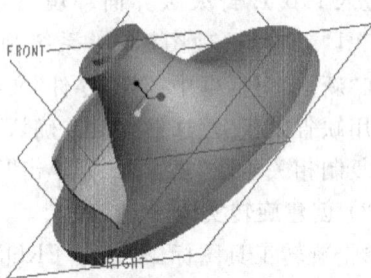

图 8.91　倒圆角

（5）阵列扫描伸出项

单击左边模型树中的"伸出项"，单击阵列工具图标，选择"轴"向阵列，输入阵列总个数为"20"，阵列角度为"18"，如图 8.92 所示。完成阵列，结果如图 8.93 所示。

图 8.92　阵列参数设置

（6）阵列圆角

方法如上一步，结果如图 8.94 所示。

（7）旋转切除

单击旋转工具图标✦,选择 FRONT 面作为草绘平面,草绘如图 8.86 所示的轮廓。注意绘制中心线。单击切除工具图标,确认完成,结果如图 8.95 所示。至此,完成绘制。

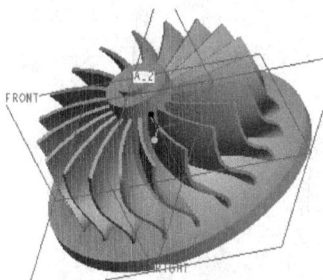

图 8.93　阵列扫描实体　　　　　　图 8.94　阵列圆角　　　　　　图 8.95　旋转切除

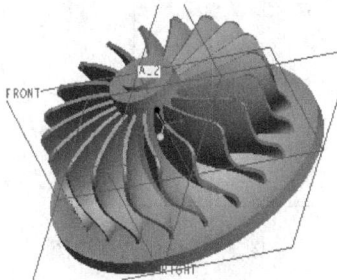

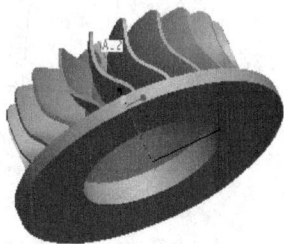

8.8　建立耳机实体模型

建立如图 8.96 所示的耳机模型。

任务分析

此零件可以利用旋转生成实体、扫描伸出项等特征建立。

参考步骤

（1）进入建立实体零件界面

进入 Pro/E 野火版界面环境后,移动鼠标单击图视工具"新建"图标 ▯,系统弹出"新建"对话框。在

图 8.96　耳机

"新建"对话框中选择"零件"选项,在"名称"文本框中输入文件名称 erji,再选中"使用缺省模板"复选框,单击"确认"按钮。选择绘图单位为"mmns_part_solid"(公制),选中"复制相关绘图"复选框,再单击"确认"按钮,进入建立实体零件界面。

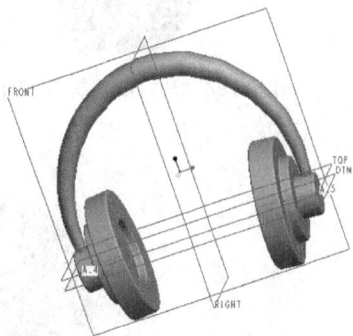

（2）创建耳机听筒

单击旋转工具图标,选择 FRONT 面为草绘平面,进入草绘界面,草绘如图 8.97 所示的草图。完成旋转实体,结果如图 8.98 所示。

（3）耳机听筒倒圆角

单击圆角工具图标,选择所有的边倒圆角,圆角半径为"1",结果如图 8.99 所示。

（4）镜像

在左侧的模型树中,按住 Ctrl 键,选择旋转实体和倒圆角这两个特征,然后单击镜像工具图标▯▯,在"镜像"对话框中选择 RIGHT 面为镜像平面,完成镜像,结果如图 8.100 所示。

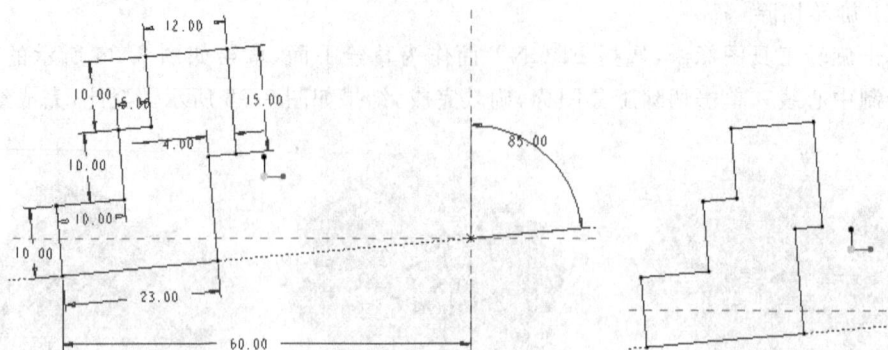

图 8.97　耳机草绘图

图 8.98　耳机听筒旋转实体

图 8.99　耳机听筒旋转实体倒圆角

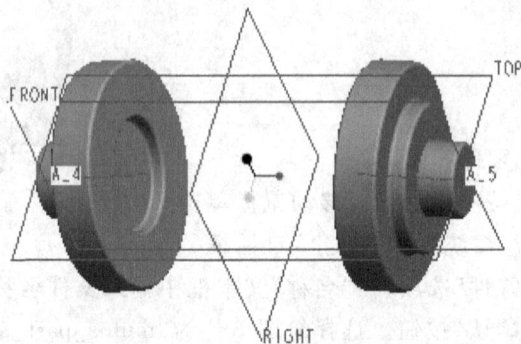

图 8.100　耳机听筒镜像

（5）创建基准平面

创建一个基准平面 DTM1，距基准面 TOP 的偏移值为"—5"，如图 8.101 所示。

（6）创建耳机连接杆

利用旋转混合特征创建连接杆，具体步骤如下。

① 选择"插入"→"混合"→"伸出项"命令，系统弹出"菜单管理器"混合选项对话框，如图 8.102 所示。

② 依次选择"旋转的"→"规则截面"→"草绘截面"→"完成"选项，系统弹出"伸出项：混合,旋转的,草绘截面"对话框，如图 8.103 所示。

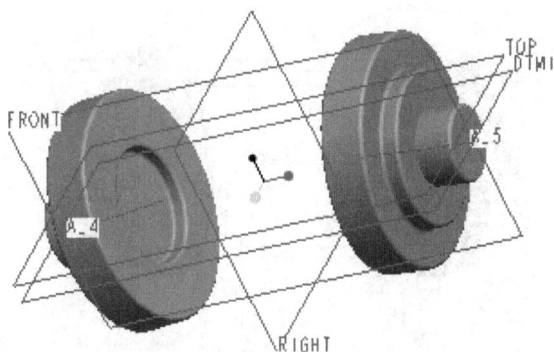

图 8.101   创建基准平面 DTM1

图 8.102   "菜单管理器"混合选项对话框   图 8.103   "伸出项:混合,旋转的,草绘截面"对话框

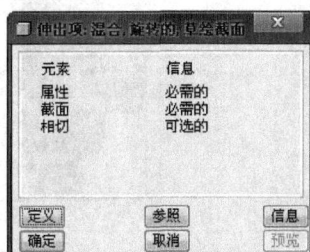

③ 双击"伸出项:混合,旋转的,草绘截面"对话框中的"属性"选项,系统弹出"菜单管理器"属性对话框,如图 8.104 所示,依次选择对话框中的"光滑"→"开放"→"完成"选项,系统弹出"菜单管理器"设置草绘平面对话框,如图 8.105 所示。

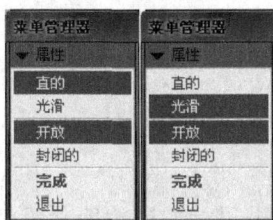

图 8.104   属性设置   图 8.105   "菜单管理器"设置草绘平面对话框

④ 选择 DTM1 基准平面作为草绘平面,选择"正向"、"缺省"选项进入草绘界面。

⑤ 选择"草绘"→"坐标系"命令,移动鼠标到坐标系原点位置,单击鼠标左键创建新坐标系,单击鼠标中键退出该命令,结果如图 8.106 所示。

⑥ 草绘圆,位置尺寸如图 8.107 所示,直径为"4"。单击按钮 ✔ 完成截面 1 的草绘,系统提示区提示为截面 2 输入绕 Y 轴的旋转角度,输入值为"45",单击按钮 ✔ 进入截面 2 草绘界面。

⑦ 选择"草绘"→"坐标系"命令,在绘图区任意位置单击鼠标左键放置参照坐标系,

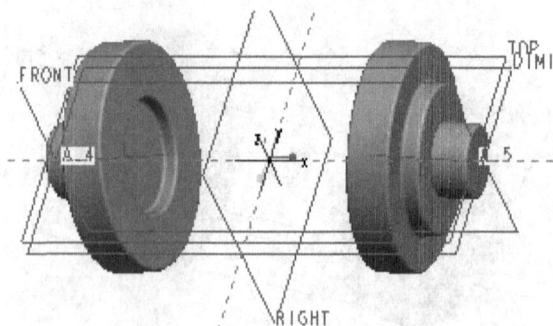

图 8.106　创建坐标系

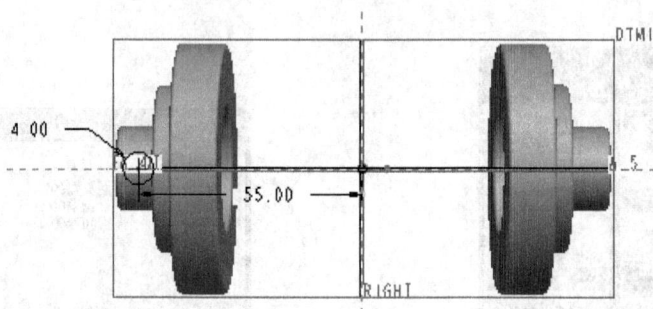

图 8.107　草绘截面 1

单击鼠标中键退出创建坐标系。

⑧ 草绘圆,位置尺寸如图 8.108 所示,直径为"9"。单击按钮 ✔ 完成截面 2 的草绘,系统提示区提示"继续下一截面吗?",单击"是"按钮,系统提示区提示为截面 3 输入绕 Y 轴的旋转角度,输入值为"45",单击按钮 ☑ 进入截面 3 草绘。

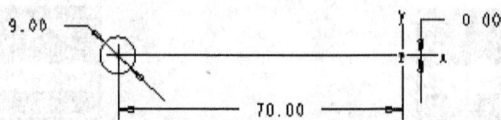

图 8.108　草绘截面 2

⑨ 选择"草绘"→"坐标系"命令,在绘图区任意位置单击鼠标左键放置参照坐标系,单击鼠标中键退出创建坐标系。

⑩ 草绘圆,位置尺寸如图 8.109 所示,直径为"11"。单击按钮 ✔ 完成截面 3 的草绘,

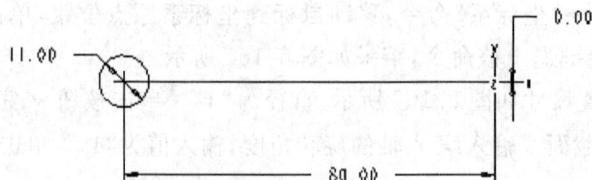

图 8.109　草绘截面 3

系统提示区提示"继续下一截面吗?",单击"是"按钮,系统提示区提示为截面 4 输入绕 Y 轴的旋转角度,输入值为"45",单击按钮☑进入截面 4 草绘。

⑪ 选择"草绘"→"坐标系"命令,在绘图区任意位置单击鼠标左键放置参照坐标系,单击鼠标中键退出创建坐标系。

⑫ 草绘圆,位置尺寸如图 8.110 所示,直径为"9"。单击按钮✔完成截面 4 的草绘,系统提示区提示"继续下一截面吗?",单击"是"按钮,系统提示区提示为截面 5 输入绕 Y 轴的旋转角度,输入值为"45",单击按钮☑进入截面 5 草绘。

⑬ 选择"草绘"→"坐标系"命令,在绘图区任意位置单击鼠标左键放置参照坐标系,单击鼠标中键退出创建坐标系。

⑭ 草绘圆,位置尺寸如图 8.111 所示,直径为"4"。单击按钮✔完成截面 5 的草绘,系统提示区提示"继续下一截面吗?",单击"否"按钮。

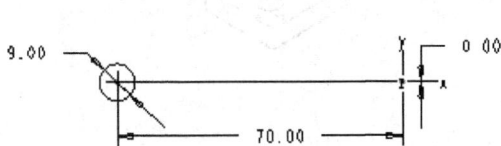

图 8.110　草绘截面 4　　　　　　　　图 8.111　草绘截面 5

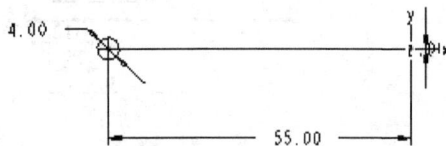

⑮ 系统弹出"伸出项:混合,旋转的,草绘截面"对话框,单击"预览"、"确定"按钮,完成混合特征的创建,如图 8.96 所示。

思考与练习

根据给出的零件图,创建如图 8.112～图 8.126 所示的实体零件。

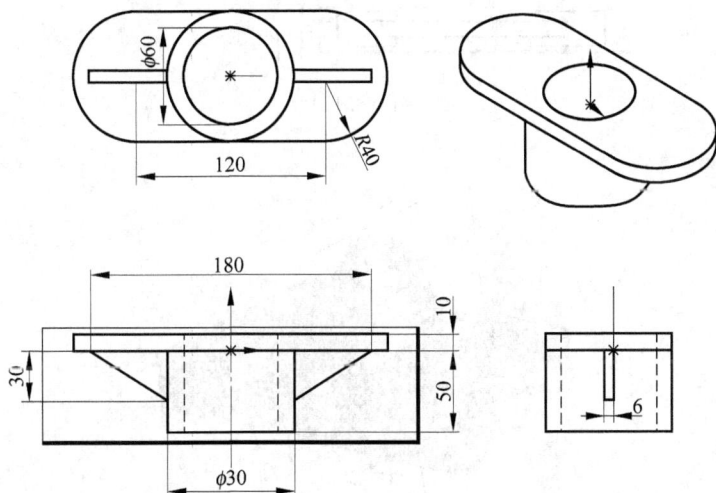

图　8.112

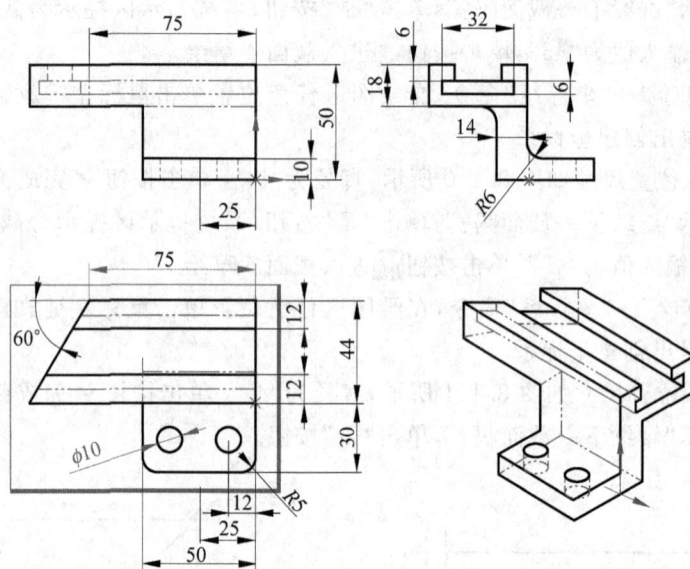

图 8.113

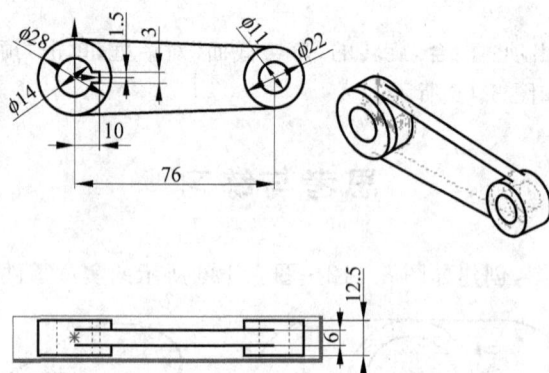

图 8.114

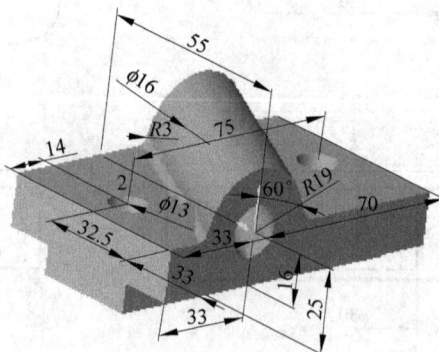

图 8.115

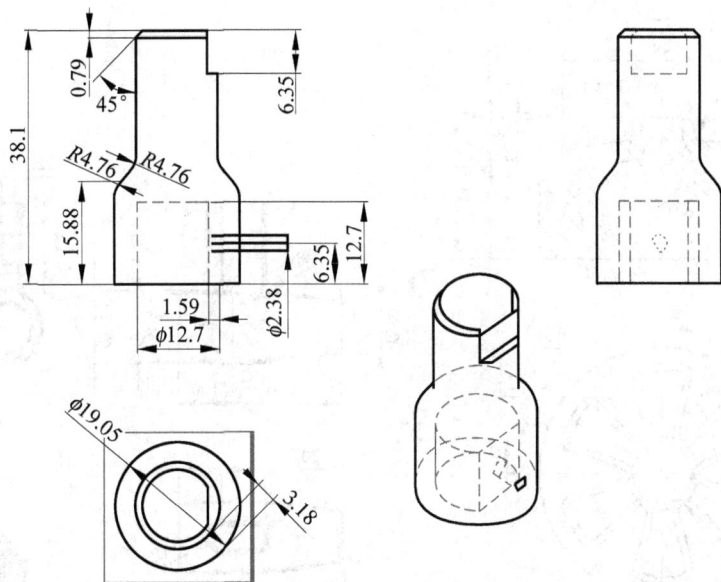

图　8.116

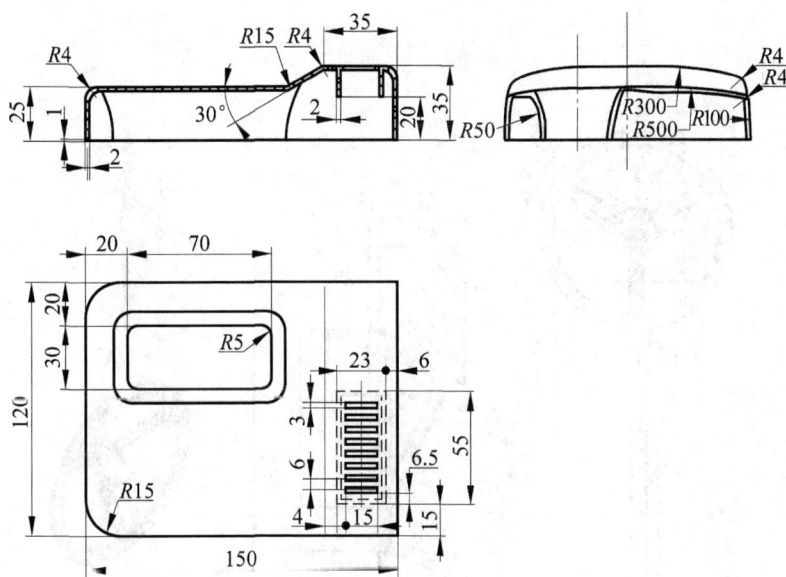

图　8.117

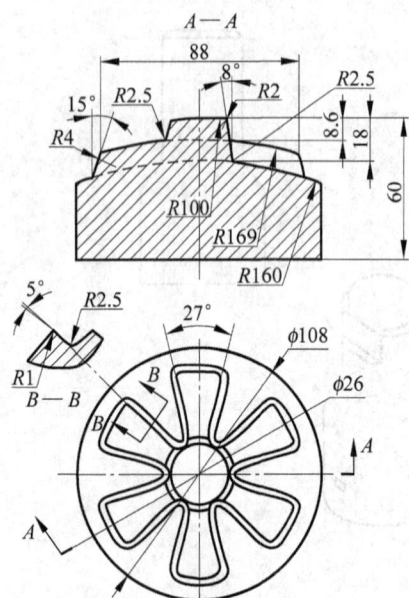

图　8.118

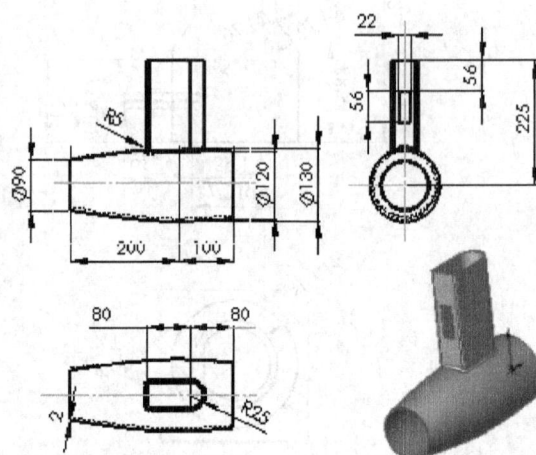

图　8.119

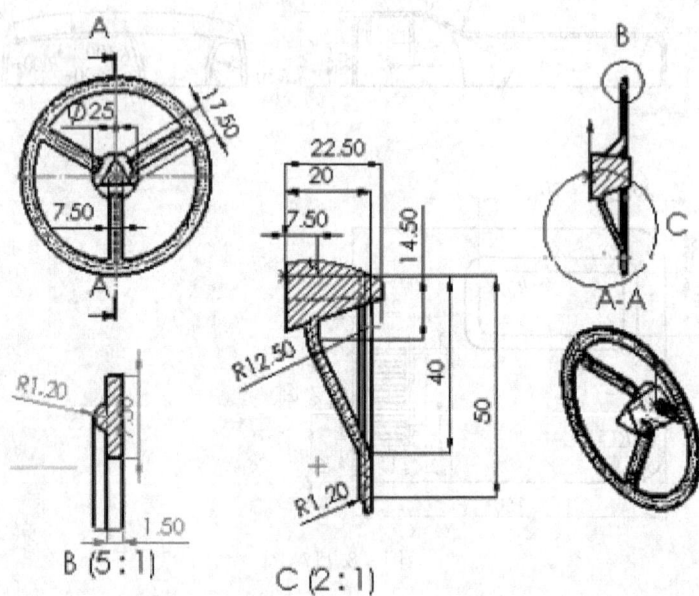

图　8.120

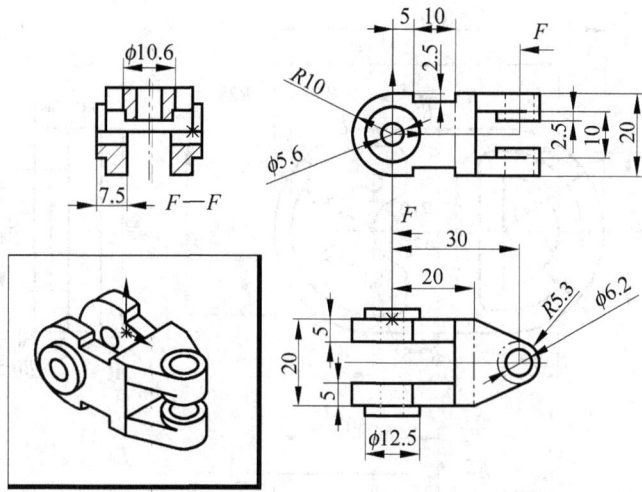

图 8.121

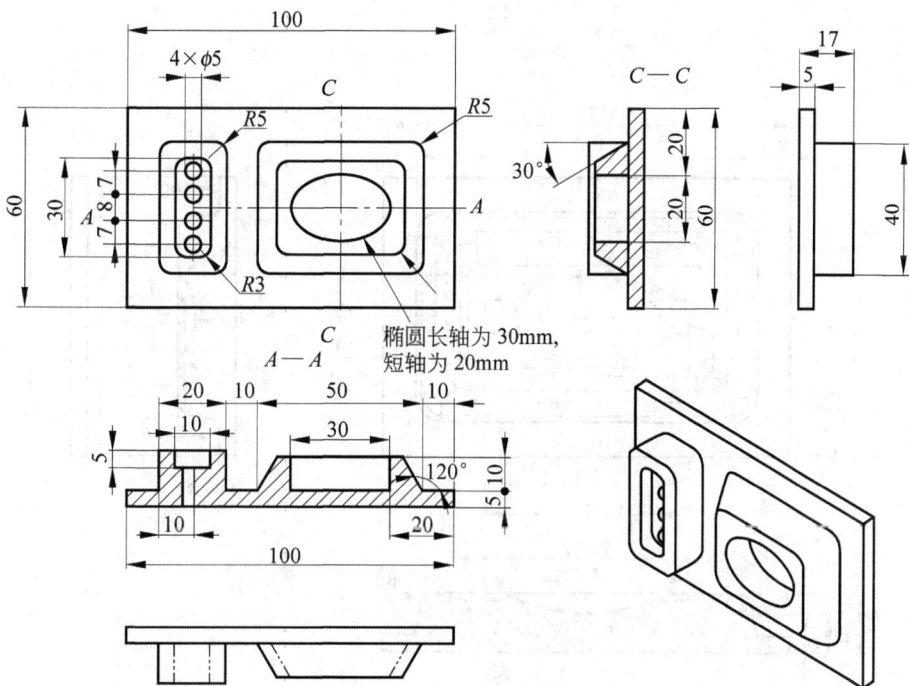

椭圆长轴为 30mm,
短轴为 20mm

图 8.122

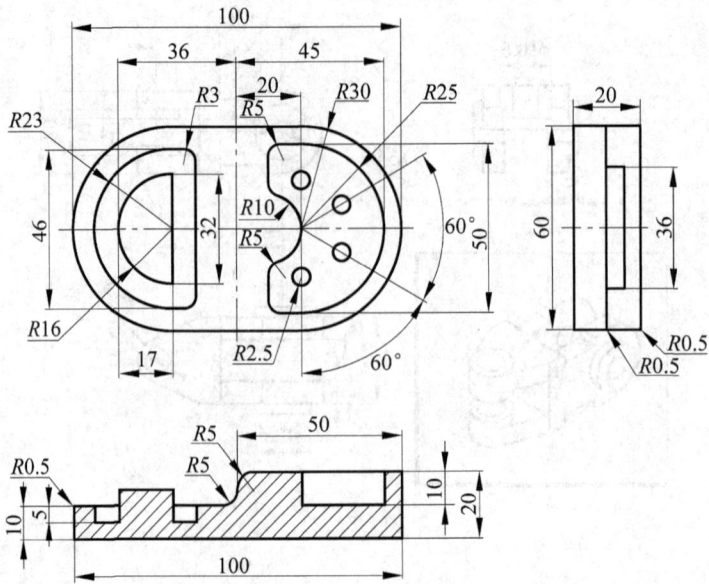

图 8.123

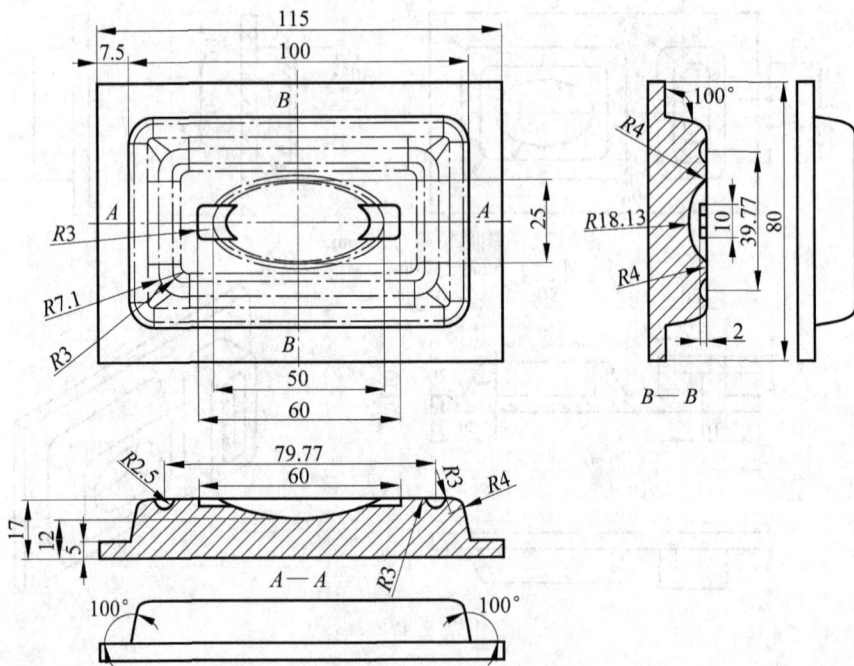

图 8.124

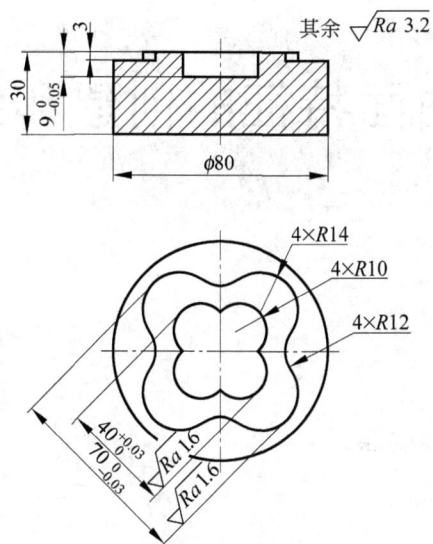

图　8.125

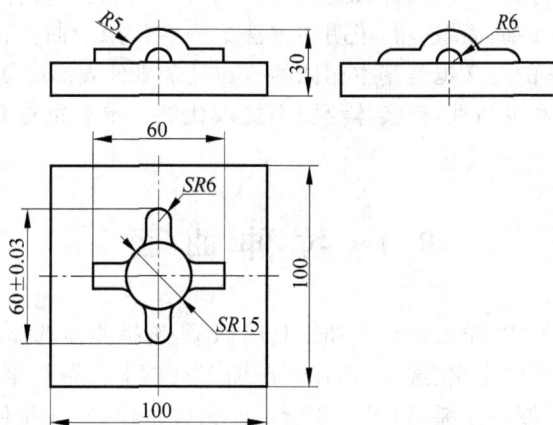

图　8.126

第 9 章

曲面特征的创建和编辑

知识目标

掌握曲面创建的原理和方法。

技能目标

能熟练地运用各种曲面创建的方法解决绘图中的实际问题。

曲面特征与实体特征有许多相同的特性，可以看到，在创建拉伸、旋转、扫描、混合等实体时都会有"实体"和"曲面"选项，说明在方法上一些常用的曲面特征的创建与实体基本上是相同的，所表达的意义也是基本相同的。在复杂零件表面的创建和编辑处理方面，曲面具有独特的优点和灵活性，是实体绘图不能取代的。本章重点介绍二者在创建和用途上的差异。

9.1 拉 伸 曲 面

在拉伸特征对话框中，单击创建拉伸工具图标 ，选择曲面选择工具 （如图 9.1 所示）并依次选择"放置"→"定义"选项，选择基准面 FRONT 为草绘平面，默认系统的参照面，进入草绘界面。绘制一圆弧，如图 9.2 所示。完成草绘，输入拉伸长度为"200"，完成拉伸曲面的创建，结果如图 9.3 所示。

图 9.1　拉伸特征对话框

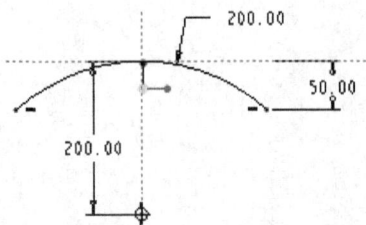

图 9.2　拉伸特征草绘

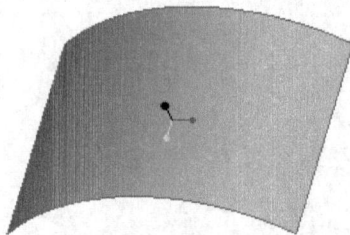

图 9.3　拉伸曲面

注意：在建立拉伸实体绘制零件草图时，线框一定要封闭；否则，不能生成拉伸实体。而拉伸曲面时却可以不封闭。

9.2 旋 转 曲 面

在旋转特征对话框中，单击创建旋转特征图标，选择曲面选择工具（如图9.4所示）并依次选择"位置"→"定义"选项，选择基准面FRONT为草绘平面，默认系统的参照面，进入草绘界面。绘制一条中心线和一圆弧，如图9.5所示。输入旋转角度为"360"，完成选择曲面的创建，结果如图9.6所示。

图9.4 旋转特征对话框

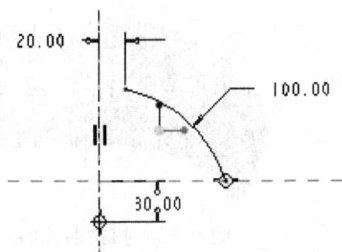

图9.5 旋转特征草绘

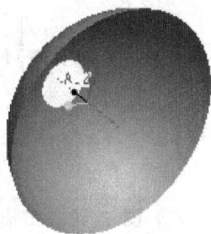

图9.6 旋转曲面

注意：在建立旋转实体绘制零件草图时，一定要在封闭线框一侧绘制一条中心线作为旋转轴；否则，不能生成旋转实体。而在旋转曲面特征的创建中不要求线框封闭。

9.3 扫 描 曲 面

所谓扫描曲面，即在某一基准面上绘制截面，沿另一基准面上任一空间曲线扫描生成曲面特征。绘制扫描特征的步骤如下。

(1) 进入扫描特征界面

选择"插入→扫描→曲面"命令进入扫描特征界面，系统弹出"曲面：扫描"对话框，如图9.7所示。在如图9.8所示的"菜单管理器"对话框中选择"草绘轨迹"选项，选择FRONT面作为草绘平面，以系统默认的基准面RIGHT为草绘参考面，选择"正向"→"缺省"选项进入草绘界面。

(2) 草绘扫描特征轨迹

单击草绘样条图标，草绘样条线并修改尺寸，如图9.9所示，单击图标，选择"开放终点"→"完成"选项结束草绘轨迹，进行截面草绘。

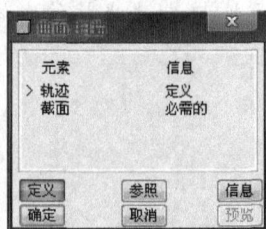

图9.7　"曲面:扫描"对话框　　图9.8　"菜单管理器"对话框　　图9.9　绘制样条线

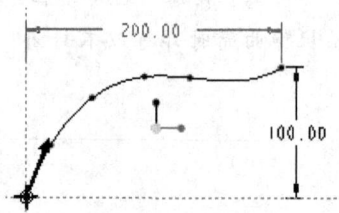

（3）绘制截面

绘制如图9.10所示的截面草绘图,单击图标 ✔ 完成扫描截面的草绘。单击"预览"→"确定"按钮,结果如图9.11所示。

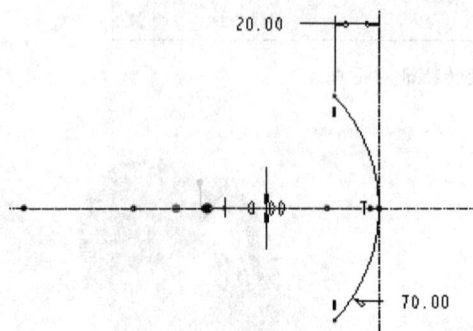

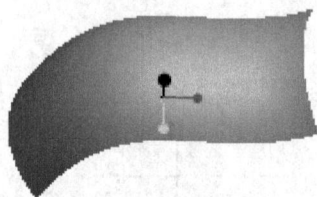

图9.10　扫描截面　　　　　　　　　图9.11　扫描曲面特征

9.4　混　合　曲　面

与混合伸出项相似,混合曲面也分为平行混合曲面、旋转混合曲面和一般混合曲面三种形式(见5.5节)。混合曲面的创建方法也与混合实体特征的创建方法基本相同,所不同的是在创建混合曲面时选择"插入"→"混合"→"曲面"命令。

9.5　边界混合曲面

当曲面的外形难以用常规的曲面特征来表达时,我们可以先绘制外形上的关键轮廓线,然后使用边界混合曲面来将这些曲线围成一个曲面。灵活使用边界混合曲面功能,对于提高曲面造型能力会有极大的帮助。

创建边界混合曲面的基本过程如下:单击半径混合图标 或选择"插入"→"边界混合"命令,系统弹出边界混合曲面操控对话框,如图9.12所示。

边界混合曲面操控对话框主要包含两个收集器,即第一方向链收集器和第二方向链收集器。这两个收集器指出了要添加、移除和重定义的已选取曲线链参照。

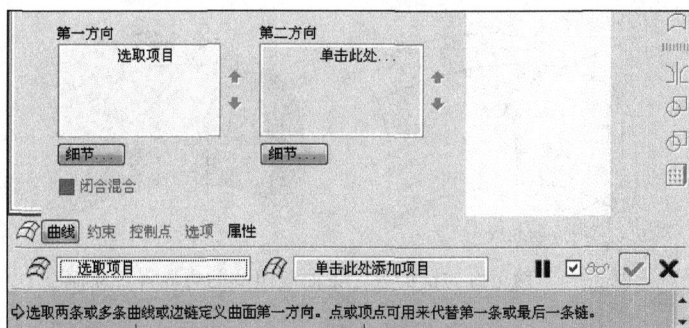

第一方向链收集器　　　第二方向链收集器

图 9.12　边界混合曲面操控对话框

　　边界混合曲面的创建方法比较灵活，可以在一个方向（如第一方向链）上选取两条曲线或两条以上的曲线创建一个面，如图 9.13 和图 9.14 所示；也可以在两个方向上选取边界曲线创建一个面，如图 9.15 和图 9.16 所示。下面分别以几个实例介绍边界混合曲面的创建方法。

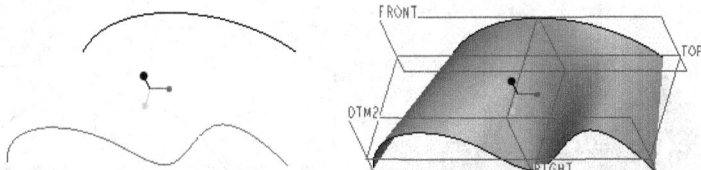

图 9.13　同一方向链的两条曲线组成的边界混合曲面

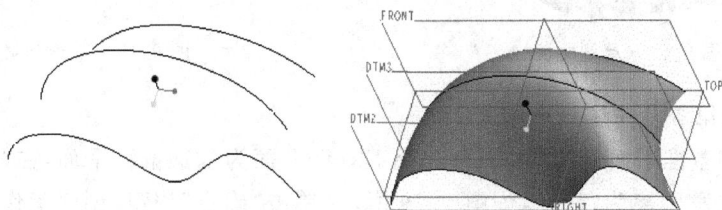

图 9.14　同一方向链的三条曲线组成的边界混合曲面

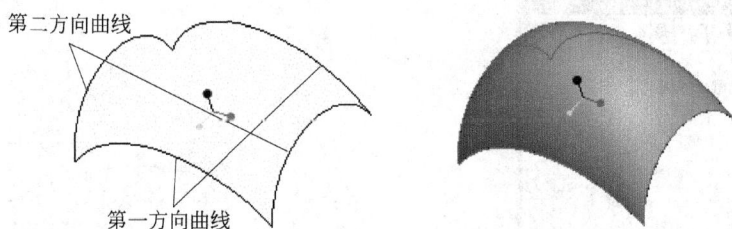

图 9.15　两个方向链的各两条曲线组成的边界混合曲面

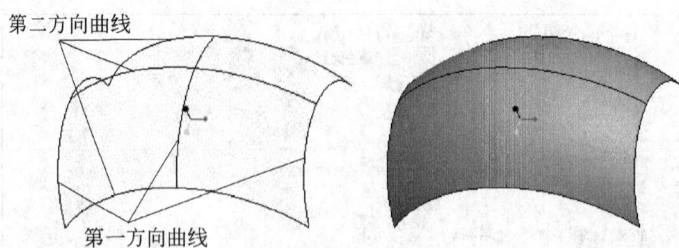

图 9.16   两个方向链的各三条曲线组成的边界混合曲面

【实例 9.1】   建立如图 9.17 所示的曲面。

建立如图 9.17 所示的曲面。

分析：此零件是由三条曲线组成的曲面，可以利用边界混合曲面特征建立完成。

参考建模步骤如下。

（1）草绘第一条曲线

单击草绘工具图标，选择 FRONT 面为草绘平面，草绘如图 9.18 所示的圆弧，完成草绘。

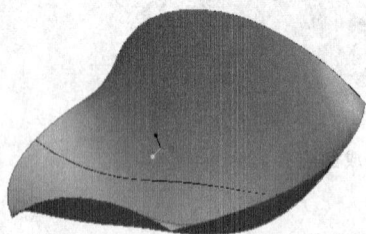

图 9.17   示例曲面

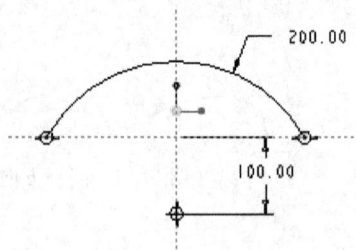

图 9.18   草绘圆弧

（2）草绘第二条曲线

单击创建基准平面工具图标，选择 FRONT 面为基准偏移平面，在“基准平面”对话框中输入平移距离为“100”，如图 9.19 所示，单击“确定”按钮，创建工作面 DTM2，如图 9.20 所示。

图 9.19   “基准平面”对话框

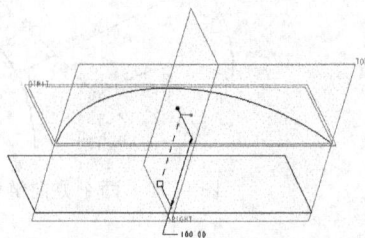

图 9.20   创建工作面 DTM2

单击草绘工具图标，选择 DTM2 面为草绘平面，草绘如图 9.21 所示的样条，完成草绘。

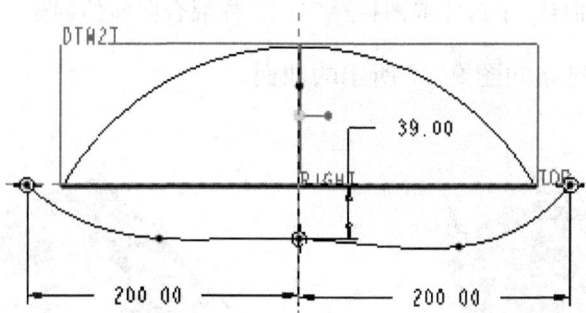

图 9.21　草绘第二条曲线

（3）草绘第三条曲线

单击创建基准平面工具图标，选择 DTM2 面为基准偏移平面，在"基准平面"对话框中输入平移距离为"150"，如图 9.22 所示，单击"确定"按钮，创建工作面 DTM3，如图 9.23 所示。

图 9.22　基准平面参数设置

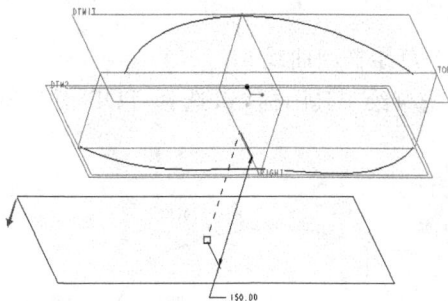

图 9.23　创建工作面 DTM3

单击草绘工具图标，选择 DTM3 面为草绘平面，草绘如图 9.24 所示的圆弧，完成草绘。草绘的三条圆弧曲线如图 9.25 所示。

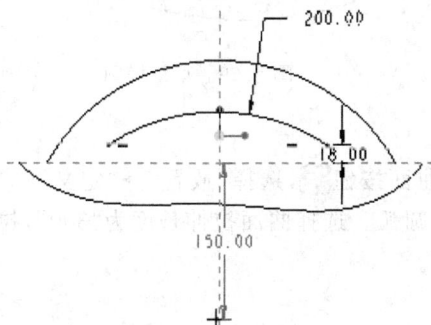

图 9.24　草绘第三条曲线

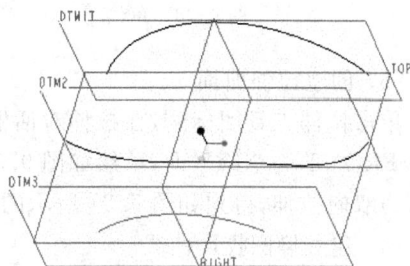

图 9.25　三条曲线

（4）创建边界混合曲面

选择"插入"→"边界混合"命令或单击边界混合工具图标 ，按住 Ctrl 键依次选择如图 9.26 所示的三条曲线，单击完成图标 完成边界混合曲面的创建。

【实例 9.2】 建立如图 9.27 所示的曲面。

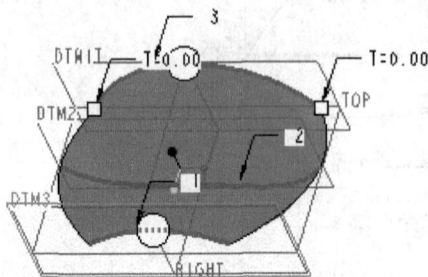

图 9.26　选择三条曲线创建曲面

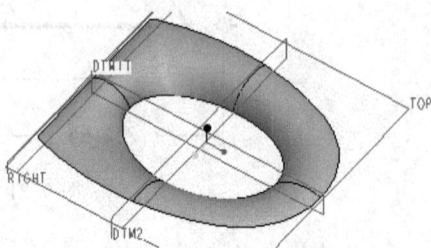

图 9.27　边界混合曲面

参考建模步骤如下。

（1）草绘轮廓曲线

单击草绘工具图标 ，选择 TOP 面为草绘平面，草绘如图 9.28 所示的平面图，完成草绘。

（2）草绘椭圆曲线

单击草绘工具图标 ，选择 TOP 面为草绘平面，草绘如图 9.29 所示的椭圆，完成草绘。

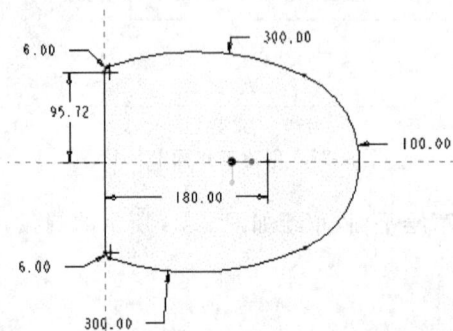

图 9.28　草绘

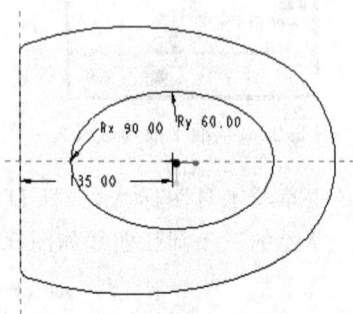

图 9.29　草绘椭圆

（3）创建拉伸曲面

单击拉伸工具图标 ，在拉伸对话框中单击曲面按钮 ，选择"放置"→"定义"选项，选择 FRONT 为草绘平面，草绘如图 9.30 所示的圆弧。选择曲面拉伸长度为"300"，拉伸方向为双向拉伸，得到如图 9.31 所示的拉伸曲面。

（4）建立椭圆投影曲线

单击椭圆，选择"编辑"→"投影"命令，选择拉伸曲面为投影曲面，预览并完成，得到如图 9.32 所示的投影曲线。

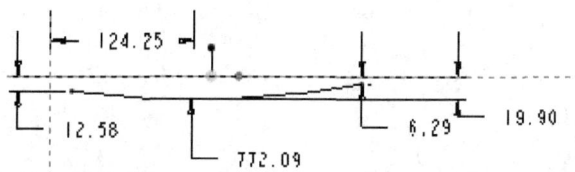

图 9.30　草绘圆弧

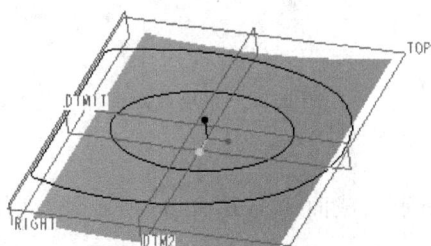

图 9.31　创建拉伸曲面

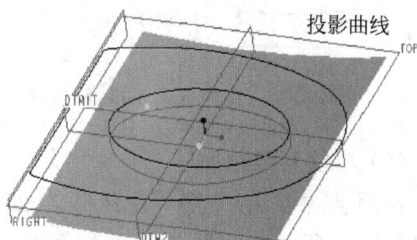

图 9.32　建立投影曲线

（5）草绘基准点

单击草绘基准点工具图标 ×× ，系统弹出"基准点"对话框。如图 9.33 所示，按住 Ctrl 键，选择曲线 L1 和基准平面 FRONT，找到交点"PNT0"（见图 9.34），单击"确定"按钮结束草绘第一个基准点。

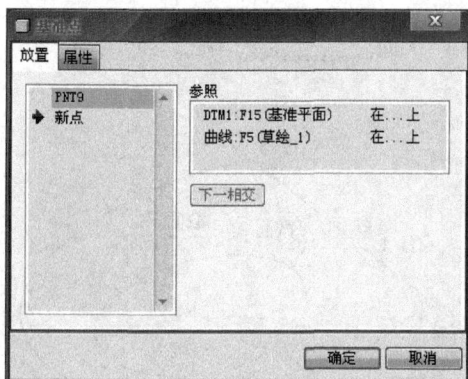

图 9.33　"基准点"对话框

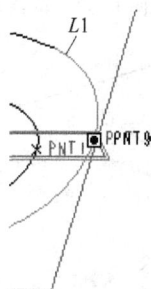

图 9.34　得到基准点"PNT0"

（6）草绘基准点"PNT1"

单击草绘基准点工具图标 ×× ，按照上述方法，选择投影曲线和基准平面 FRONT，找到交点"PNT1"，单击"确定"按钮结束草绘第二个基准点。

（7）草绘其他基准点

按照相同的方法，分别找到其他的基准点，如图 9.35 所示。

（8）草绘截面 1

单击草绘工具图标 ，选择 FRONT 面为草绘平面，草绘如图 9.36 所示的圆弧，单击约束工具图标 、 ，选择圆弧的端点分别与基准点 PNT0 和 PNT1 重合，完成草绘截面 1。

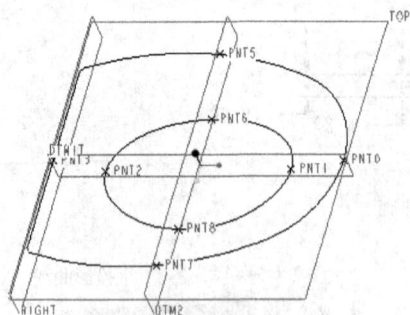

图 9.35 得到各个基准点

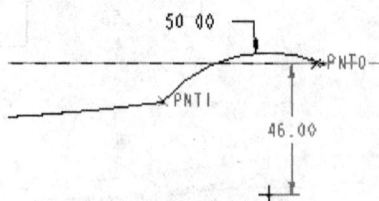

图 9.36 草绘截面 1

（9）草绘其他截面

按照上述方法，分别草绘截面 2（如图 9.37 所示）、截面 3（如图 9.38 所示）和截面 4（如图 9.39 所示），结果如图 9.40 所示。

注意：每个界面曲线的端点都必须约束与相应的基准点重合。

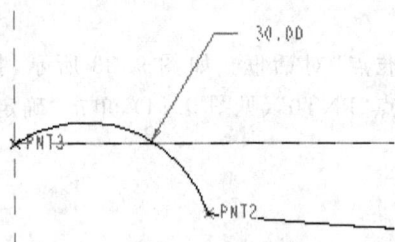

图 9.37 草绘截面 2

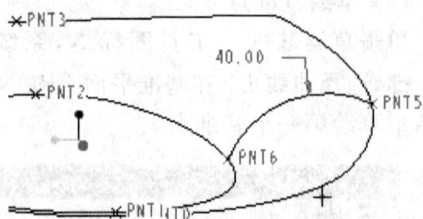

图 9.38 草绘截面 3

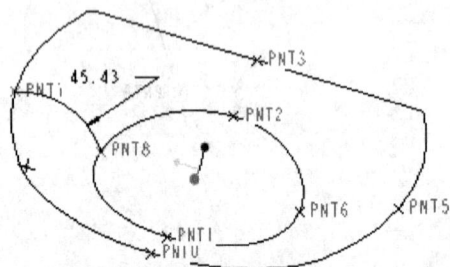

图 9.39 草绘截面 4

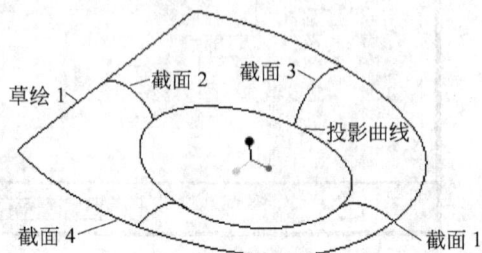

图 9.40 各截面位置图

（10）创建边界混合曲面

单击边界混合曲面工具图标，系统弹出边界混合曲面对话框，如图 9.41 所示。在第一方向链收集器依次顺序选取截面 1、截面 3、截面 2 和截面 4；在第二方向链收集器依次选取草绘 1 和投影曲线。预览并完成边界混合曲面特征的创建。

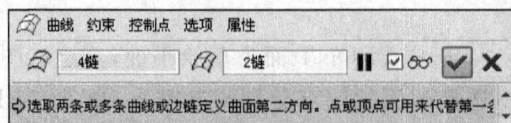

图 9.41 边界混合曲面对话框

9.6 曲面的合并

所谓曲面的合并,就是把两个或两个以上的曲面合并为一个整体的曲面。下面通过两个曲面的合并实例来介绍曲面合并的步骤。

① 选择 FRONT 面草绘如图 9.42 所示的圆弧 1,并拉伸生成曲面 1,如图 9.43 所示。拉伸距离为"200"。

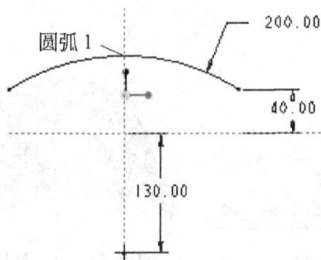

图 9.42 草绘圆弧 1

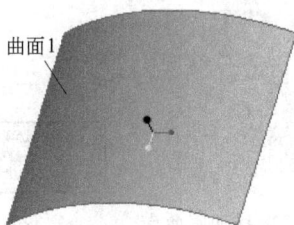

图 9.43 拉伸曲面 1

② 选择 FRONT 面草绘如图 9.44 所示的圆弧 2,并拉伸生成曲面 2,如图 9.45 所示,拉伸距离为"200"。

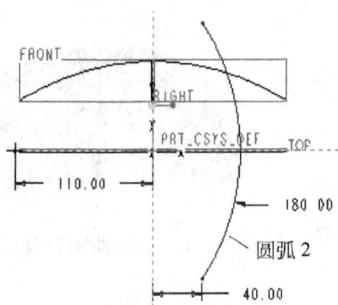

图 9.44 草绘圆弧 2

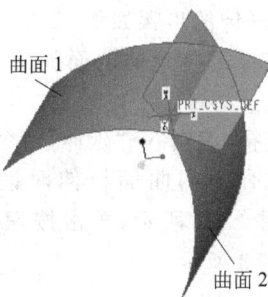

图 9.45 拉伸曲面 2

③ 按住 Ctrl 键,连续选择曲面 1 和曲面 2,单击合并工具图标 $\bigcirc$,单击图 9.46 所示的箭头可以选择需要保留的曲面(箭头所指的方向为要保留的曲面,系统用网格标识)。完成曲面的合并,结果如图 9.47 所示。

图 9.46 草绘圆弧 3

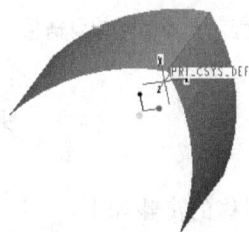

图 9.47 曲面合并结果

9.7　曲面加厚

曲面加厚的步骤如下。

① 选择需要加厚的曲面,如图9.48所示。

② 选择"编辑"→"加厚"命令。

③ 在弹出的曲面加厚对话框中输入加厚值为"5",如图9.49所示,单击按钮✔完成曲面加厚,结果如图9.50所示。

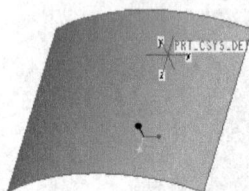

图 9.48　选择加厚曲面　　　　图 9.49　曲面加厚对话框　　　　图 9.50　曲面加厚结果

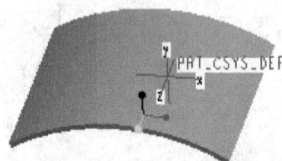

9.8　曲面延伸

曲面延伸的步骤如下。

① 选择需要延伸曲面的一个边界线,如图9.51所示。

② 选择"编辑"→"延伸"命令。

③ 在弹出的曲面拉伸对话框中输入拉伸值为"30",如图9.52所示,单击按钮✔完成曲面拉伸,结果如图9.53所示。

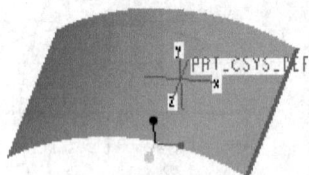

图 9.51　选择曲面延伸边界线

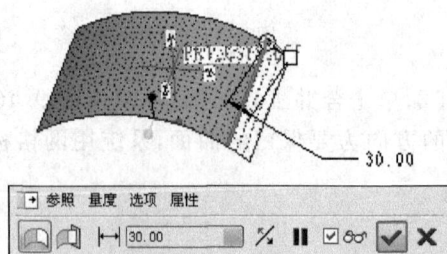

图 9.52　在曲面拉伸对话框中输入拉伸距离　　　　图 9.53　曲面拉伸结果

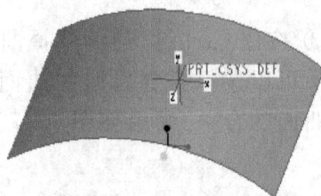

9.9　曲面偏移

曲面偏移的步骤如下。

① 选择需要偏移的曲面,如图9.53所示。

② 选择"编辑"→"偏移"命令。

③ 在弹出的曲面偏移对话框中输入偏移值为"30"并完成曲面偏移,结果如图9.54所示。

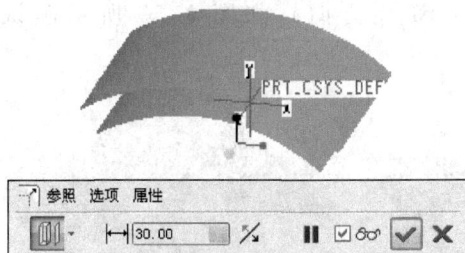

图9.54　曲面偏移结果

9.10　曲面修剪

曲面修剪的步骤如下。

① 创建如图9.55所示的两个相交拉伸曲面。

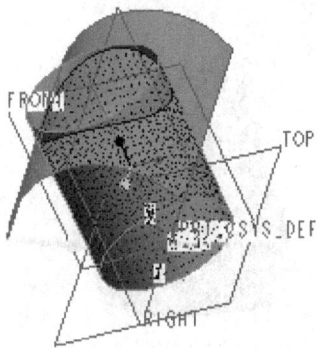

② 选择被修剪的曲面1。

③ 选择"插入"→"修剪"命令,选择曲面2来修剪曲面1。

④ 在弹出的修剪对话框中单击按钮 改变修剪方向,黑色网格为要保留的曲面,如图9.56所示。

⑤ 完成修剪曲面,结果如图9.57所示。

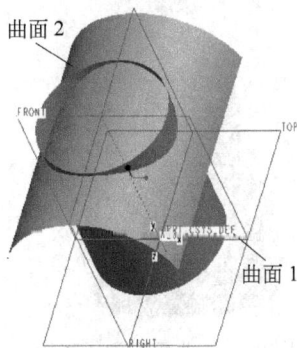

图9.55　相交拉伸曲面　　图9.56　黑色网格为要保留的曲面　　图9.57　曲面修剪结果

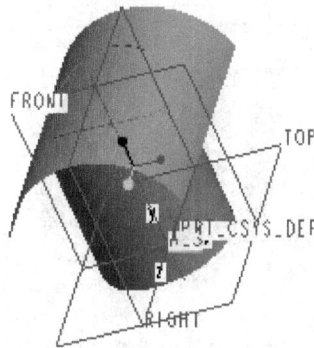

9.11　曲面实体化

曲面实体化可分为两种功能:一种是用曲面修剪实体,另一种是把封闭的曲面转变为实体。下面分别予以介绍。

（1）用曲面修剪实体

① 创建曲面和实体，如图9.58所示。

② 选取曲面，选择"编辑"→"实体化"命令，单击移除工具图标◢并单击按钮▨选择保留方向（箭头表示切除方向），如图9.59所示确认完成，结果如图9.60所示。

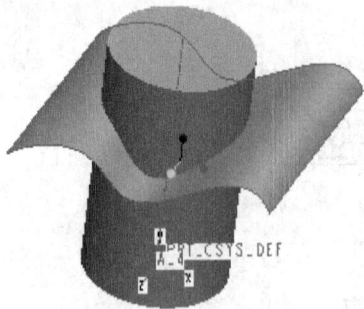

图9.58　曲面和实体　　　　图9.59　确定切除方向　　　　图9.60　切除结果

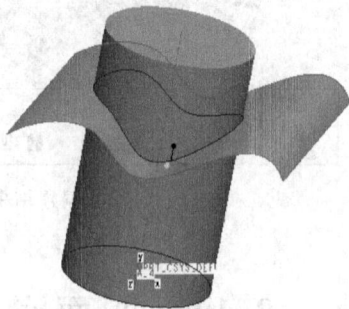

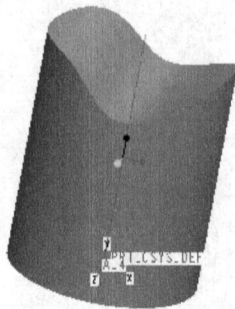

（2）将封闭的曲面转变为实体

① 创建六个曲面，如图9.61所示，曲面之间必须相交。

② 按住Ctrl键，连续选择两个相邻的曲面，单击合并工具图标▢选择保留的曲面方向，完成两个曲面的合并；采用相同的方法重复合并曲面，最后的合并结果如图9.62所示。

③ 选取合并后的曲面，选择"编辑"→"实体化"命令，单击按钮☑完成，结果如图9.63所示。需要强调的是，实体化后曲面变为了实体。

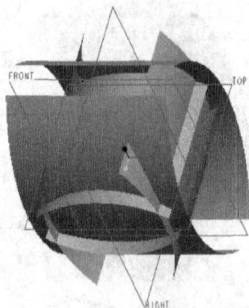

图9.61　六个相交曲面　　　　图9.62·曲面合并结果　　　　图9.63　曲面变为了实体

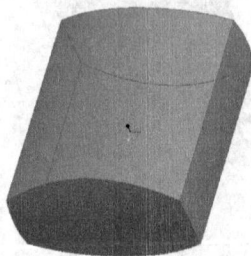

思考与练习

根据给出的零件图，创建如图9.64～图9.67所示的实体零件。

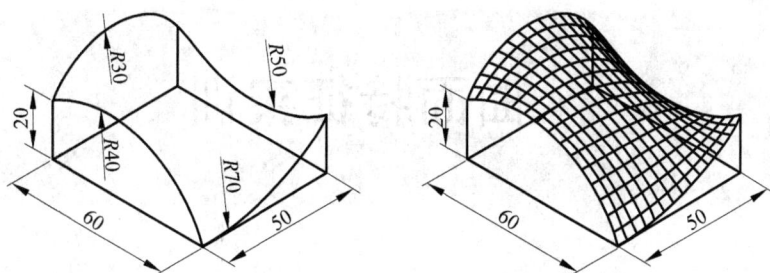

图 9.64

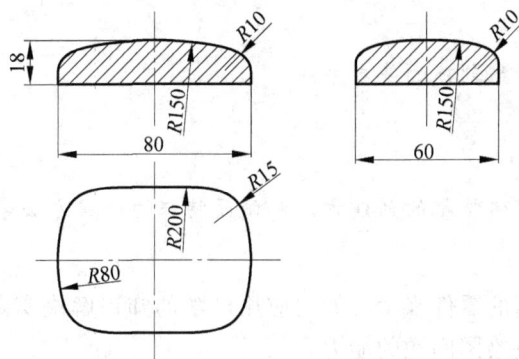

图 9.65

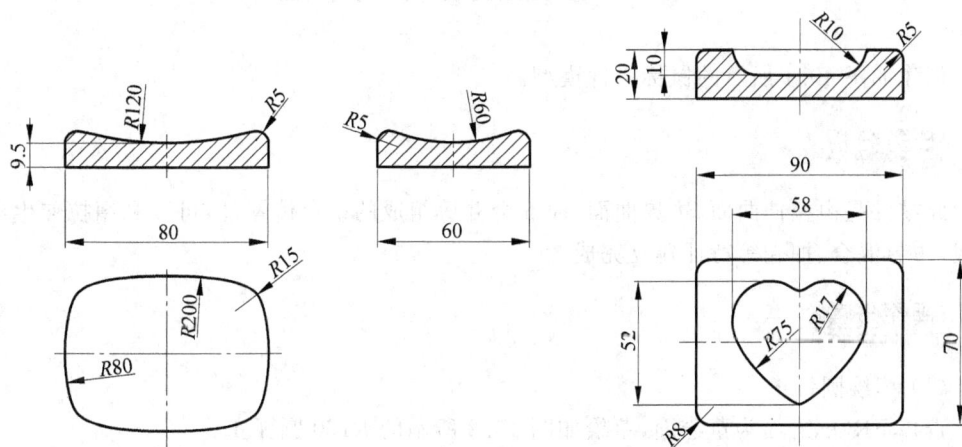

图 9.66   图 9.67

第 10 章

曲面特征实训

掌握常用的曲面特征创建的基本方法。

技能目标

学会使用所学的实体特征的创建方法和曲面特征的创建方法等工具创建较复杂的三维实体图。

本章通过一些典型的零件来学习如何应用已学的知识解决实际问题,特别是提高使用实体和曲面综合解决绘图问题的能力。

10.1 创建鼠标零件模型

创建如图 10.1 所示的鼠标零件模型。

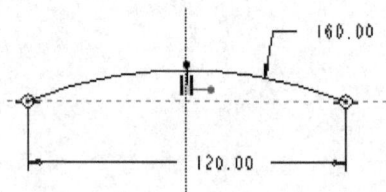

任务分析

此零件是由拉伸曲面、边界曲面、曲面合并等组成的组合体零件,可以利用拉伸生成、交线、边界混合、抽壳等特征建立完成。

操作步骤

(1) 草绘圆弧 1
选择 FRONT 面为草绘面,草绘如图 10.2 所示的 R160 圆弧 1。

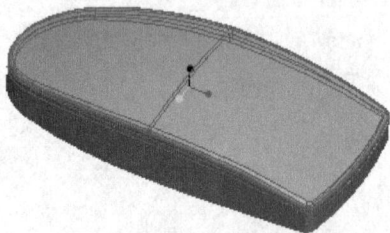

图 10.1　鼠标零件模型

图 10.2　草绘圆弧 1

（2）草绘圆弧2并拉伸成曲面

单击拉伸工具图标 ⬚，选择FRONT面为草绘面，草绘如图10.3所示的 $R200$ 圆弧2。双向拉伸成曲面，输入拉伸长度为"70"，结果如图10.4所示。

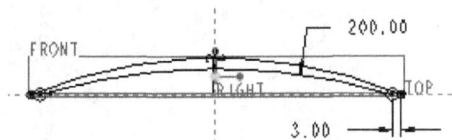

图10.3 草绘圆弧2

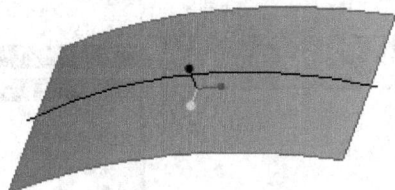

图10.4 拉伸曲面1

（3）草绘圆弧3并拉伸成曲面

单击拉伸工具图标 ⬚，选择TOP面为草绘面，草绘如图10.5所示的圆弧3。双向拉伸曲面，输入拉伸长度为"30"，结果如图10.6所示。

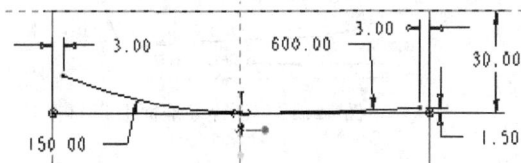

图10.5 草绘圆弧3

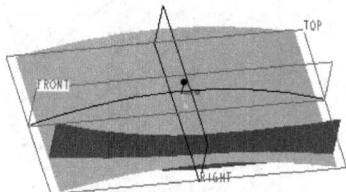

图10.6 拉伸曲面2

（4）获得交线

按住Ctrl键，连续选择拉伸曲面1和拉伸曲面2，选择"编辑"→"相交"命令，得到交线隐藏拉伸曲面1和拉伸曲面2，如图10.7所示。

（5）镜像交线

选取交线，单击镜像工具图标，选择FRONT面作为交线平面，结果如图10.8所示。

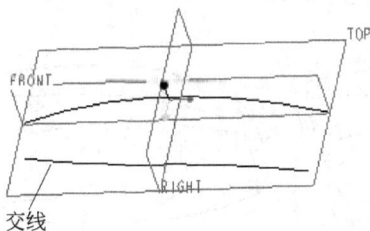

图10.7 曲面交线

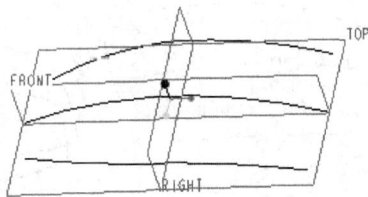

图10.8 镜像交线

（6）过点作曲线

单击基准曲线工具图标 ⌇，选择"经过点"→"完成"选项，双击如图10.9所示对话框中的"曲线点"→"样条"→"整个阵列"→"增加点"选项，选择如图10.10所示的三个端点草绘曲线，选择"完成"选项，结果如图10.11所示。按照相同的方法绘制对边的曲线，结果如图10.12所示。

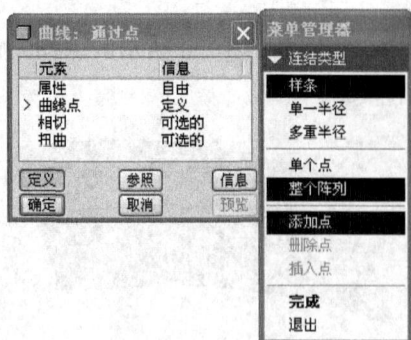

图 10.9　草绘曲线对话框

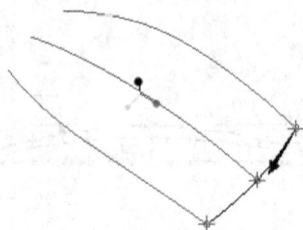

图 10.10　过点作曲线 1

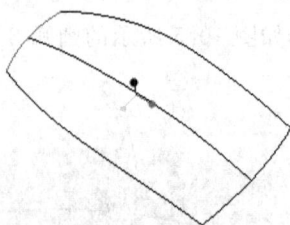

图 10.11　过点作曲线 2

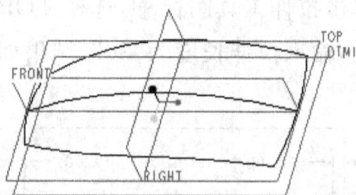

图 10.12　创建基准面 DTM1

（7）创建基准面 DTM1

创建一个基准面，距 TOP 面偏距为"10"，如图 10.12 所示。

（8）在 DTM1 上作曲线

单击草绘工具图标，选择 DTM1 作为草绘平面，单击实体引用工具图标 □ ，选择图 10.13 所示的边界曲线 1 作为引用曲线，得到曲线 2。

采用相同的方法，得到另外三条曲线，结果如图 10.14 所示。

（9）绘制曲线

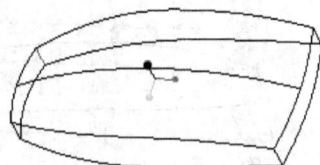

分别绘制如图 10.15 所示的四条曲线，方法见第步骤（6）。

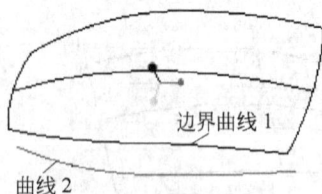

图 10.13　得到曲线 2　　　　图 10.14　得到另外三条曲线　　　　图 10.15　绘制四条曲线

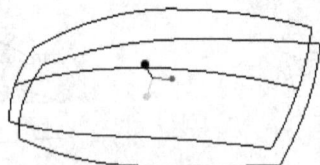

（10）创建边界混合曲面

选择"插入"→"边界混合"命令或单击边界混合工具图标 ⌀ 进行边界混合曲面创建，结果如图 10.16 所示。

（11）创建另外五个曲面

按照相同的方法，分别创建另外五个边界混合曲面，结果如图 10.17 所示。

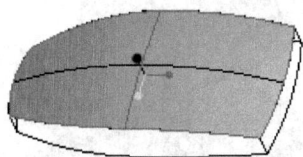

图 10.16 创建边界混合曲面

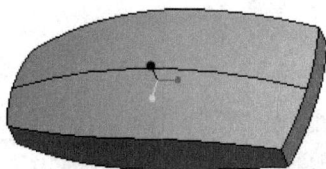

图 10.17 创建另外五个边界混合曲面

（12）曲面合并

合并图 10.17 所示的六个曲面。

（13）产生实体

选择"编辑"→"实体化"命令，将合并后的曲面转化为实体。

（14）实体倒圆角

单击实体倒圆角工具图标，分别对实体的边界倒圆角，尺寸如图 10.18 所示。

（15）创建切割曲面

单击拉伸工具图标，选择 FRONT 面为草绘面，草绘如图 10.19 所示的圆弧。双向拉伸，输入拉伸长度为"100"，结果如图 10.20 所示。

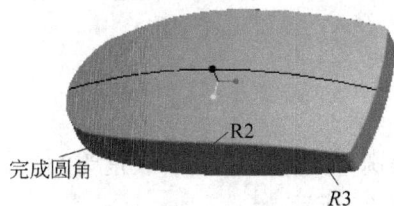

图 10.18 实体倒圆角

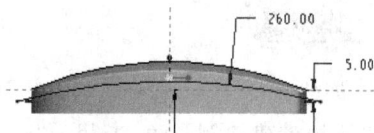

图 10.19 草绘圆弧

（16）切割形成鼠标下壳

在模型树中用鼠标右击步骤（15）所创建的拉伸曲面，选择"编辑定义"命令，单击"实体化"工具图标，确定切除方向，完成鼠标下壳的创建，使用抽壳工具完成鼠标下体的抽壳，厚度为"2"，结果如图 10.21 所示，保存文件名为"mouse-down"。

（17）切割形成鼠标上壳

重复上一步的操作，选择切除的方向，得到鼠标的上壳，如图 10.22 所示，保存文件名为"mouse-up"。

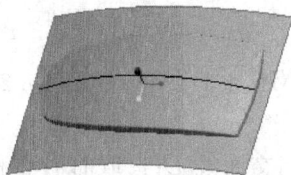

图 10.20 创建切割曲面

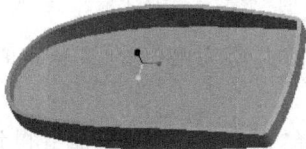

图 10.21 鼠标下壳

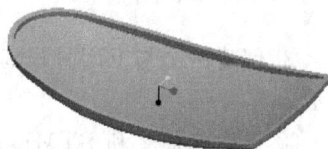

图 10.22 鼠标上壳

（18）装配图和爆炸图显示

得到的鼠标上下盖的装配图和爆炸图如图 10.23 和图 10.24 所示。

图 10.23　鼠标上下盖的装配图

图 10.24　鼠标上下盖的爆炸图

10.2　创建风扇叶零件模型

创建如图 10.25 所示的风扇叶零件模型。

任务分析

此零件是由拉伸体、边界曲面等组成的组合体零件，可以利用拉伸生成、圆角、基准面、阵列等特征建立完成。

操作步骤

① 创建拉伸实体，选择 TOP 面为草绘面，草绘圆直径为"30"，拉伸长度为"30"，完成拉伸实体的创建并倒圆角，半径为"6"，结果如图 10.25 所示

② 选择圆柱体表面（见图 10.26），选择"编辑"→"复制"→"编辑"→"粘贴"命令，复制曲面并把复制的曲面偏移 130。结果如图 10.27 所示。

图 10.25　风扇叶模型

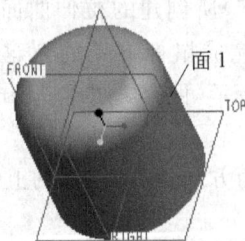

图 10.26　拉伸结果

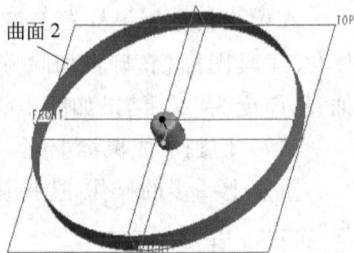

图 10.27　曲面偏移结果

③ 创建两个与 RIGHT 基准面夹角为"30"的基准面 DTM1 和 DTM2，如图 10.28 所示。

④ 选取曲面 2 和 DTM1，选择"编辑"→"相交"命令得到相交曲线 E；选取曲面 2 和 DTM2，选择"编辑"→"相交"命令得到相交曲线 F；选取曲面 1 和 DTM1，选择"编辑"→"相交"命令得到相交曲线 G；选取曲面 1 和 DTM2，选择"编辑"→"相交"命令得到相交曲线 H，如图 10.29 所示。

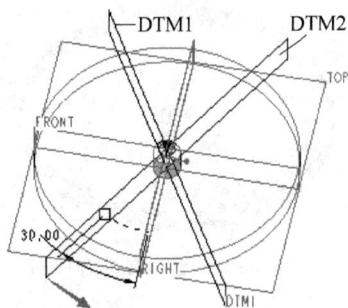

图 10.28　基准面 DTM1 和 DTM2

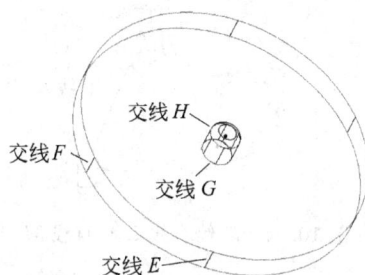

图 10.29　创建 4 条交线

⑤ 创建基准面 DTM3,单击基准平面工具图标,选取基准平面 FRONT,输入偏距值为"150",结果如图 10.30 所示。

⑥ 选择 DTM3 作为草绘平面,草绘如图 10.31 所示的圆弧并投影到曲面 2 上,得到投影曲线 J。

⑦ 选择 DTM3 作为草绘平面,草绘如图 10.32 所示的圆弧并投影到曲面 1 上,得到投影曲线 K,结果如图 10.33 所示。

⑧ 选择 DTM1 作为草绘平面,草绘如图 10.34 所示的直线 L。

⑨ 选择 DTM2 作为草绘平面,草绘如图 10.35 所示的直线 M。

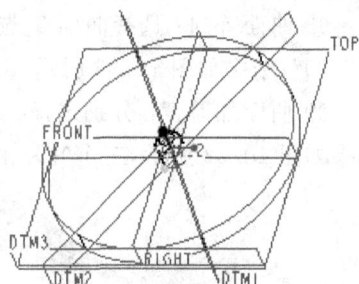

图 10.30　创建 DTM3 基准面

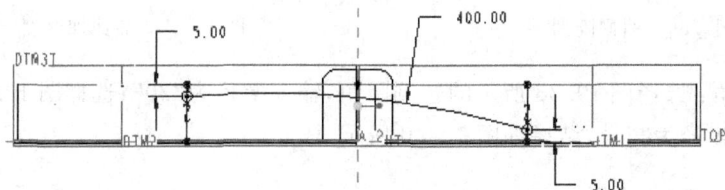

图 10.31　草绘 R400 的圆弧

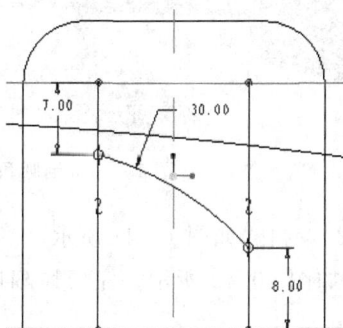

图 10.32　草绘 R30 的圆弧

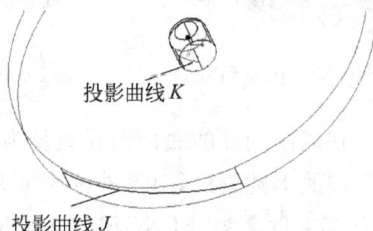

图 10.33　得到投影曲线

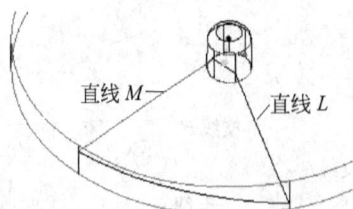

图 10.34　草绘直线 *L* 和直线 *M*

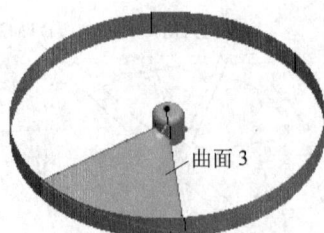

图 10.35　创建边界混合曲面

⑩　创建边界混合曲面：选择"插入"→"边界混合"命令，选择直线 *L* 和直线 *M* 为第一方向的曲线，选择投影曲线 *J* 和投影曲线 *K* 为第二方向的曲线，完成曲面的创建，结果如图 10.35 所示。

⑪　曲面阵列：选择曲面3，选择"编辑"→"阵列"命令，输入阵列总数为"3"，阵列角度为"120"；结果如图 10.36 所示。

⑫　曲面加厚度：分别选择三个曲面，选择"编辑"→"加厚"命令，输入加厚值为"2"，结果如图 10.37 所示，三个叶片由曲面生成为实体。

图 10.36　曲面阵列

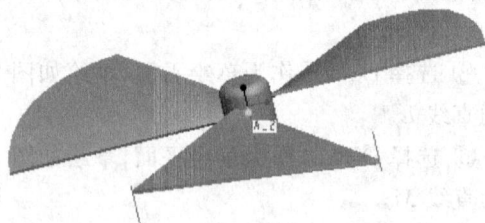

图 10.37　曲面加厚度

⑬　倒圆角：选择图 10.38 所示的边倒圆角，输入半径为"20"；选择图 10.39 所示的边倒圆角，输入半径为"30"，结果如图 10.40 所示。

图 10.38　倒圆角

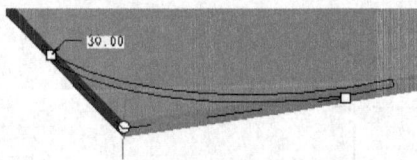

图 10.39　选择倒圆角边

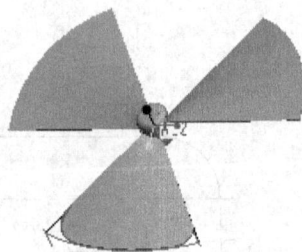

图 10.40　倒圆角

⑭　在风扇圆柱的底面创建直径为"10"、深度为"20"的孔，如图 10.41 所示。

⑮　按照上述方法，对另外两个叶片倒圆角，结果如图 10.42 所示。完成风扇叶片的创建，保存文件名为"FENGSHAN.PRT"。

图 10.41 创建孔

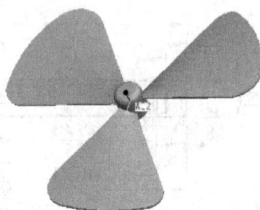

图 10.42 倒圆角并完成创建

思考与练习

创建如图 10.43～图 10.46 所示的产品实体模型。

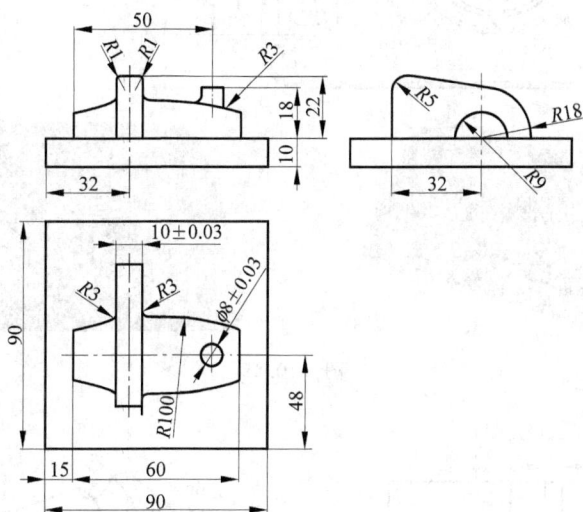

图 10.43

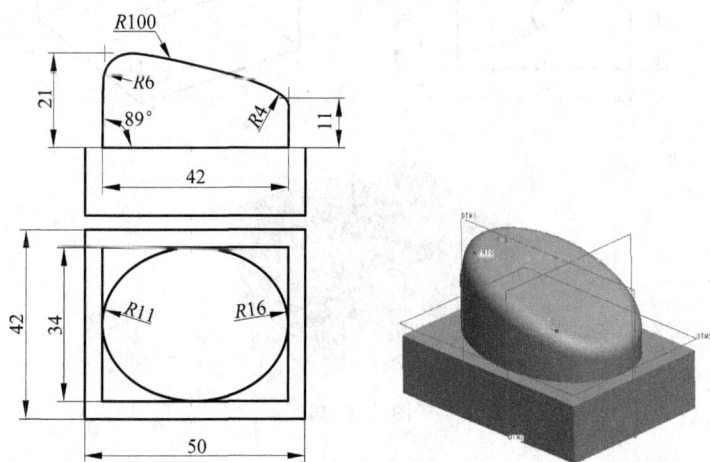

图 10.44

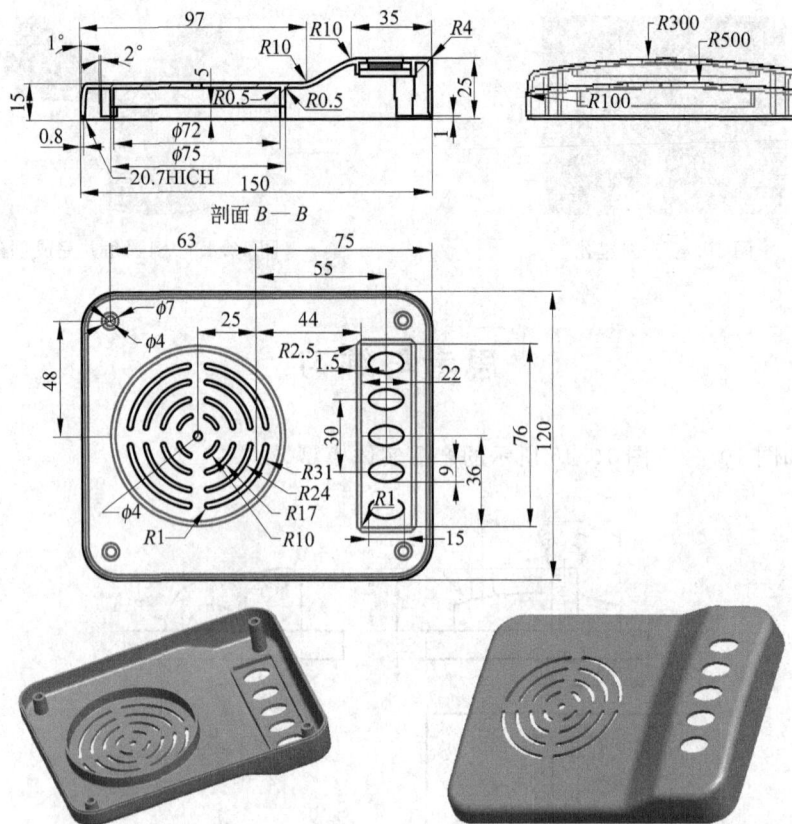

剖面 $B-B$

图 10.45

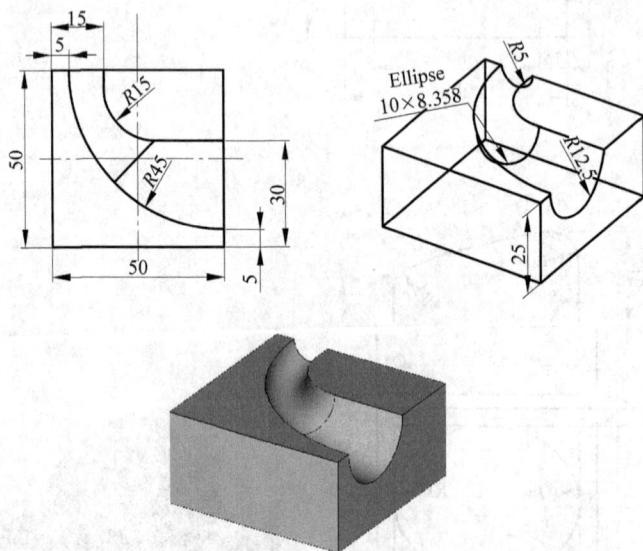

图 10.46

第 11 章

零件装配

知识目标

掌握 Pro/E 装配模块中元件放置约束的方法和类型,装配爆炸图的表达方法,在装配环境中如何提高绘图效率,以及在装配环境中如何进行零件的创建、编辑、布尔运算、合并与继承等的原理和方法。

技能目标

熟悉 Pro/E 装配模块中的元件移动、放置约束、装配爆炸图、使用视图管理器管理装配视图、为提高零部件装配效率的元件复制与置换、在装配环境中进行零件处理等操作方法和技巧。

现代工业中的各种机器或产品都是由许多零部件装配而成的,部件也是由许多不可拆分的零件装配得到。零件或部件的装配设计是在组件模块中进行的,通过约束关系把加入到装配体中的零部件组合在一起。为了更方便选择约束参照,可以作"元件移动"操作,对欲加入装配的零部件实现平移和旋转。为了更清楚表达零部件间的装配关系和机器、产品的功能结构,还可以制作装配分解视图。我们还可以在装配环境中建立新的特征,对装配中的零件进行修改,创建新零件。

可以对装配体中的两个零件进行布尔运算,利用参照零件加、减目标零件而获得目标零件的修改,还可以利用参照零件和目标零件两零件的相交部分作为布尔运算的结果。我们还通过"合并与继承"操作,将外部参照零件的材料添加到目标零件中,或从目标零件中减去参照零件的材料。

11.1 装配的放置约束

每一元件在进入组件后都有六个自由度,放置约束就是限制这些自由度,使组件中的每一元件相对固定或按功能需要只保留某些自由度。如,减速器的端盖固定在减速器箱体上,它被限制了六个自由度,而销联接则保留了可以相对相连零件转动这一自由度。主要的约束类型有:匹配、对齐、插入、坐标系、相切、线上点、曲面上的点、曲面上的边、缺省等。下面结合图例来说明这些放置约束。

1. 匹配

"匹配"约束可以使两个选定的平面参照彼此相对。匹配的偏移类型分为重合、偏距和定向三种。它们对应的图标和功能如下。

▊▊（重合）：使选定的两参照平面面对面重合在一起。

▊▊（偏距）：使选定的两参照平面面对面，且限制两参照平面之间为某一距离。

▊▊（定向）：使选定的两参照平面面对面，但不限制两参照平面之间的距离，零件可以在垂直于参照平面的方向上移动。

以图 11.1 所示的参照面为例，可以定义如图 11.2 所示的三种不同的偏移类型所得到的匹配结果。

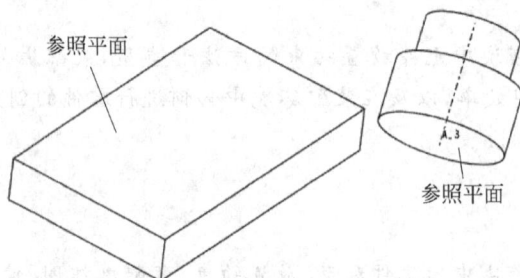

图 11.1　两匹配参照面

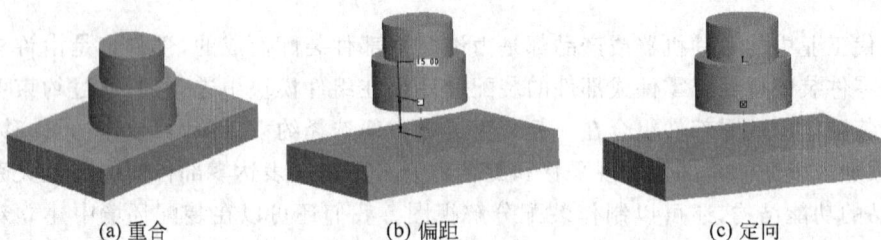

(a) 重合　　　　　　　　(b) 偏距　　　　　　　　(c) 定向

图 11.2　三种不同的匹配结果

2. 对齐

"对齐"约束可以使两个选定的平面参照朝向相同。对齐的偏移类型也分为重合、定向和偏距三种。定向对齐使选定的两参照平面同向，但不限制两参照平面之间的距离，零件可以在垂直于参照平面的方向上移动。同样以图 11.1 所示平面参照为例，可以定义如图 11.3 所示的三种不同的偏移类型所得到的对齐结果。

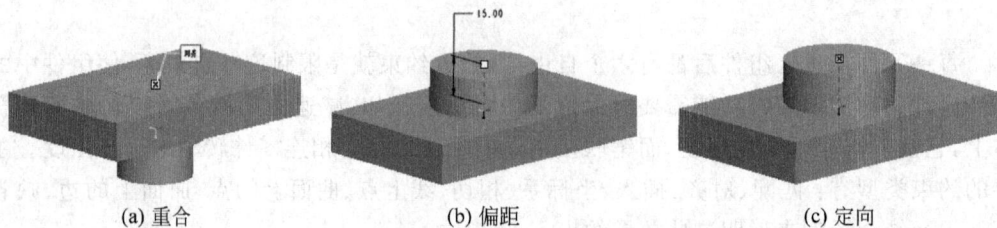

(a) 重合　　　　　　　　(b) 偏距　　　　　　　　(c) 定向

图 11.3　三种不同的对齐结果

使用对齐约束可以使两个平面同向对齐,还可以使两根轴线同轴、两条边或两个点重合。要注意的是,两个零件上选择的项目必须是同一类型的,即如果在一个零件上选取一个点,则必须在另一零件上选取一个点。

3. 插入

用"插入"约束可将一个旋转曲面插入到另一旋转曲面中,使它们的回转轴线重合,相当于轴"对齐"的约束。轴选取无效或不方便时可以用插入约束来代替,如图11.4所示。

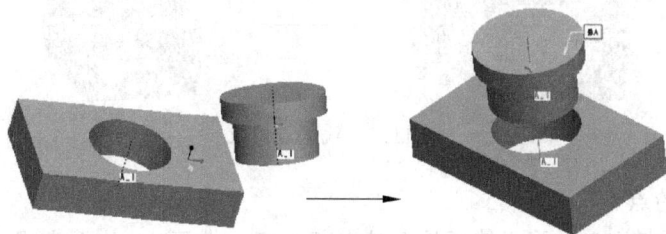

图11.4　插入约束使回转轴线重合

4. 坐标系

用"坐标系"约束,可通过将元件的坐标系与组件中的其他坐标系对齐,将该元件放置在组件中。通过对齐所选坐标系的原点及相应坐标轴来装配元件,如图11.5所示。

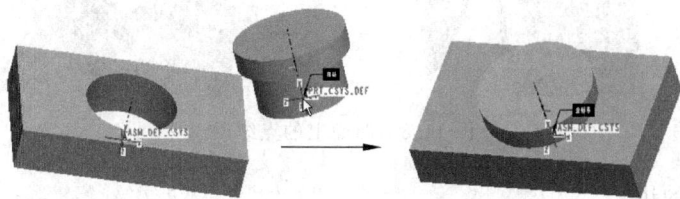

图11.5　坐标系约束

5. 相切

"相切"约束通过控制两个曲面相切来约束元件间的相对位置,它们之间只有一个相切点或一条相切线。如果一圆柱面和一平面相切约束,则相切约束后圆柱面可以在该平面滚动,但始终保持相切,即圆柱面和平面始终只有一条交线,如图11.6所示。

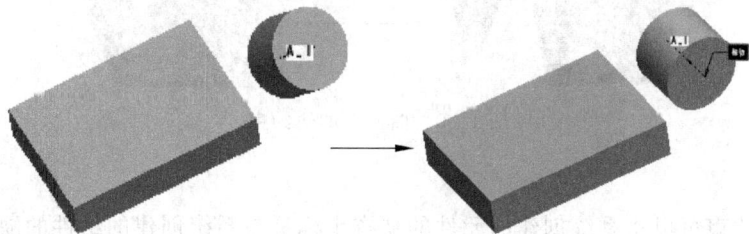

图11.6　相切约束

6. 线上点

"线上点"约束是用于使元件上某点落在指定的边、轴或基准曲线上,从而实现元件间相对位置控制的一种约束。"点"落在"线"上,"点"可以在"线"上滑动,如图 11.7 所示。

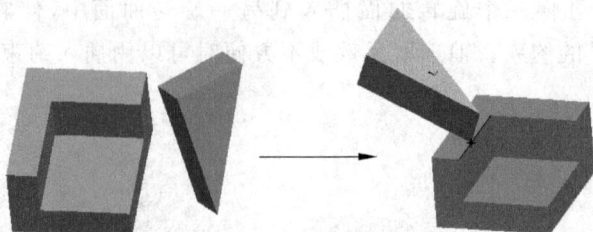

图 11.7 线上点约束

7. 曲面上的点

"曲面上的点"约束是用于使元件上某点落在某一曲面上,从而实现元件间相对位置控制的一种约束。"点"落在"面"上,"点"可以在"面"上滑动,如图 11.8 所示。

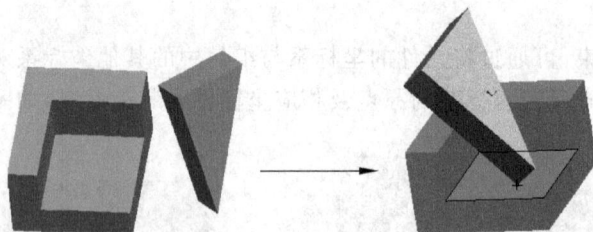

图 11.8 曲面上的点约束

8. 曲面上的边

"曲面上的边"约束是用于使元件上某条边落在某一曲面上,从而实现元件间相对位置控制的一种约束。"边"落在"面"上,"边"可以在"面"上滑动,如图 11.9 所示。

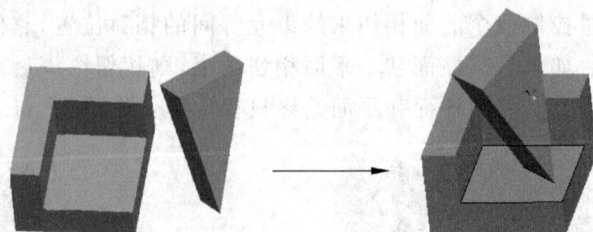

图 11.9 曲面上的边约束

9. 缺省

"缺省"约束可以将系统创建的元件的缺省坐标系与系统创建的组件的缺省坐标系对齐。通过对齐元件的缺省坐标系的原点和组件的缺省坐标系的原点及相应坐标轴来装配元件。常用缺省约束来放置组件中的第一个元件,如图 11.10 所示。

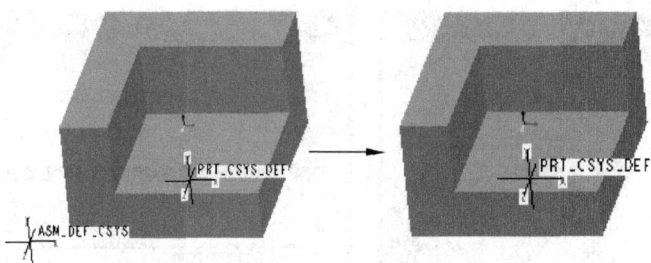

图 11.10　缺省约束

【实例 11.1】　创建一个简单组件。

创建简单组件的步骤如下。

（1）设置工作目录，创建新装配文件

① 进入 Pro/E 程序界面后，选择"文件"→"设置工作目录"命令，如图 11.11 所示。在弹出的"选取工作目录"对话框中选取预先建立好的工作目录（也就是文件管理器中的文件夹，用于放置组件的有关文件），如本例中的"\sx12_1"。

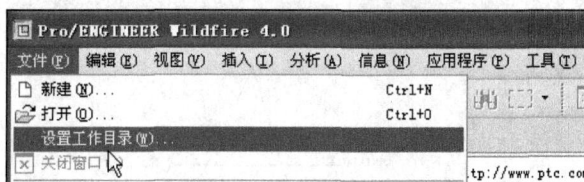

图 11.11　设置工作目录

② 单击工具栏中的"创建新对象"图标 ▯，或选择"文件"→"新建"命令，如图 11.12 所示。

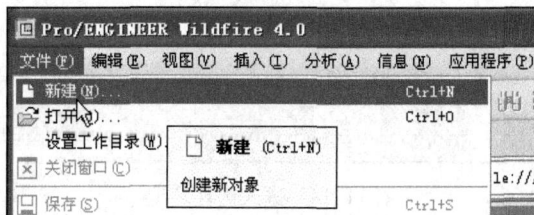

图 11.12　创建新对象

③ 系统会弹出"新建"对话框。在此对话框中选择类型为"组件"，输入组件名称为"sx12_1"，取消勾选"使用缺省模板"复选框，单击"确定"按钮，系统会弹出"新文件选项"对话框，如图 11.13 所示。

④ 在"新文件选项"对话框中选择"mmns_asm_design"公制模板，单击"确定"按钮进入组件环境，如图 11.14 所示。系统会自动创建 3 个基准面 ASM_TOP、ASM_RIGHT 和 ASM_FRONT，以及一个坐标系。现在就可以在组件中添加新元件了。

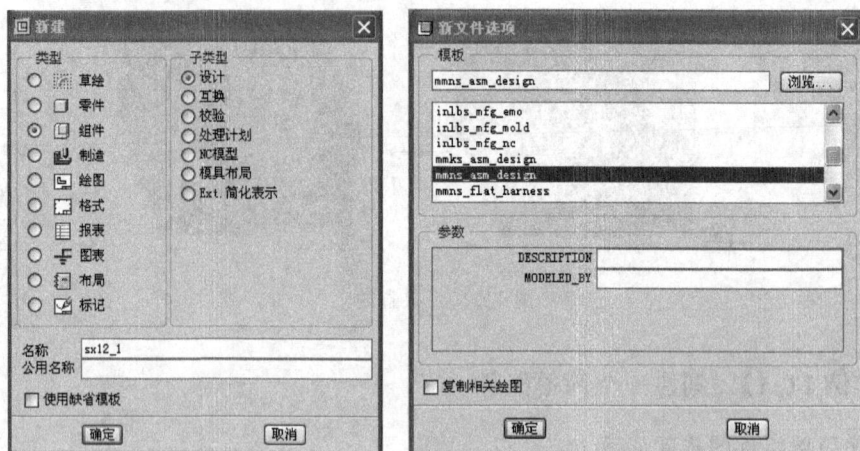

图 11.13 "新建"和"新文件选项"对话框

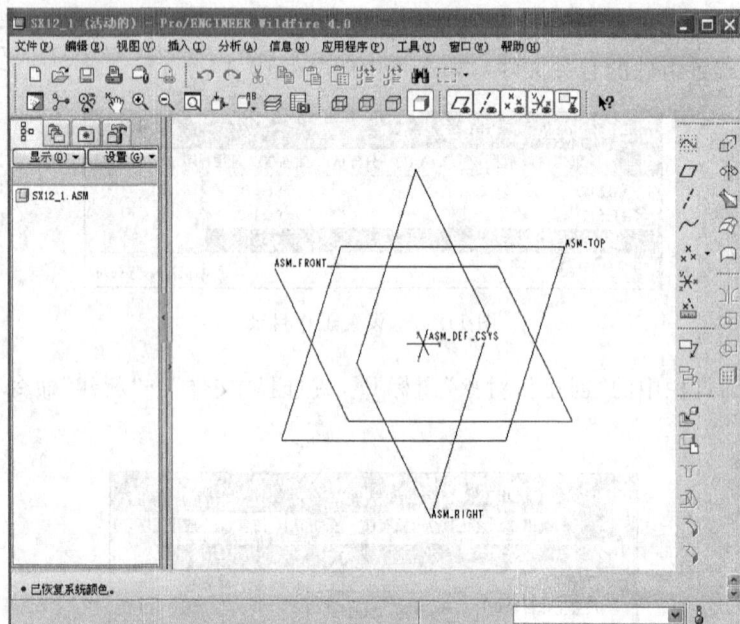

图 11.14 进入组件环境

（2）添加第一个元件

① 单击工具栏中的将元件添加到组件图标 ，在弹出的"打开"对话框的"组织"选项中选择"工作目录"文件夹，单击零件文件"SX12_1_1.PRT"（该零件已预先放置在工作目录 SX12_1.PRT 中），单击"预览"按钮可以预览将要添加的零件的形状，如图 11.15所示。

② 单击"打开"对话框的"打开"按钮或双击选中的零件文件"SX12_1_1.PRT"，欲添加的元件出现在图形区域，并出现元件控制操控面板。单击操控面板中的约束类型上滑面板收展按钮 ，展开约束类型上滑面板，选择"缺省"选项，如图 11.16 所示。

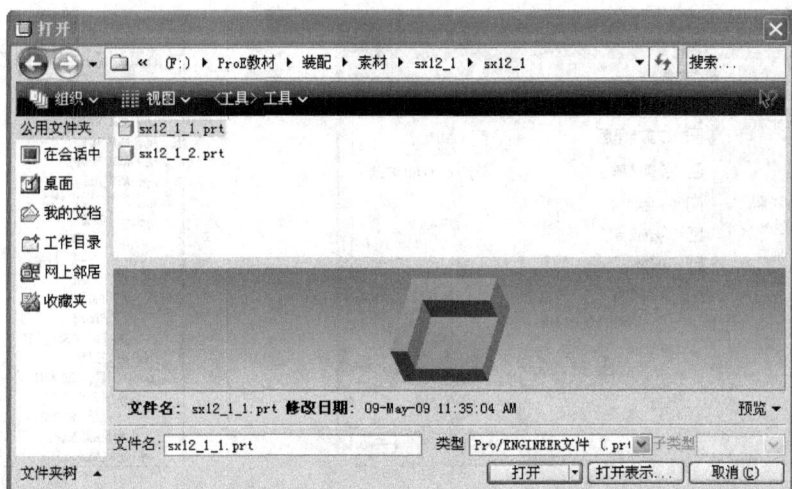

图 11.15　选择和预览将要添加的元件 1

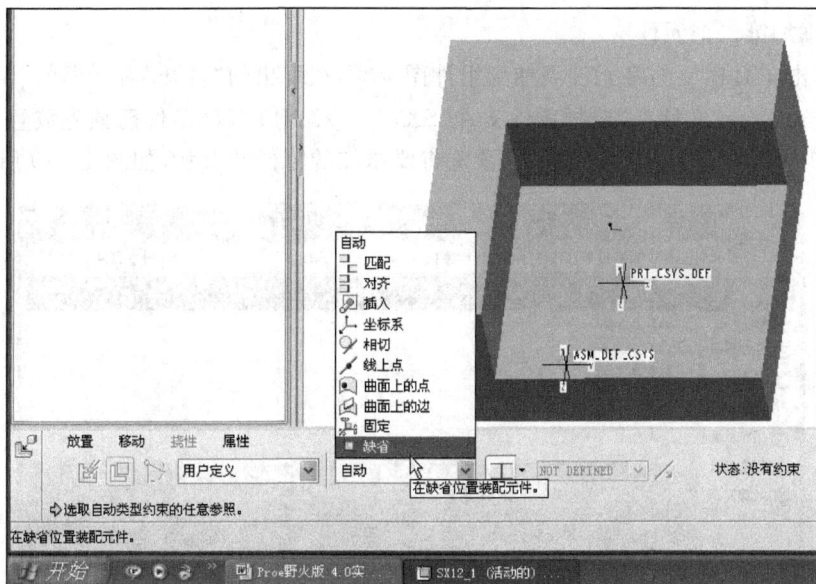

图 11.16　以缺省的约束类型放置元件

③ 单击确定按钮![icon]，系统便将第一个元件以"缺省"的方式添加到组件中。

④ 在模型树的上方，单击"设置"按钮，从出现的下拉菜单中选择"树过滤器"选项，弹出"模型树项目"对话框。

⑤ 勾选"特征"和"放置文件夹"复选框，单击"应用"按钮，此时"模型树项目"对话框如图 11.17 所示。

⑥ 单击"关闭"按钮。此时，在装配模型树中便显示组件的基准平面、基准坐标系这些基准特征，显示所装配元件的所有特征以及装配元件时所使用的约束集，如图 11.18所示。

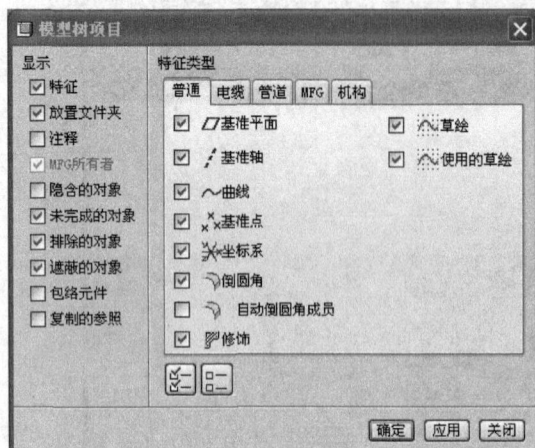

图 11.17　选中"特征"和"放置文件夹"复选框　　　图 11.18　在模型树中显示
特征和约束集

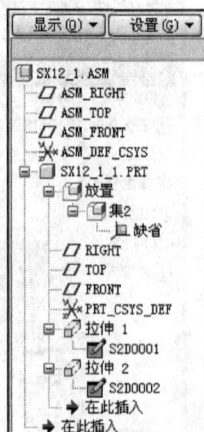

（3）添加第二个元件

① 单击工具栏中的将元件添加到组件图标 🔧，在弹出的"打开"对话框的"组织"选项中单击"工作目录"文件夹，选择零件文件"SX12_1_2.PRT"（该零件已预先放置在工作目录 SX12_1 中），单击"预览"按钮可以预览将要添加的零件的形状，如图 11.19 所示。

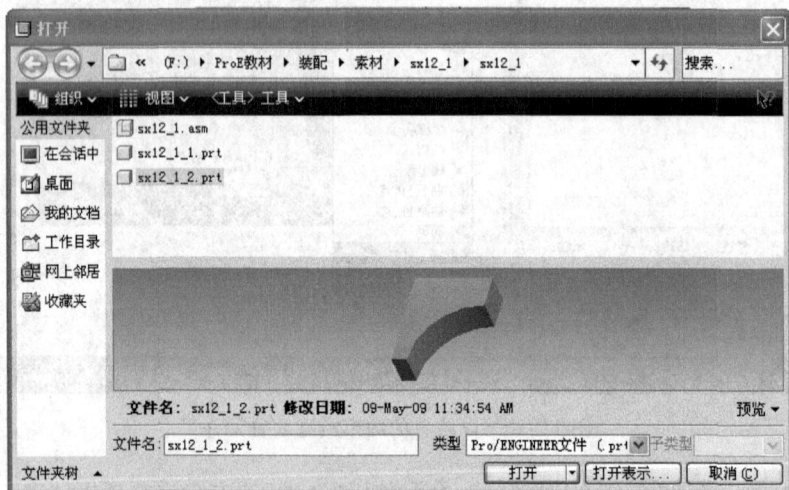

图 11.19　选择和预览将要添加的元件 2

② 单击"打开"对话框的"打开"按钮或双击选中的零件文件"SX12_1_2.PRT"，欲添加的元件出现在图形区域，并出现元件控制操控面板。单击操控面板中的约束类型上滑面板收展按钮 ✅，展开约束类型上滑面板，选择"匹配"选项，设置匹配偏移类型为 ▮▮（重合）。

③ 分别选择如图 11.20 所示的匹配参照面 1 和匹配参照面 2，完成第一对参照面面对面重合在一起的约束。

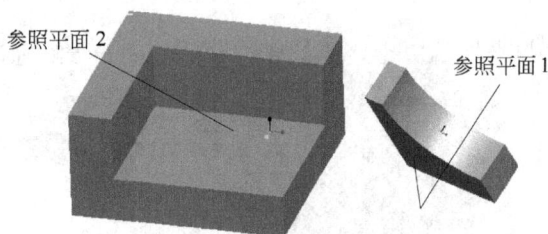

图 11.20 参照面 1 和参照面 2

④ 单击元件放置操控面板中的"放置"按钮,弹出放置上滑操控面板,如图 11.21 所示。

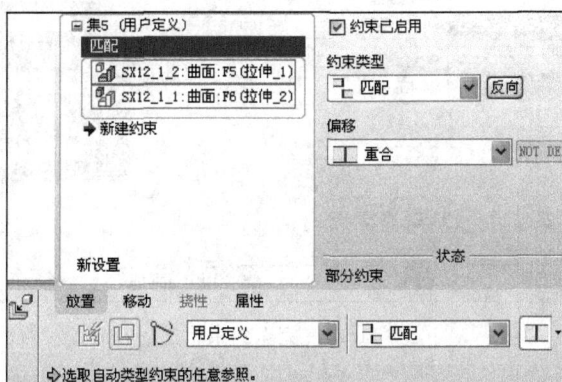

图 11.21 放置上滑操控面板

⑤ 在放置上滑操控面板中单击"新建约束",选择约束类型为"匹配",偏移类型为 ▯▯ (重合),分别选择如图 11.22 所示的匹配参照面 3 和匹配参照面 4,完成第二对参照面面 对面重合在一起的约束。

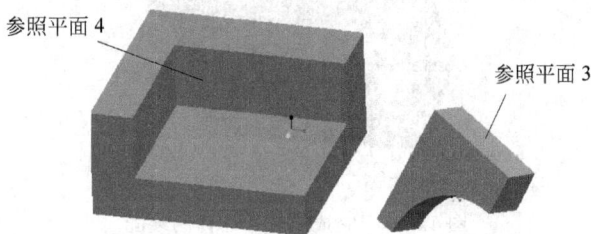

图 11.22 参照面 3 和参照面 4

⑥ 再次在放置上滑操控面板中单击"新建约束",选择约束类型为"匹配",偏移类型 为▯▯(偏距),分别选择如图 11.23 所示的匹配参照面 5 和匹配参照面 6,完成第三对参照 面面对面但存在距离为 50 的约束。这时在放置上滑操控面板状态栏中显示"完全约束", 第二元件相对于第一元件已完全约束,不能再有相对移动,如图 11.24 所示。

⑦ 单击确定按钮☑,便完成将第二个元件添加到组件中的操作。

通过上述操作,匹配参照面 1 和匹配参照面 2、匹配参照面 3 和匹配参照面 4 面对面

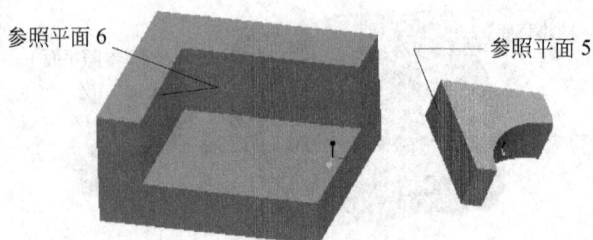

图 11.23　参照面 5 和参照面 6

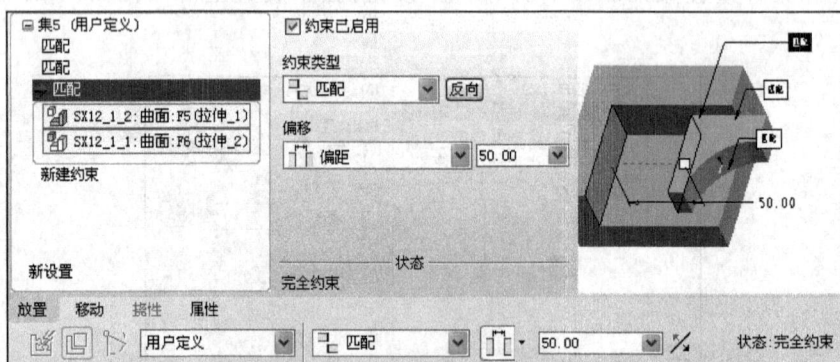

图 11.24　完全约束状态

重合在一起,匹配参照面 5 和匹配参照面 6 面对面并存在偏距 50,最后的装配结果如图 11.25 所示。

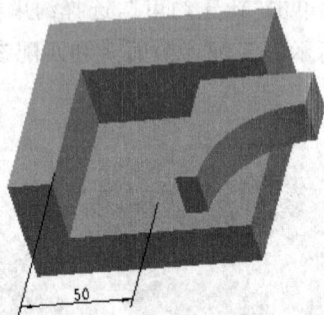

图 11.25　完成第二个元件的装配

11.2　元件的移动

通过元件的移动操作,可以平移或旋转欲添加到组件中的元件,便于选取元件参照,使元件放置操作更为方便快捷。常用的元件移动的操作方法主要有使用键盘快捷方式和使用元件放置操控面板中的移动上滑面板。

1. 使用键盘快捷方式

在打开的组件中,单击将元件添加到组件按钮或选择"插入"→"元件"→"装配"命令,弹出"打开"对话框。选取要放置的元件,然后单击"打开"按钮。这时系统出现元件放置操控面板,可以对欲添加元件定义放置约束。

为了便于选取元件参照,使元件放置操作更为方便快捷,可以先使用键盘快捷方式平移或旋转欲添加到组件中的元件。下面三种鼠标和按键组合操作可以实现不同的移动。

① 按住 Ctrl+Alt 键,再按下鼠标左键,移动指针可以拖动元件,元件在随指针移动的同时沿指针移动的方向滚动。

② 按住 Ctrl+Alt 键,再按鼠标中键,移动指针可以旋转元件。

③ 按住 Ctrl+Alt 键,再右击,移动指针可以平移元件。

④ 按住 Ctrl+Shift 键并单击鼠标中键,可以进入定向模式。

2. 使用移动上滑面板

通过使用元件放置操控面板上的移动上滑面板同样可以平移或旋转欲添加到组件中的元件,便于选取元件参照,使元件放置操作更为方便快捷。

移动上滑面板如图 11.26 所示,可供选择的运动类型选项有"定向模式"、"平移"、"旋转"和"调整"。

① "定向模式":在元件放置操控面板上单击"移动"按钮,弹出移动上滑面板。从"运动类型"选项列表中选取"定向模式",单击图形窗口,蓝色的旋转中心随即出现。按住鼠标中键并拖动鼠标,就可以旋转元件。这时,可以按定向模式的方法旋转欲放置的元件。

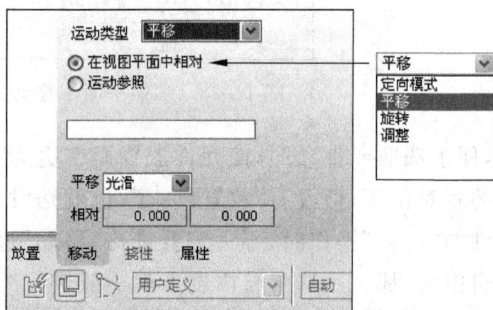

图 11.26 元件移动的运动类型

② "平移":在元件放置操控面板上单击"移动"按钮,弹出移动上滑面板。从"运动类型"选项列表中选取"平移",选取平移方向参照,单击图形窗口并拖动鼠标,欲放置的元件就可以在选定的平移方向参照指定的方向上平移,再次单击鼠标,旋转元件停在当前位置上。

③ "旋转":在元件放置操控面板上单击"移动"按钮,弹出移动上滑面板。从"运动类型"选项列表中选取"旋转",选取旋转轴线参照,单击图形窗口并拖动鼠标,欲放置的元件可以绕选定的旋转轴线参照所指定的回转轴线作旋转运动,再次单击鼠标,旋转元件停在当前位置上。

④ "调整":在元件放置操控面板上单击"移动"按钮,弹出移动上滑面板。从"运动类型"选项列表中选取"调整"。"调整"是通过类似元件的放置约束的方法来调整欲放置的元件的方位。如图 11.27 所示,为两个欲对齐的参照面。

单击选中"运动参照"单选按钮,先选取参照平面 2 作为参照,再选取参照平面 1,元件会移动到使面 1 和面 2 对齐的位置,如图 11.28 所示。

需要进一步说明的是,通过元件的移动操作,可以平移或旋转欲添加到组件中的元

图 11.27　欲对齐的参照平面 1 和参照平面 2

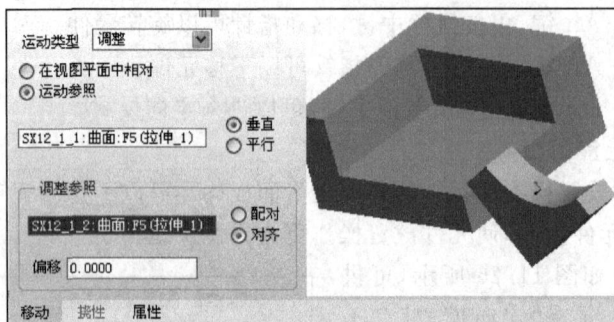

图 11.28　参照平面 1 移动到和参照平面 2 对齐的位置

件,便于选取元件参照,使元件放置操作更为方便快捷。"元件的移动"改变了元件在组件中的相对位置,但没有"放置约束",也就是没有建立限制元件自由度的约束关系。在进行元件的"放置"操作时,不一定要进行"移动"操作。如果通过"放置约束"限制了元件的某个自由度,那么在这个自由度上就不能进行"元件的移动"操作。如果螺钉和螺钉孔已有轴对齐约束,进行元件的移动操作时,螺钉只能旋转和沿着轴线移动,而不能平移到另一个螺钉孔的轴线处,即不能破坏已有的放置约束,如图 11.29 所示。

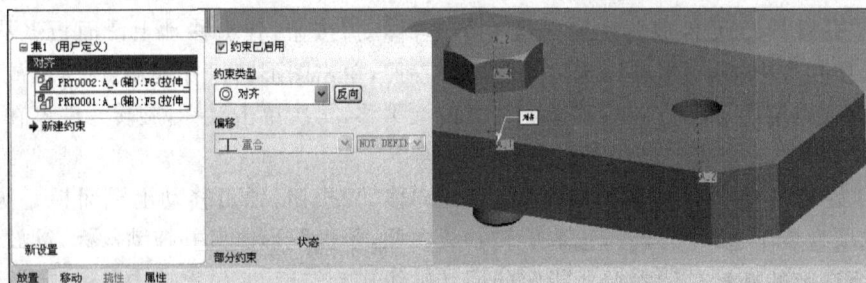

图 11.29　元件的移动不能破坏已有的放置约束

11.3　分　解　视　图

通过建立组件表达各元件之间的装配关系以及产品的功能结构。元件通过放置约束添加到组件后,其与其他元件间的位置关系便确定下来。所有元件装配完成后,得到的组件便是由多个元件按各自的确定位置组成的一个整体。这时候浏览组件视图,有时很难辨别各元件间的装配关系,了解组件欲实现的功能。为使装配视图变得易于辨认,增加可读性,可以把组件按某种规则重新分解为单个元件,制作分解视图,如图 11.30 所示。

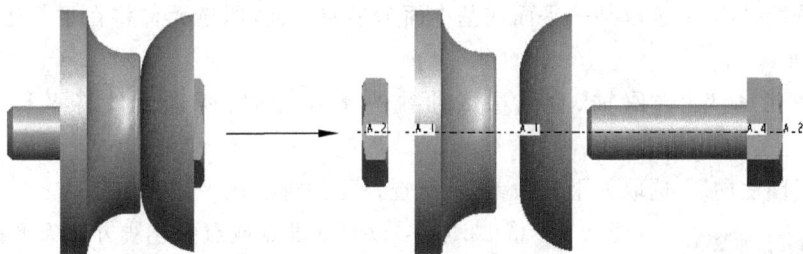

图 11.30　分解视图

在打开的组件中,选择"视图"→"分解"→"编辑位置"命令,打开如图 11.31 所示的"分解位置"对话框。

"分解位置"对话框中提供了 4 种"运动类型"("平移"、"复制位置"、"缺省分解"和"重置")来调整元件的分解位置。"运动参照"选项组中提供了 6 种方法用来确定元件的移动方向,如图 11.32 所示。

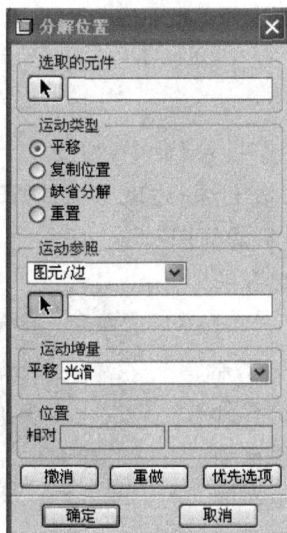

图 11.31　"分解位置"对话框

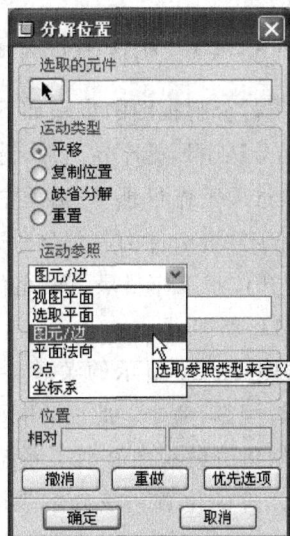

图 11.32　"运动参照"选项组

"运动类型"中有关选项的含义如下。

①"平移":按"运动参照"确定的方向平移所选元件。

②"复制位置":按和别的零件相同的运动方向及移动距离来平移元件,是提高作图效率的一种方法。

③"缺省分解":恢复到系统确定的缺省分解位置。

④"重置"：使元件回到原状态，也就是没有分解时的位置。

关于"运动参照"中有关选项的含义如下。

①"视图平面"：选取当前视图平面为参照平面，所选元件将在平行于该平面的方向上移动。

②"选取平面"：选取某一平面或基准面为参照平面，所选元件将在平行于该平面的方向上移动。

③"图元/边"：选取轴、直线边或曲线为平移方向，所选元件将平行于该方向移动。

④"平面法向"：选取一平面为参照，所选择元件将沿该平面法向移动。

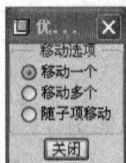

⑤"2点"：以两基准点或点的连线方向为平移方向，所选元件将平行于该方向移动。

⑥"坐标系"：选取某坐标系的某坐标轴方向为平移方向，所选元件将平行于该方向移动。

图 11.33　"优先选项"对话框

在"分解位置"对话框的下方有"撤销"、"重做"和"优先选项"3 个按钮。单击"优先选项"按钮可打开图 11.33 所示"优先选项"对话框，从中可以选取同时"移动多个"元件或"随子项移动"的移动元件操作方式。

【实例 11.2】　制作组件分解视图。

制作组件分解视图的步骤如下。

① 进入 Pro/E 程序界面后，选择"文件"→"设置工作目录"命令，如图 11.11 所示。在弹出的"选取工作目录"对话框中选取预先建立好的工作目录（也就是文件管理器中的文件夹，用于放置组件的有关文件），如本例中的"\sx12_3\爆炸图"。

② 打开位于工作目录下的组件文件 sx12_3.asm，打开的组件如图 11.34 所示。

③ 从图 11.35 所示的菜单栏中，依次选取"视图"→"分解"→"分解视图"命令。此时，得到如图 11.36 所示的缺省分解视图。缺省分解视图显示了系统依据元件装配的过程自动分解的各元件的位置。该分解视图有时会比较凌乱，元件的分解位置不能满足人们的要求，这时就有必要对元件的分解位置进行调整。

图 11.34　打开的组件

④ 选择"视图"→"分解"→"编辑位置"命令，弹出"分解位置"对话框，如图 11.37 所示。

⑤ 在"运动类型"选项组中单击选中"平移"单选按钮，在"运动参照"选项组的下拉列表框中选取"图元/边"选项，如图 11.38 所示。

⑥ 在图形窗口中单击某一元件的回转轴线作为元件移动的参照方向，如 A_1。

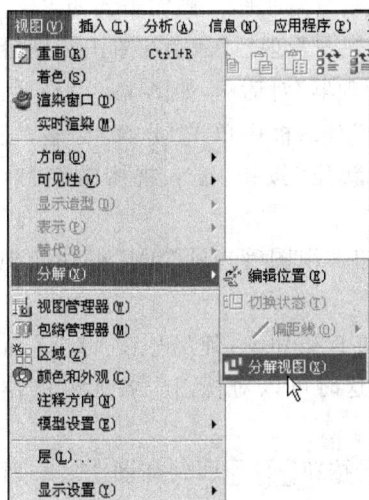

图 11.35 选取菜单命令

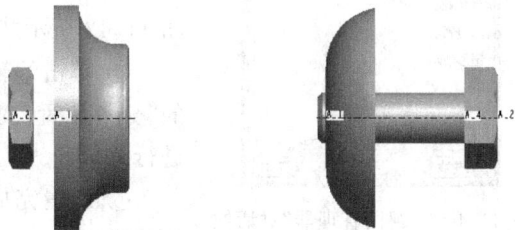

图 11.36 缺省分解视图

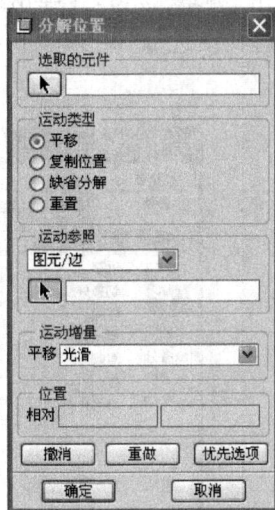

图 11.37 "分解位置"对话框

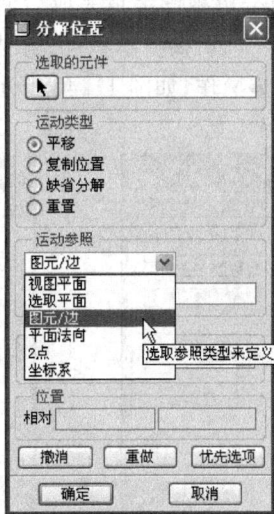

图 11.38 选取运动类型和运动参照

⑦ 单击要移动的元件并释放鼠标按键,移动鼠标,要移动的元件会跟随鼠标向上一步骤中指定的方向移动。在合适的位置处单击,要移动的元件便停止在该位置上,即完成选定元件位置的调整。使用同样的操作,调整其他元件的位置。所有元件的位置调整完成后,单击"分解位置"对话框中的"确定"按钮,完成分解视图元件位置的编辑操作,最后结果如图 11.39 所示。

有时,出于某种需要希望制作多个分解视图,并在下次打开组件文件时也能很方便地显示所制

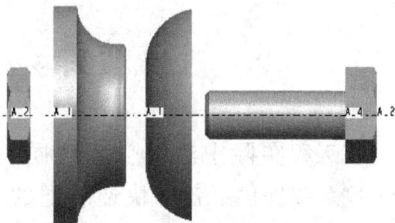

图 11.39 调整元件位置后的分解视图

作的分解视图,这时可以使用"视图管理器"来创建和编辑分解视图。操作步骤如下。

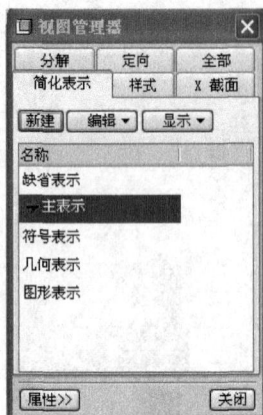

图 11.40 "视图管理器"对话框

① 选择"视图"→"视图管理器"命令或单击视图管理器图标,打开"视图管理器"对话框,如图 11.40 所示。

② 在"视图管理器"对话框中单击"分解"标签,进入"分解"选项卡。单击"新建"按钮,输入视图的名称,如图 11.41 所示。

③ 单击"属性"按钮,"视图管理器"对话框切换到如图 11.42 所示状态。

④ 单击编辑分解位置按钮,弹出如图 11.37 所示的"分解位置"对话框,这时可以对视图中各元件的位置进行编辑。

⑤ 编辑完成后单击按钮 << ... 回到如图 11.41 所示的对话框状态。可以重复步骤②~⑥操作创建另一分解视图。

⑥ 所有分解视图编辑完成后回到"分解"选项卡,单击"编辑"按钮,在弹出的下拉菜单中有"保存"、"切换分解状态"等选项,可以对选定的分解视图进行"保存"、"切换分解状态"、"移除"等操作,如图 11.43 所示。

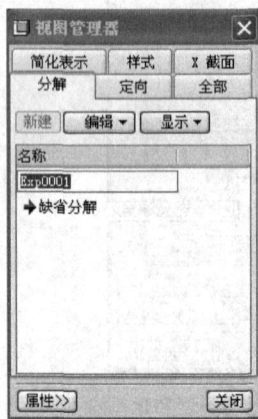

图 11.41 "分解"选项卡

图 11.42 切换到分解视图编辑状态

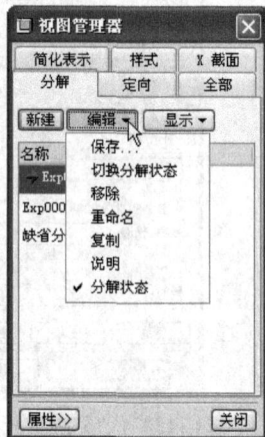

图 11.43 分解视图的编辑操作

11.4 元件的快速装配

在工程实际中经常会碰到同一元件的多次重复装配问题。为了提高装配效率,Pro/E 系统提供了各种快速装配的方法,其中常用的方法有"重复"、"元件操作"和"阵列"等。

【实例11.3】 "重复"装配

重复装配步骤如下。

① 进入 Pro/E 程序界面后,选择"文件"→"设置工作目录"命令,如图 11.11 所示。在弹出的"选取工作目录"对话框中选取预先建立好的工作目录(也就是文件管理器中的文件夹,用于放置组件的有关文件),如本例中的"sx12_4\快速装配\重复"。

② 打开组合体文件 sx12_4_1.asm,结果如图 11.44 所示。它由底板 1、支架 2 和螺钉 3 组成。螺钉 3 应有 4 个,现已装配了一个螺钉,另外 3 个用"重复"命令来完成。

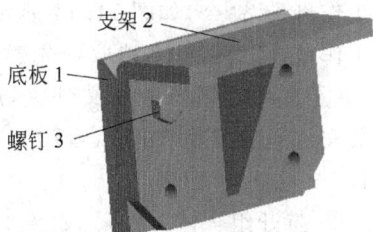

③ 通过目录树或在图形区域选取螺钉 3。

④ 选择"编辑"→"重复"命令,打开"重复元件"对话框,如图 11.45 所示。从"重复元件"对话框的"可变组件参照"选项组中可以看出,螺钉 3(sx12_4_1_3)的约束包括"对齐"和"匹配"。剩余 3 个未装配螺钉装配时的约束也是"对齐"和"匹配"。"对齐"约束的元件参照同样是螺钉的轴线,组件参照是不同的螺钉孔轴线;"匹配"约束的元件参照同样是螺钉头的一个平面,组件参照同样是支架的一个平面。所以,4 个螺钉的"匹配"约束情况一样,不须做任何的改变,只是"对齐"约束分配不同的螺钉孔轴线。

⑤ 在"可变组件参照"选项组中选择"对齐"约束项,单击"添加"按钮,依次选取底板剩余的 3 个螺钉孔的轴线,所选轴线参照出现在"重复元件"对话框的"放置元件"选项组的列表框中,如图 11.46 所示。

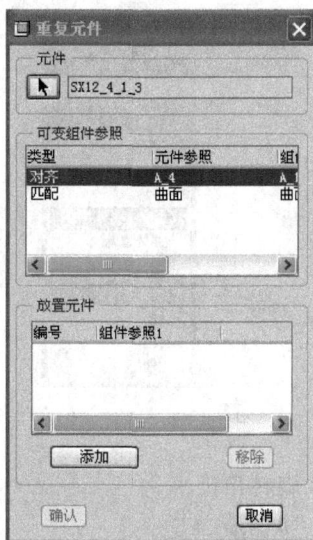

图 11.44 打开的组合体

图 11.45 "重复元件"对话框

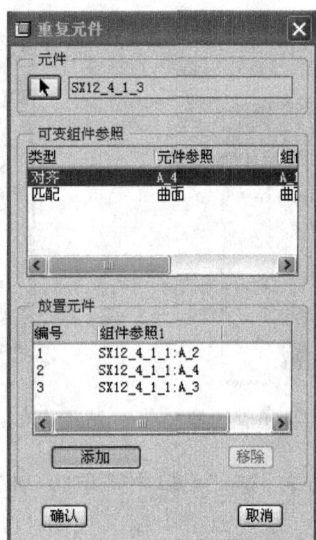

图 11.46 "放置元件"列表框中显示所选参照

⑥ 单击"确定"按钮,便完成剩余 3 个螺钉的装配,结果如图 11.47 所示。

【实例 11.4】 "元件操作"装配。

元件操作装配步骤如下。

① 进入 Pro/E 程序界面后,选择"文件"→"设置工作目录"命令,如图 11.11 所示。在弹出的"选取工作目录"对话框中选取预先建立好的工作目录(也就是文件管理器中的文件夹,用于放置组件的有关文件),如本例中的"\sx12_4\快速装配\元件操作"。

图 11.47　利用"重复"命令完成剩余 3 个螺钉的装配

② 打开组合体文件 sx12_4_2.asm,结果如图 11.48 所示。它由盖板和螺钉组成。螺钉应有 8 个,现已装配了 1 个螺钉,另外 7 个螺钉用"元件操作"命令来完成。

③ 选择"编辑"→"元件操作"命令,打开如图 11.49 所示的菜单管理器。

④ 在菜单管理器的"元件"菜单选项中选取"复制"选项,此时在菜单管理器中出现"得到坐标系"菜单,如图 11.50 所示。

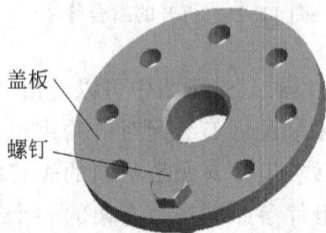

盖板
螺钉

图 11.48　打开的组合体

⑤ 在组件中选取一个坐标系"ASM_DEF_CSYS_F4",选取要复制的元件螺钉 2,单击鼠标中键或单击"确定"按钮,结束对要复制元件的选取。

⑥ 此时,菜单管理器变为图 11.51 所示状态,选择"旋转"选项。

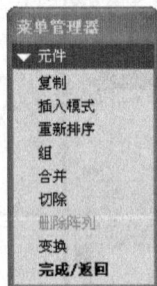

图 11.49　菜单管理器

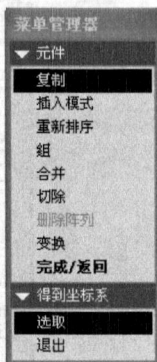

图 11.50　"得到坐标系"菜单

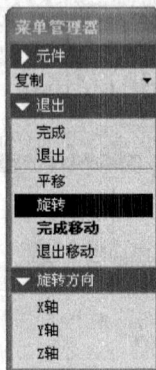

图 11.51　选择"旋转"选项

⑦ 在"旋转方向"菜单中选取"Y 轴",信息栏要求输入旋转角度。

⑧ 在信息输入窗口中输入如图 11.52 所示角度,单击按钮☑确定。

⑨ 在菜单管理器中,选取"完成移动"选项,信息栏要求输入沿这个复合方向的实例数目。

⑩ 在信息输入窗口中输入如图 11.53 所示数目,单击按钮☑确定。

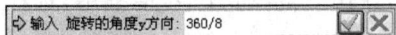

⇨ 输入 旋转的角度y方向: 360/8 ☑✕	⇨ 输入沿这个复合方向的实例数目: 8 ☑✕
图 11.52 输入绕 Y 轴的旋转角度	图 11.53 输入要复制的实例数目

⑪ 在菜单管理器中选择"完成"选项,得到的结果如图 11.54 所示。

利用"元件操作"命令复制元件,还可以实现类似"阵列"的旋转、平移以及旋转和平移的复合操作。图 11.55 中,螺钉既做了绕 Y 轴"旋转"的运动,也做了沿 Y 轴"平移"的运动。

图 11.54 旋转复制元件得到的结果	图 11.55 螺钉做"旋转"和"平移"的复合操作

【实例 11.5】 阵列装配。

(1) 装入第一个元件

新建一组件文件,并以缺省约束方式装入第一个元件。

① 进入 Pro/E 程序界面后,选择"文件"→"设置工作目录"命令,如图 11.11 所示。在弹出的"选取工作目录"对话框中选取预先建立好的工作目录(也就是文件管理器中的文件夹,用于放置组件的有关文件),如本例中的"sx12_4\快速装配\阵列"。

② 单击创建新对象图标□,建立一个名为 sx12_4_3 的组件文件,模板采用公制单位 mmns_asm_design。

③ 单击工具栏中的将元件添加到组件图标⬚,在出现的"打开"对话框中,选择文件 SX12_4_3_1.PRT,然后单击"打开"按钮。

④ 在出现的元件放置操控面板中,从约束类型下拉列表框中选取"缺省"选项,单击按钮☑,完成第一个元件的装配,结果如图 11.56 所示。

图 11.56 装入第一个元件

（2）装入第二个元件

① 单击工具栏中的将元件添加到组件图标，在出现的"打开"对话框中，选择文件 SX12_4_3_2. PRT，然后单击"打开"按钮。

② 在出现的元件放置操控面板中，从约束类型下拉列表框中选择"对齐"选项，选取元件 2 的 RIGHT 基准面和组件的 ASM_RIGHT 基准面对齐，偏移类型设为██（重合），对齐参照的选取如图 11.57 所示。

元件2的基准平面 RIGHT 和组合体基准平面 ASM_RIGHT 对齐

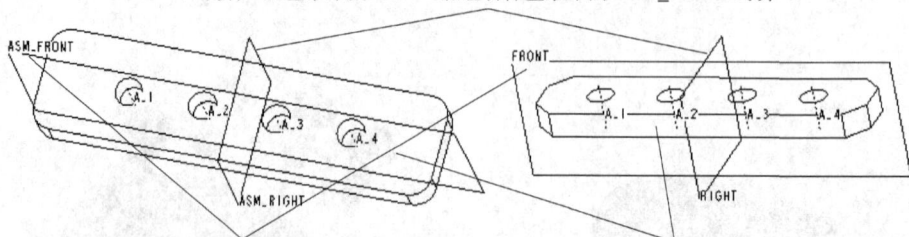

元件2的基准平面 FRONT 和组合体基准平面 ASM_FRONT 对齐　元件2的底面和元件1的顶面匹配

图 11.57　匹配和对齐参照的选取 1

③ 单击"放置"按钮打开放置上滑面板，单击"新建约束"。选择约束类型为"对齐"，选取元件 2 的 FRONT 基准面和组件的 ASM_FRONT 基准面对齐，偏移类型设为██（重合），对齐参照的选取如图 11.57 所示。

④ 单击"新建约束"。选择约束类型为"匹配"，选取元件 2 的底面和元件 1 的顶面匹配，偏移类型设为██（重合）。匹配参照的选取如图 11.57 所示。

⑤ 单击按钮☑，完成第二个元件的装配，结果如图 11.58 所示。

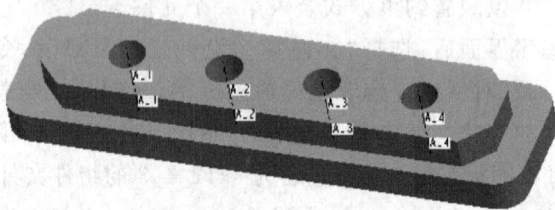

图 11.58　完成第二个元件的装配

（3）装入第三个元件

① 单击工具栏中的将元件添加到组件图标，在出现的"打开"对话框中，选择文件 SX12_4_3_3. PRT，然后单击"打开"按钮。

② 在出现的元件放置操控面板中，从约束类型下拉列表框中选取"匹配"选项，选取元件 3 螺钉的一端面和元件 2 的顶面匹配，偏移类型设为██（重合），对齐参照的选取如图 11.59 所示。

③ 单击"放置"按钮打开放置上滑面板，单击"新建约束"。选择约束类型为"对齐"，选取元件 3 螺钉的轴线 A_4 和元件 2 的孔轴线 A_1 对齐，对齐参照的选取如图 11.59 所示。

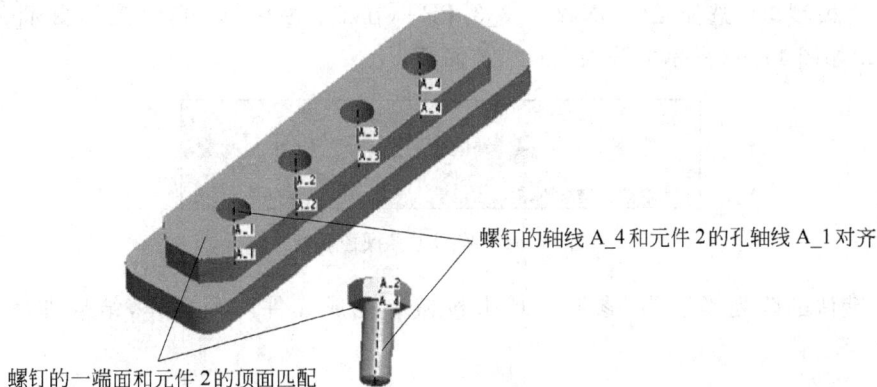

图 11.59 匹配和对齐参照的选取 2

④ 单击按钮☑,完成第三个元件螺钉的装配,结果如图 11.60 所示。

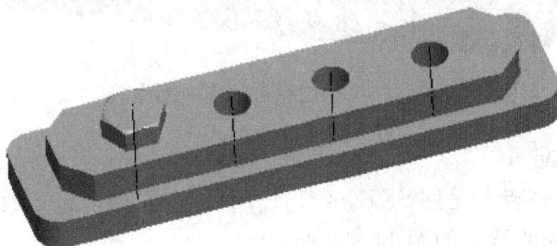

图 11.60 完成第三个螺钉的装配

(4) 装入三个螺钉

通过元件"阵列"为剩余三个螺钉孔装入三个螺钉。

① 单击模型树上方的"设置"按钮,选取"树过滤器"选项,打开"模型树项目"对话框,选中"特征"复选框,使模型树中显示特征项目,如图 11.61 所示。

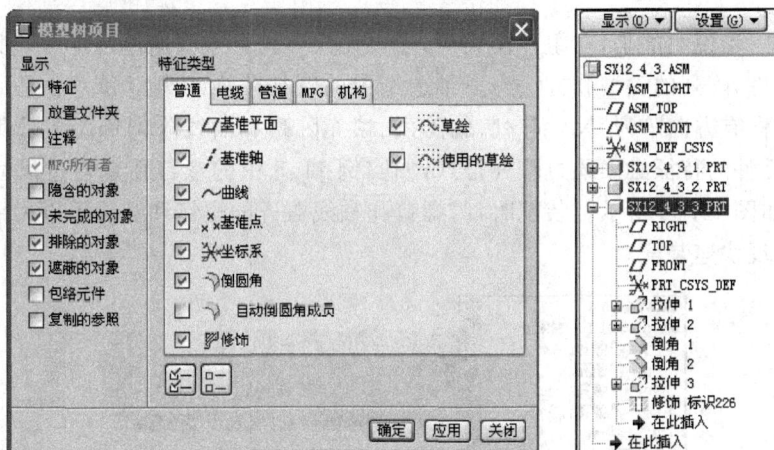

图 11.61 选中"特征"复选框以显示特征项目

② 在模型树中选择元件 SX12_4_3_3. PRT,在工具栏中单击阵列工具图标⊞,在信息区出现如图 11.62 所示的阵列工具操控面板。

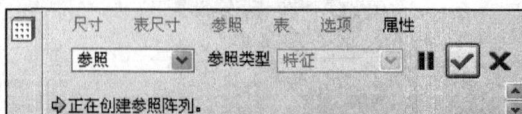

图 11.62　阵列工具操控面板

③ 默认的阵列类型为"参照",单击按钮☑完成元件阵列操作,结果如图 11.63所示。

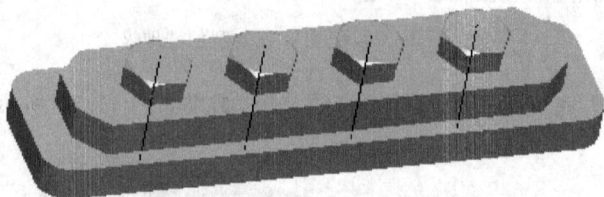

图 11.63　完成螺钉的阵列操作图

(5) 完成螺母装配

按上述同样的方法装入元件 SX12_4_3_4. PRT,并对该元件进行元件阵列操作,完成螺母的装配,最后得到的结果如图 11.64 所示。

图 11.64　完成螺母的装配

需要进一步说明的是,在组件模式下,通过元件阵列可以快速地装配一些具有某种装配规律的元件,阵列的类型和方法与三维造型中的特征阵列的类型和方法是一样的。阵列的类型同样有方向阵列、尺寸阵列、轴阵列、填充阵列和曲线阵列等。在采用"参照"阵列时,参照元件的特征必须通过阵列得到,如实例 11.5 中的螺钉孔是通过尺寸阵列的方式得到的,如图 11.65 所示。装配时,与螺钉孔轴线对齐的螺钉和螺母可以采用"参照"阵列的方式实现快速装配。

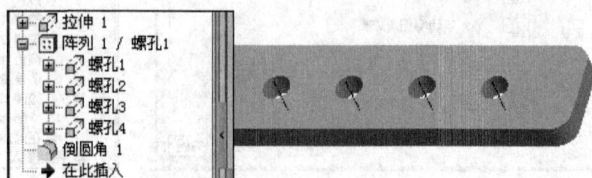

图 11.65　通过阵列方式得到螺钉孔特征

11.5　装配环境中的零件操作

在装配环境中,可以进行新元件的创建、元件特征的创建、两元件间的布尔运算以及"合并与继承"等操作。

1．新元件的创建

以创建新元件的方式创建一个新零件,创建的方法有以下四种。

① "复制现有":选取已有零件作为源零件,通过复制源零件的方式建立一个新的零件。新零件将脱离与源零件的关系。

② "定位缺省基准":创建一个带默认参照(基准面、基准坐标系)的零件,便于定位欲建立的特征。

③ "空":创建一个不带任何初始特征的零件加入到组件中,通过激活或打开该零件的方式添加特征。

④ "创建特征":要求创建零件的第一个特征。

2．元件特征的创建

可以打开元件,在新的 Pro/E 窗口对零件创建新的特征;也可以在装配窗口中激活元件,对激活的元件创建新的特征。

3．两元件间的布尔运算

在组件模式下,可以利用两元件间的布尔运算,产生新的零件模型。布尔运算主要包括以下三种。

① "合并":两零件按在组件中的相对位置合并为一个零件。

② "切除":用一个零件切除另一个零件,得到一个新的零件。

③ "相交":保留两个零件的相交部分,得到一个新零件。

4．"合并与继承"

在组件模式下,当其中一个零件处于激活状态时,执行"插入"→"共享数据"→"合并/继承"命令,可以将参照零件的材料添加到该零件(目标零件)中,或从目标零件中减去参照零件的材料。如创建继承特征,它可以通过更改参照零件的可变项目,产生参照零件的变体,再作用于目标零件。参照零件还可以是外部零件,即可以不在该装配体中,通过装配约束的方式定义参照零件和目标零件的相对位置,再作用于目标零件。

【**实例 11.6**】　**创建新元件**。

创建新元件的步骤如下。

(1)装入第一个元件

新建一组件文件,并以缺省约束方式装入第一个元件。

① 进入 Pro/E 程序界面后,选择"文件"→"设置工作目录"命令,如图 11.11 所示。在弹出的"选取工作目录"对话框中选取预先建立好的工作目录(也就是文件管理器中的文件夹,用于放置组件的有关文件),如本例中的"SX12_5\新元件的创建"。

② 单击创建新对象图标▢，建立一个名为 sx12_5_1 的组件文件，模板采用公制单位 mmns_asm_design。

③ 单击工具栏中的将元件添加到组件图标▢，在出现的"打开"对话框中选择文件 SX12_5_1_1.PRT，然后单击"打开"按钮。

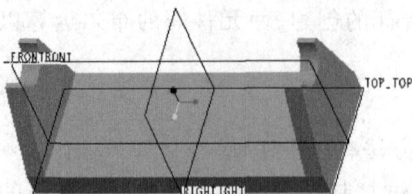

图 11.66　以缺省约束方式装入第一个元件

④ 在出现的元件放置操控面板中，从约束类型下拉列表框中选取"缺省"选项，单击按钮 ☑，完成第一个元件的装配，结果如图 11.66 所示。

（2）在模型树中显示特征和约束集

① 在模型树的上方，单击"设置"按钮，从出现的下拉菜单中选择"树过滤器"选项，弹出"模型树项目"对话框。

② 勾选"特征"和"放置文件夹"复选框，单击"应用"按钮，此时"模型树项目"对话框如图 11.17 所示。

③ 单击"关闭"按钮。此时，在装配模型树中便显示组件的基准平面、基准坐标系等基准特征，显示所装配元件的所有特征以及装配元件时所使用的约束集，如图 11.67 所示。

（3）在组件模式下创建新元件

① 在工具栏中单击在组件模式下创建元件图标▢，打开"元件创建"对话框。在"类型"选项组中选中"零件"单选按钮，在"子类型"选项组中选中"实体"单选按钮，并输入零件名称为"SX12_5_1_2"，如图 11.68 所示。

② 在"元件创建"对话框中单击"确定"按钮，弹出"创建选项"对话框。在"创建方法"选项组中选中"定位缺省基准"单选按钮，在"定位基准的方法"选项组中选中"三平面"单选按钮，如图 11.69 所示。

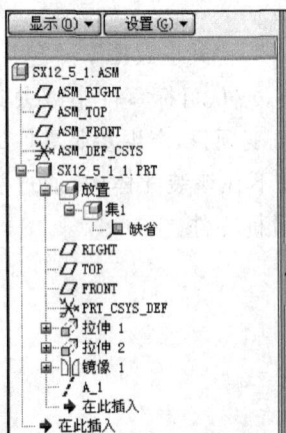

图 11.67　在模型树中显示特征和约束集

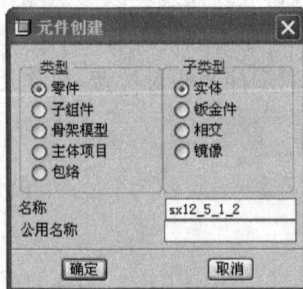

图 11.68　"元件创建"对话框

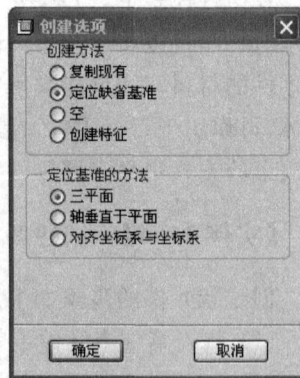

图 11.69　"创建选项"对话框

③ 在"创建选项"对话框中单击"确定"按钮,此时系统出现"选取将同时用作草绘平面的第一平面。"的提示信息,在模型中选择 ASM_RIGHT 基准平面或在模型树中选取 ASM_RIGHT 基准平面;接着系统出现"选取水平平面(当草绘时将作为'顶部'参照)。"的提示信息,在模型中选择 ASM_TOP 基准平面或在模型树中选取 ASM_TOP 基准平面;接着系统出现"选取用于放置的竖直平面。"的提示信息,在模型中选择 ASM_RIGHT 基准平面或在模型树中选取 ASM_RIGHT 基准平面。这样,在新零件中便建立了 DTM1、DTM2 和 DTM3 三个基准平面,同时在装配模型树中,零件 SX12_5_1_2.PRT 节点处出现一个激活标识,如图 11.70 所示。

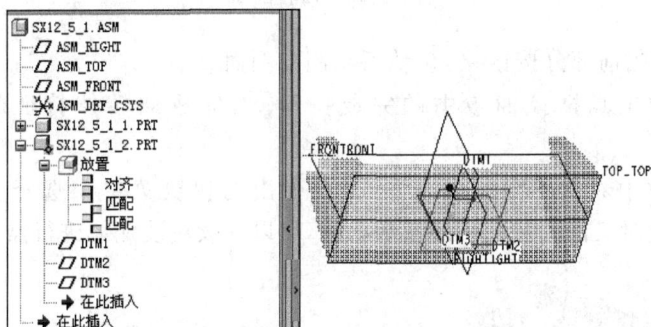

图 11.70 三平面法定位缺省基准

④ 在工具栏中单击旋转工具图标⊕,打开如图 11.71 所示的旋转工具操控面板。

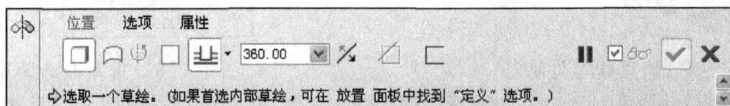

图 11.71 旋转工具操控面板

⑤ 在旋转工具操控面板上单击"位置"标签,打开位置上滑面板,接着单击"定义"按钮,弹出"草绘"对话框。

⑥ 选取 DTM3 基准平面作为草绘平面,DTM1 基准平面作为向右方向参照,单击"反向"按钮,使视角方向向里,如图 11.72 所示。

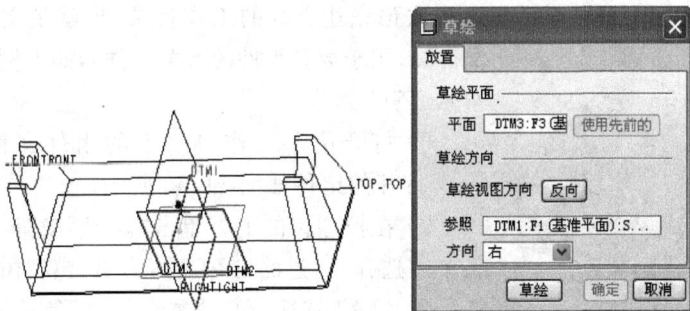

图 11.72 定义草绘平面及方向参照

⑦ 在"草绘"对话框中单击"草绘"按钮,进入草绘模式,绘制如图 11.73 所示的剖面。

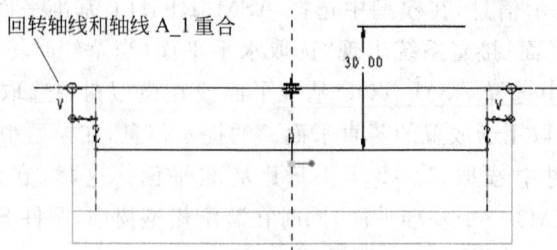

图 11.73　回转剖面

⑧ 单击继续当前部分按钮 ✔,确认所绘制的剖面。

⑨ 单击旋转工具操控面板中的完成按钮 ✔,完成回转体特征的建立,结果如图 11.74 所示。

⑩ 在模型树中右击 SX12_5_1.asm,在弹出的快捷菜单中选择"激活"命令,如图 11.75 所示,这时又回到装配体的激活状态,可以继续对装配体进行操作。

图 11.74　建立新零件特征

图 11.75　重新激活装配体

【实例 11.7】　组件中的布尔运算(合并、切除和相交)。

布尔运算步骤如下。

(1) 显示特征和装配约束集

打开一组件文件,并设置在模型树中显示特征和装配约束集。

① 进入 Pro/E 程序界面后,选择"文件"→"设置工作目录"命令,如图 11.11 所示。在弹出的"选取工作目录"对话框中选取预先建立好的工作目录(也就是文件管理器中的文件夹,用于放置组件的有关文件),如本例中的"SX12_5\布尔运算"。

图 11.76　由一方块和一葫芦状零件组成的组件

② 打开位于工作目录下的组件文件 SX12_5_2.asm,打开的组件如图 11.76 所示。

③ 在模型树的上方单击"设置"按钮,从出现的下拉菜单中选择"树过滤器"选项,弹出"模型树项目"对话框。

④ 勾选"特征"和"放置文件夹"复选框,单击"应用"按钮,此时"模型树项目"对话框如图 11.17 所示。

⑤ 单击"关闭"按钮。此时,在装配模型树中便显示

组件的基准平面、基准坐标系等基准特征,显示所装配元件的所有特征以及装配元件时所使用的约束集,如图 11.77 所示。

(2) 创建合并特征

① 选择"编辑"→"元件操作"命令,弹出一个菜单管理器对话框,如图 11.78 所示。

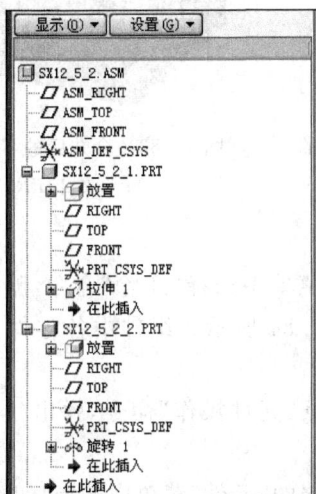

图 11.77 模型树中显示元件特征和装配约束集   图 11.78 元件操作菜单管理器

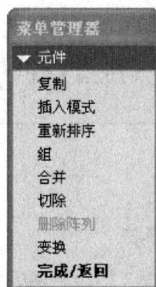

② 在菜单管理器的"元件"菜单中选择"合并"选项。

③ 此时,系统提示"选取要对其执行合并处理的零件",选择方块 SX12_5_2_1. PRT 为目标零件,单击鼠标中键完成选取,如图 11.79 所示。

④ 系统又提示"为合并处理选取参照零件",选择葫芦状零件 SX12_5_2_2. PRT 为参照零件,单击鼠标中键完成选取,如图 11.80 所示。

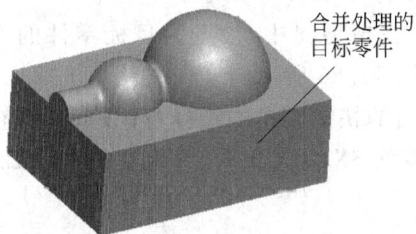

图 11.79 选取目标零件   图 11.80 选取参照零件

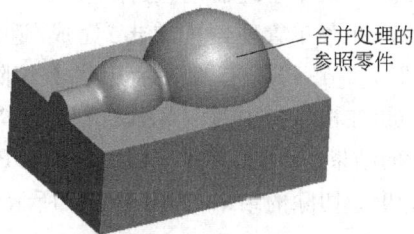

⑤ 在菜单管理器中,选择"参考"→"无基准"→"完成"选项,如图 11.81 所示。

⑥ 在菜单管理器中选择"完成/返回"选项。在模型树中,被选为目标零件的方块 SX12_5_2_1. PRT 有激活标识,并有合并特征,如图 11.82 所示。

⑦ 在模型树中右击 SX12_5_2_1. PRT,在弹出的快捷菜单中选择"打开"命令,查看合并的结果。这时,零件 SX12_5_2_1. PRT 是原零件 SX12_5_2_1. PRT 和零件 SX12_5_2_2. PRT 合并的结果,如图 11.83 所示。

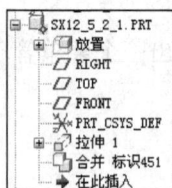

图 11.81 "合并"选项　　图 11.82 模型树中显示的　　图 11.83 合并后的零件 SX12_
　　　　　　　　　　　　　　　　合并特征　　　　　　　　　　　　　5_2_1.PRT

(3) 创建切除特征

① 在模型树中右击合并特征,在弹出的快捷菜单中选择"删除"命令,删除刚才建立的合并特征,如图 11.84 所示。组件中各零件又恢复到最初的状态。

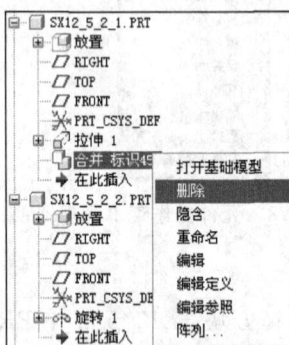

图 11.84 删除合并特征

② 选择"编辑"→"元件操作"命令,弹出一个菜单管理器,如图 11.77 所示。

③ 在菜单管理器的"元件"菜单中选择"切除"选项。

④ 此时,系统提示"选取要对其执行切出处理的零件",选择方块 SX12_5_2_1.PRT 为目标零件,单击鼠标中键完成选取。

⑤ 系统又提示"为切出处理选取参照零件",选择葫芦状零件 SX12_5_2_2.PRT 为目标零件,单击鼠标中键完成选取。

⑥ 在菜单管理器中,选择"参考"→"完成"选项,如图 11.85 所示。

⑦ 在菜单管理器中单击"完成/返回"选项。在模型树中,被选为目标零件的方块 SX12_5_2_1.PRT 有激活标识,并有切除特征,如图 11.86 所示。

⑧ 在模型树中右击 SX12_5_2_1.PRT,在弹出的快捷菜单中选择"打开"命令,查看切除的结果。此时,零件 SX12_5_2_1.PRT 是原零件 SX12_5_2_1.PRT 被零件 SX12_5_2_2.PRT 切除的结果,如图 11.87 所示。

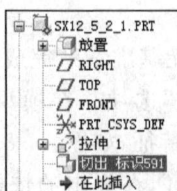

图 11.85 "切除"选项　　图 11.86 模型树中显示的　　图 11.87 切除后的零件 SX12_
　　　　　　　　　　　　　　　　切除特征　　　　　　　　　　　　　5_2_1.PRT

(4) 创建相交零件

① 在模型树中右击切除特征,在弹出的快捷菜单中选择"删除"命令,删除刚才建立的切除特征,如图 11.88 所示。组件中各零件又恢复到最初的状态。

② 在工具栏中单击在组件模式下创建元件图标 ,打开"元件创建"对话框。

③ 在"类型"选项组中选中"零件"单选按钮,在"子类型"选项组中选中"相交"单选按钮,并输入名称"SX12_5_2_3",如图 11.89 所示。

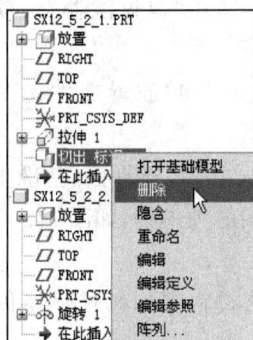

图 11.88 删除切除特征   图 11.89 "元件创建"对话框

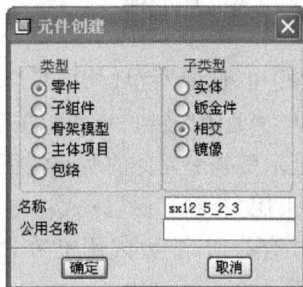

在"元件创建"对话框中单击"确定"按钮,系统提示"选取第一个零件",选择方块 SX12_5_2_1.PRT 为第一个零件。

④ 接着系统提示"选取零件求交",选择葫芦状零件 SX12_5_2_2.PRT 为求交零件,单击鼠标中键完成选取。这时,得到由零件 SX12_5_2_1.PRT 和零件 SX12_5_2_2.PRT 相交部分形成的新零件 SX12_5_2_3.PRT。隐藏零件 SX12_5_2_1.PRT 和零件 SX12_5_2_2.PRT,得到的结果如图 11.90 所示。

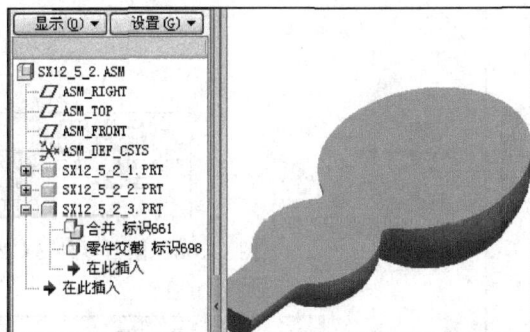

图 11.90 创建相交零件

【实例 11.8】 合并与继承。

合并与继承操作步骤如下。

(1) 显示特征和装配约束集

打开一组件文件,并设置在模型树中显示特征和装配约束集。

① 进入 Pro/E 程序界面后,选择"文件"→"设置工作目录"命令,如图 11.11 所示。在弹出的"选取工作目录"对话框中选取预先建立好的工作目录(也就是文件管理器中的文件夹,用于放置组件的有关文件),如本例中的"SX12_5\合并与继承"。

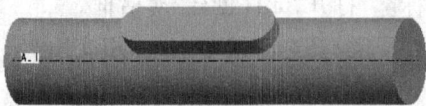

图 11.91　由一圆柱体零件和一键零件
　　　　　组成的组合件

② 打开位于工作目录下的组件文件 SX12_5_3.asm,打开的组件如图 11.91 所示。

③ 在模型树的上方,单击"设置"按钮,从出现的下拉菜单中选择"树过滤器"选项,弹出"模型树项目"对话框。

④ 勾选"特征"和"放置文件夹"复选框,单击"应用"按钮,此时"模型树项目"对话框如图 11.17 所示。

⑤ 单击"关闭"按钮。此时,在装配模型树中便显示组件的基准平面、基准坐标系等基准特征,显示所装配元件的所有特征以及装配元件时所使用的约束集,如图 11.92 所示。

(2) 采用"合并切除"方式切除圆柱体零件

采用"合并切除"方式用键零件 SX12_5_3_2.PRT 的材料切除圆柱体零件 SX12_5_3_1.PRT。

① 在模型树中右击零件 SX12_5_3_1.PRT,在弹出的快捷菜单中选择"激活"命令,如图 11.93 所示。

② 选择"插入"→"共享数据"→"合并/继承"命令,打开合并/继承操控面板。

③ 选择零件 SX12_5_3_2.PRT 为参照零件,在操控面板中单击下移除材料按钮⟋,如图 11.94 所示。

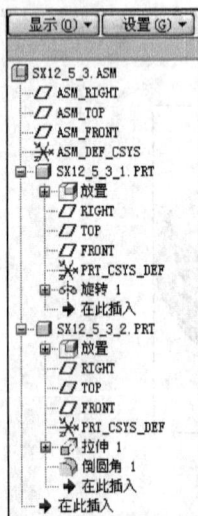

图 11.92　模型树中显示元件
　　　　　特征和装配约束集

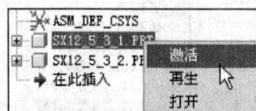

图 11.93　激活零件 SX12_5_3_1.PRT

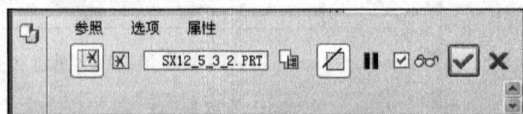

图 11.94　单击移除材料按钮

④ 单击操控面板中的完成按钮✔,完成"合并切除"特征的建立。

⑤ 在模型树中右击 SX12_5_3_1.PRT,在弹出的快捷菜单中选择"打开"命令,查看

切除的结果。此时,零件 SX12_5_3_1.PRT 是原零件 SX12_5_3_1.PRT 被零件 SX12_5_3_2.PRT 切除的结果,如图 11.95 所示。

(3)采用"继承切除"方式切除圆柱零件

采用"继承切除"方式用键零件 SX12_5_3_2.PRT 的材料切除圆柱体零件 SX12_5_3_1.PRT。

① 单击下拉菜单"窗口",选取 SX12_5_3.ASM 为活动窗口。

② 在模型树右击切出特征,在弹出的快捷菜单中选取"编辑定义"命令,如图 11.96 所示。

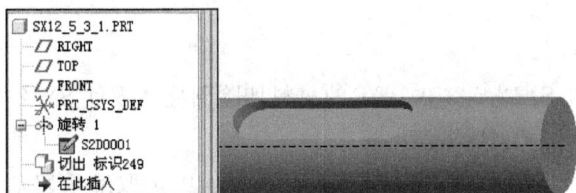

图 11.95 使用"合并切除"方式在圆柱面上切出键槽

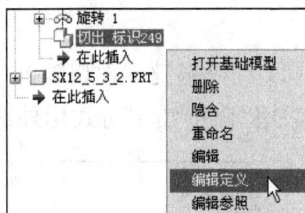

图 11.96 编辑定义合并切除特征

③ 系统再出现合并/继承操控面板,可以对上面建立的合并/切除特征进行重新定义。单击切换继承按钮,如图 11.97 所示。

④ 单击"选项"标签,打开选项上滑面板,单击"可变项目"按钮,如图 11.98 所示。

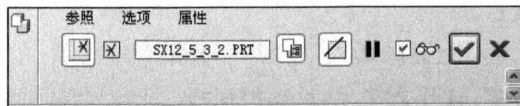

图 11.97 单击切换继承按钮

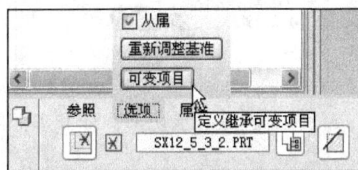

图 11.98 单击"可变项目"按钮

⑤ 系统弹出"可变项目"对话框和参照零件 SX12_5_3_2.PRT 活动窗口。在"可变项目"对话框中单击"尺寸"标签→在参照窗口中选取键的拉伸特征,出现可更改尺寸,选长度尺寸为"40",在"可变项目"对话框的"新值"项中输入"60",如图 11.99 所示。

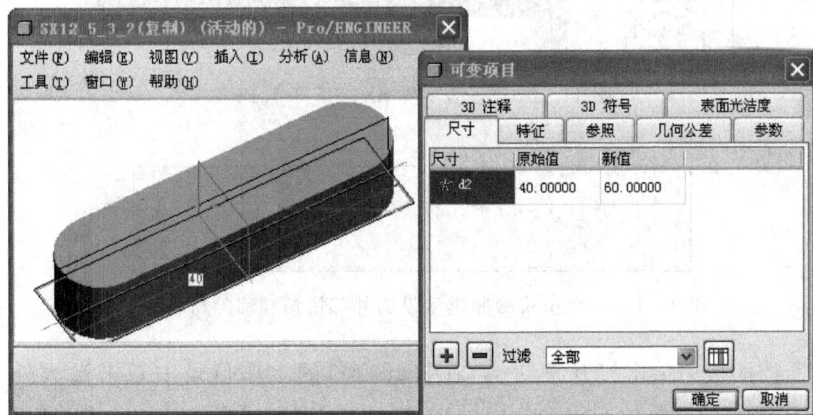

图 11.99 选择可变项目并输入新值

⑥ 在"可变项目"对话框中单击"确定"按钮，完成把"合并切除"改为"继承切除"的操作，如图 11.100 所示。"继承"的特点就是可以给"参照零件"的可变项目赋予新值，作用于目标零件中。

图 11.100　通过"继承切除"方式改变了键槽的长度

（4）用外部键零件切除圆柱体零件

采用"合并切除"方式用外部键零件 SX12_5_3_2.PRT 的材料切除圆柱体零件 SX12_5_3_1.PRT。

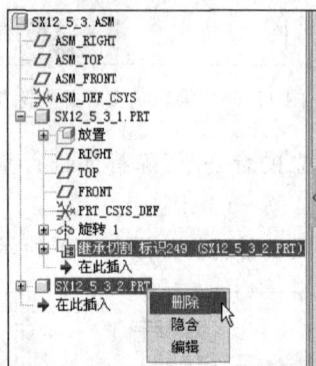

图 11.101　删除继承切割特征和参照零件

① 按住 Ctrl 键，在模型树中选取继承切割特征和键零件 SX12_5_3_2.PRT。右击选中项目，系统弹出快捷菜单，选择"删除"命令，如图 11.101 所示。组件中只剩下一个圆柱体零件 SX12_5_3_1.PRT。

② 在模型树中右击零件 SX12_5_3_1.PRT，在弹出的快捷菜单中选择"激活"命令，如图 11.102 所示。

③ 选择"插入"→"共享数据"→"合并/继承"命令，打开合并/继承操控面板。

④ 在合并/继承操控面板中单击将参照类型设为外部按钮，单击移除材料按钮，如图 11.103 所示。

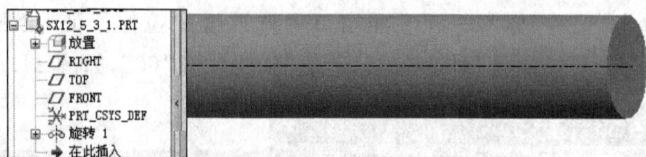

图 11.102　激活零件 SX12_5_3_1.PRT

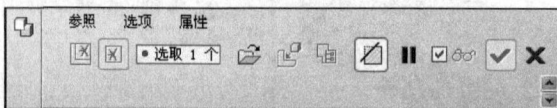

图 11.103　单击将参照类型设为外部按钮和移除材料按钮

⑤ 在操控面板中单击打开按钮，在打开窗口的工作目录中双击键零件 SX12_5_3_2.PRT，系统出现键零件 SX12_5_3_2.PRT 的独立窗口和"外部切除"对话框。

⑥ 在"外部切除"对话框中单击"放置"标签,在键零件 SX12_5_3_2.PRT 的独立窗口和组件 SX12_5_3.ASM 主窗口中分别选取各自对应的"放置约束"参照,使键零件 SX12_5_3_2.PRT 的基准面 RIGHT.DTM 和圆柱体零件 SX12_5_3_2.PRT 的基准面 RIGHT.DTM 对齐,使键零件 SX12_5_3_2.PRT 的基准面 FRONT.DTM 和圆柱体零件 SX12_5_3_2.PRT 的基准面 FRONT.DTM 对齐,使键零件 SX12_5_3_2.PRT 的基准面 TOP.DTM 和圆柱体零件 SX12_5_3_2.PRT 的基准面 TOP.DTM 对齐并偏移 6mm,如图 11.104 所示。

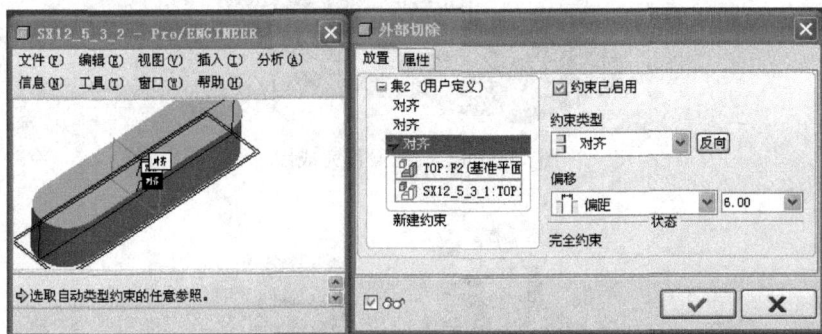

图 11.104 约束外部参照零件,确定参照相对位置

⑦ 单击"外部切除"对话框中完成按钮 ✔,单击操控面板中的完成按钮 ✔,完成利用外部参照零件合并切除特征的建立,结果如图 11.105 所示。所利用外部参照零件键零件 SX12_5_3_2.PRT 可不装入装配体中。

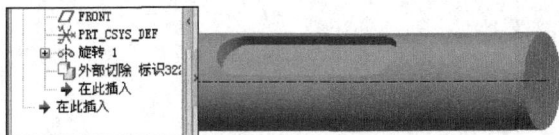

图 11.105 建立利用外部参照零件的"合并切除"特征

思考与练习

一、思考题

1. Pro/E 装配模块中,主要的约束类型有哪些? 每一种约束类型保留了哪些自由度,限制了哪些自由度?

2. 可以通过什么方法来平移或旋转欲添加到组件中的元件,便于选取元件参照,使元件放置操作更为方便快捷?

3. 制作分解视图的意义是什么?

4. 可采用哪些方法来提高零部件的装配效率?

5. 在装配环境中,可以进行哪些零件操作?

二、操作题

进入 Pro/E 程序界面后,单击菜单栏中的"文件",在下拉菜单中单击"设置工作目录",在弹出的"选取工作目录"对话框中选取工作目录"\SX12_6",用所提供的零件完成如图 11.106 所示的装配图,并制作如图 11.107 所示的分解视图。

图 11.106　装配操作完成图

图 11.107　装配操作分解视图

第 12 章

零件装配设计实训

知识目标

通过典型的实例练习,进一步掌握 Pro/E 装配模块中元件放置约束的方法,装配爆炸图的表达方法。了解通过"主控件"自顶而下的产品设计方法。

技能目标

通过典型实例的操作,进一步熟悉 Pro/E 装配模块中的元件移动、放置约束、装配爆炸图、使用视图管理器管理装配视图等操作方法。同时,通过一个典型实例,了解在装配体中通过"主控件"自顶而下的产品设计操作方法。

在装配第一个零件时,常用默认方式让零件的默认坐标系与系统创建的组件的默认坐标系对齐,完成第一个零件的装入。在装入其他零件时,可以借鉴实际零件装配的顺序和定位方法。

在装配设计中,主要有两种设计思路:自底而上装配和自顶而下装配。自底而上装配通常是将已经设计好的零件统一放在一个文件夹中,然后按一定的顺序和装配方式添加到装配体中,通过施加约束的方式来实现零件的定位。自顶而下的装配是指在装配过程中,利用各零件之间的装配关系和位置关系,以已有零件或特征来创建装配体中的其他零件,并完成零件的装配。12.1 节中的实例是一种自底而上的装配设计;12.2 节中"主控件"的产品设计方法,即自顶而下的装配设计方法。

12.1 零件装配与分解视图

进行零件装配和制作分解视图的步骤如下。

(1) 设置工作目录,创建组件文件

① 进入 Pro/E 程序界面后,选择"文件"→"设置工作目录"命令,如图 12.1 所示。在弹出的"选取工作目录"对话框中选取预先建立好的工作目录(也就是文件管理器中的文件夹,用于放置组件的有关文件),如本例中的 sx13_1/零件装配与分解视图。

② 单击工具栏中的创建新对象图标 □,或选择"文件"→"新建"命令,如图 12.2 所示。

③ 系统弹出"新建"对话框。在此对话框中选择类型为"组件",输入组件名称为"sx13_1",取消选中"使用缺省模板"复选框,单击"确定"按钮,系统弹出"新文件选项"对话框,如图 12.3 所示。

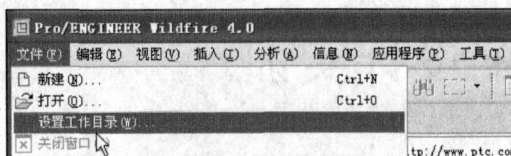

图 12.1　设置工作目录

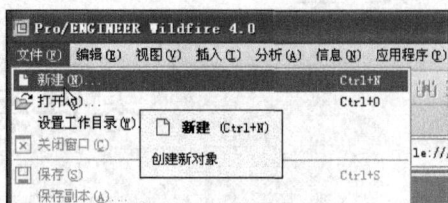

图 12.2　创建新对象

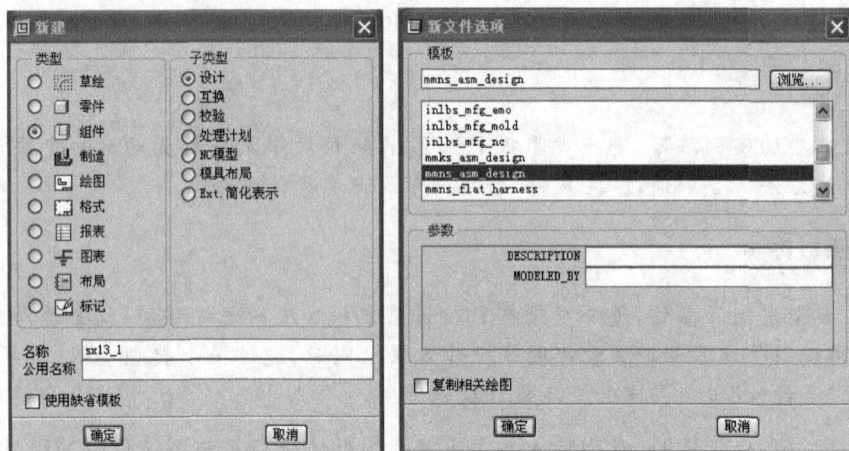

图 12.3　新建公制模板的组件文件

④ 在"新文件选项"对话框中选择"mmns_asm_design"公制模板,单击"确定"按钮进入组件环境,如图 12.4 所示。

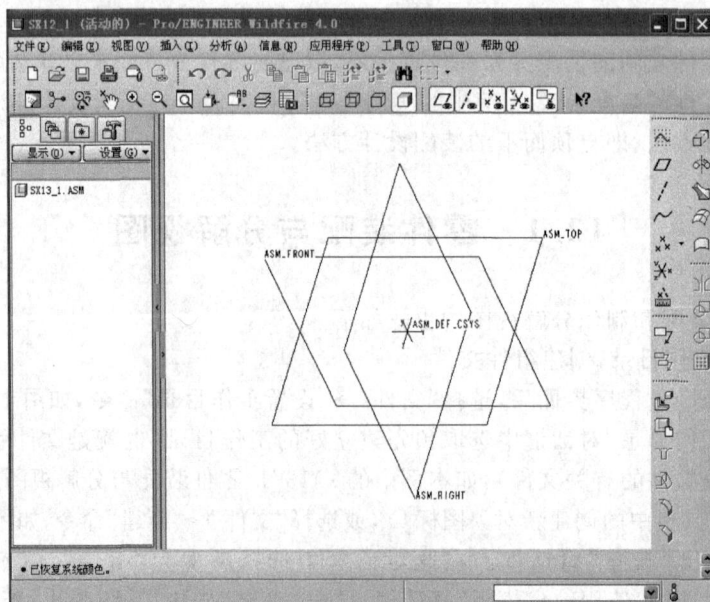

图 12.4　进入组件环境

系统会自动创建 3 个基准面 ASM_TOP、ASM_RIGHT 和 ASM_FRONT,以及一个坐标系。现在就可以在组件中添加新元件了。

(2)添加第一个零件——支架

① 单击工具栏中的将元件添加到组件图标🖳,在弹出的"打开"对话框的"组织"选项中单击"工作目录"文件夹,选择零件文件"SX13_1_1_BRACKET.PRT"(该零件文件已预先放置在工作目录中)。

② 单击"打开"对话框的"打开"按钮或双击选中的零件文件"SX13_1_1_BRACKET.PRT",欲添加的元件出现在图形区域,并出现元件控制操控面板。单击操控面板中的约束类型上滑面板收展按钮🔽,展开约束类型上滑面板。选择"缺省"选项,装配的结果如图 12.5 所示。

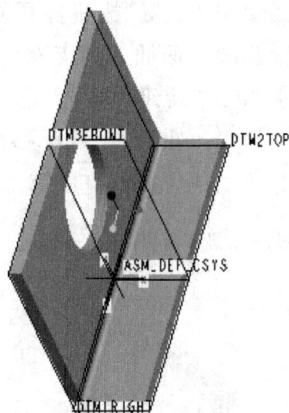

图 12.5 以缺省约束添加支架零件

③ 在模型树的上方,单击"设置"按钮,从出现的下拉菜单中选择"树过滤器"选项,弹出"模型树项目"对话框。勾选"特征"和"放置文件夹"复选框,单击"应用"按钮,此时"模型树项目"对话框如图 12.6 所示。单击"关闭"按钮。此时,在装配模型树中便显示组件的基准平面、基准坐标系等基准特征,显示所装配元件的所有特征以及装配元件时所使用的约束集,如图 12.7 所示。

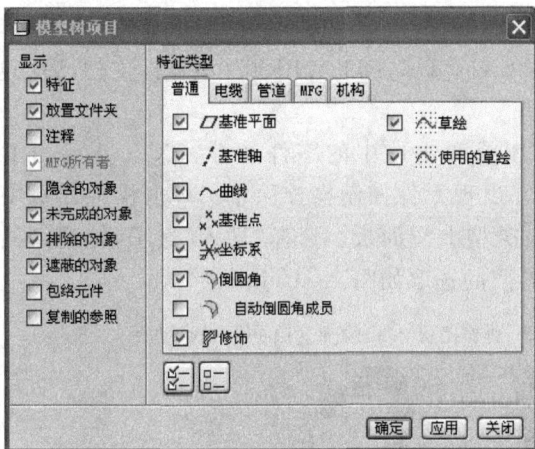

图 12.6 "模型树项目"对话框

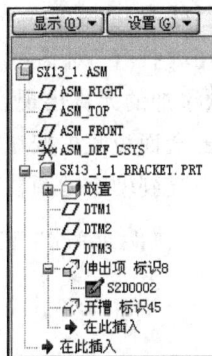

图 12.7 在模型树中显示特征和约束集

(3)添加第二个零件——轴套

① 单击工具栏中的将元件添加到组件图标🖳,在弹出的"打开"对话框的"组织"选项中单击"工作目录"文件夹,选择零件文件"SX13_1_2_BUSHING.PRT"(该零件文件已预先放置在工作目录中)。

② 单击"打开"对话框的"打开"按钮或双击选中的零件文件"SX13_1_2_BUSHING.PRT",欲添加的元件出现在图形区域,并出现元件控制操控面板。单击操控面板中的约束类型上滑面板收展按钮🔽,展开约束类型上滑面板。选择"匹配"选项,选取支架月

牙形孔平面和轴套平面匹配,偏移类型设为▮▮(重合)。匹配参照的选取如图12.8所示。

③ 单击"放置"按钮打开放置上滑面板。单击"新建约束",选择约束类型为"插入",选取轴套圆柱面插入到支架内孔面中。插入参照的选取如图12.8所示。

④ 单击"新建约束"。选择约束类型为"匹配",选取轴套端面和支架端面匹配,偏移类型设为▮▮(重合)。匹配参照的选取如图12.8所示。

⑤ 单击按钮✔,完成第二个零件轴套的装配,结果如图12.9所示。

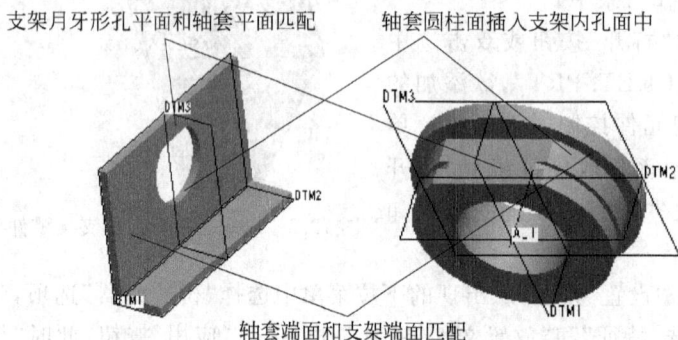

支架月牙形孔平面和轴套平面匹配　　　轴套圆柱面插入支架内孔面中

轴套端面和支架端面匹配

图12.8　约束参照的选取　　　　　　图12.9　完成第二个零件
　　　　　　　　　　　　　　　　　　　　　　轴套的装配

(4) 添加第三个零件——弹簧挡圈

① 单击工具栏中的将元件添加到组件图标🖭,在弹出的"打开"对话框的"组织"选项中选择"工作目录"文件夹,选择零件文件"SX13_1_3_RING.PRT"(该零件文件已预先放置在工作目录中)。

② 单击"打开"对话框的"打开"按钮或双击选中的零件文件"SX13_1_3_RING.PRT",欲添加的元件出现在图形区域,并出现元件控制操控面板。单击操控面板中的约束类型上滑面板收展按钮▾,展开约束类型上滑面板。选择"插入"选项,把弹簧挡圈的内孔曲面插到轴套的圆柱面上。插入参照的选取如图12.10所示。

弹簧挡圈的卡口平面与轴套平面对齐　弹簧挡圈一端面和轴套挡圈槽一侧面匹配

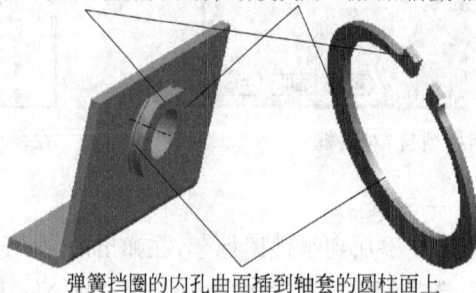

弹簧挡圈的内孔曲面插到轴套的圆柱面上

图12.10　插入参照的选取

③ 单击"放置"按钮打开放置上滑面板。单击"新建约束",选择约束类型为"对齐",选取弹簧挡圈的卡口平面与轴套平面对齐,注意把偏移类型设为定向▮▮。对齐参照的选

取如图 12.10 所示。

④ 单击"新建约束"。选择约束类型为"匹配",选取弹簧挡圈一端面和轴套挡圈槽一侧面匹配,偏移类型设为 ▯▮ (重合)。匹配参照的选取如图 12.10 所示。

⑤ 单击按钮 ☑,完成第三个零件弹簧挡圈的装配,结果如图 12.11 所示。

(5) 添加第四个零件——轴

① 单击工具栏中的将元件添加到组件图标 🔧,在弹出的"打开"对话框的"组织"选项中单击"工作目录"文件夹,选择零件文件"SX13_1_4_SHAFT.PRT"(该零件文件已预先放置在工作目录中)。

图 12.11   完成第三个零件弹簧挡圈的装配

② 单击"打开"对话框的"打开"按钮或双击选中的零件文件"SX13_1_4_SHAFT.PRT",欲添加的元件出现在图形区域,并出现元件控制操控面板。单击操控面板中的约束类型上滑面板收展按钮 ☑,展开约束类型上滑面板,选择"插入"选项,把轴外圆柱面插入轴套的圆柱面中。插入参照的选取如图 12.12 所示。

③ 单击"放置"按钮打开放置上滑面板。单击"新建约束",选择约束类型为"对齐",选取轴的右端面(与圆孔位置较近的一端)与支架一平面对齐,注意把偏移类型设为偏距 ▯▯,并输入偏距数值为"60"。对齐参照的选取如图 12.12 所示。

④ 勾选"允许假设"复选框,单击按钮 ☑,完成第四个零件轴的装配,结果如图 12.13 所示。

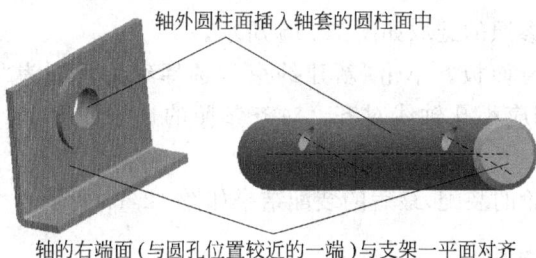
图 12.12   对齐参照的选取

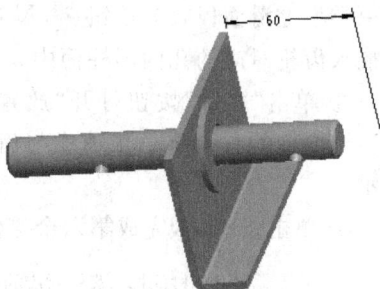
图 12.13   完成第四个零件轴的装配

(6) 添加第五个零件——曲柄

① 单击工具栏中的将元件添加到组件图标 🔧,在弹出的"打开"对话框的"组织"选项中选择"工作目录"文件夹,选择零件文件"SX13_1_5_CRANK.PRT"(该零件文件已预先放置在工作目录中)。

② 单击"打开"对话框的"打开"按钮或双击选中的零件文件"SX13_1_5_CRANK.PRT",欲添加的元件出现在图形区域,并出现元件控制操控面板。单击操控面板中的约束类型上滑面板收展按钮 ☑,展开约束类型上滑面板,选择"插入"选项,把轴外圆柱面插入曲柄对应的孔内圆柱面中。插入参照的选取如图 12.14 所示。

③ 单击"放置"按钮打开"放置"上滑面板。单击"新建约束",选择约束类型为"对齐",选取轴的右端面小孔轴线与曲柄相应小孔轴线对齐。对齐参照的选取如图12.14所示。

④ 单击按钮✅,完成第五个零件曲柄的装配,结果如图12.15所示。

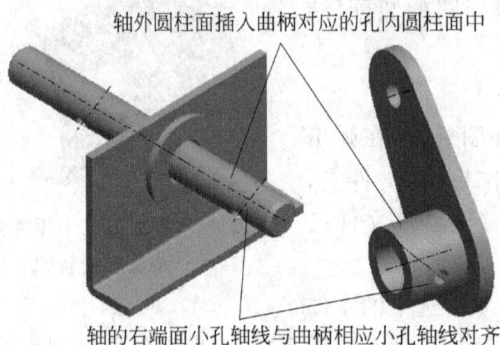

轴外圆柱面插入曲柄对应的孔内圆柱面中

轴的右端面小孔轴线与曲柄相应小孔轴线对齐

图 12.14　约束参照的选取   图 12.15　完成第五个零件曲柄的装配

(7) 添加第六个零件——齿轮

① 单击工具栏中的将元件添加到组件图标📷,在弹出的"打开"对话框的"组织"选项中单击"工作目录"文件夹,选择零件文件"SX13_1_6_GEAR.PRT"(该零件文件已预先放置在工作目录中)。

② 单击"打开"对话框的"打开"按钮或双击选中的零件文件"SX13_1_6_GEAR.PRT",欲添加的元件出现在图形区域,并出现元件控制操控面板。单击操控面板中的约束类型上滑面板收展按钮✅,展开约束类型上滑面板。选择"插入"选项,把轴外圆柱面插入齿轮对应的孔内圆柱面中。插入参照的选取如图12.16所示。

③ 单击"放置"按钮打开"放置"上滑面板。单击"新建约束",选择约束类型为"对齐",选取轴的左端面小孔轴线与齿轮相应小孔轴线对齐。对齐参照的选取如图12.16所示。

④ 单击按钮✅,完成第六个零件齿轮的装配,最后的装配结果如图12.17所示。

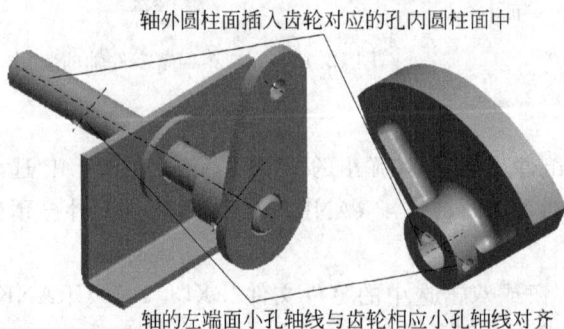

轴外圆柱面插入齿轮对应的孔内圆柱面中

轴的左端面小孔轴线与齿轮相应小孔轴线对齐

图 12.16　约束参照的选取   图 12.17　完成第六个零件齿轮的装配

（8）制作分解视图

① 选择"视图"→"视图管理器"命令或单击视图管理器图标，打开"视图管理器"对话框，如图 12.18 所示。

② 在"视图管理器"对话框中单击"分解"标签，进入"分解"选项卡。单击"新建"按钮，输入视图的名称，如图 12.19 所示。

③ 单击"属性"按钮，"视图管理器"对话框切换到如图 12.20 所示状态。

④ 单击编辑分解位置图标，弹出如图 12.21 所示的"分解位置"对话框。这时就可以对视图中各元件的位置进行编辑。

图 12.18　"视图管理器"对话框

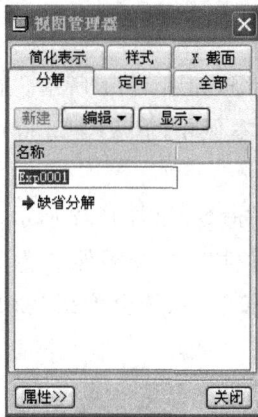

⑤ 在"运动参照"选项组中选取"图元/边"，单击选取运动参照按钮，选取轴的回转轴线为元件运动方向参照。

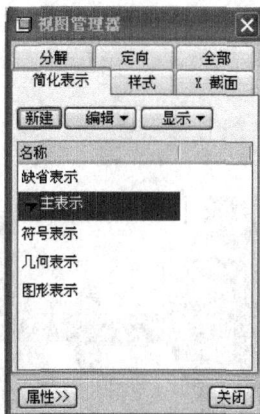

图 12.19　"分解"选项卡　　图 12.20　切换到分解视图编辑状态　　图 12.21　"分解位置"对话框

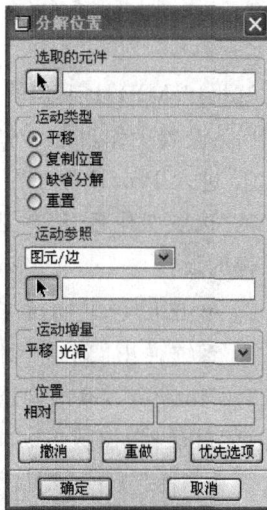

⑥ 单击选取元件按钮，单击选取所要移动的元件，移动鼠标，在合适的位置单击，欲移动元件便放置在当前位置。用同样的方法移动其他元件，将它们置于合适的位置。最后的结果如图 12.22 所示。

⑦ 编辑完成后单击"视图管理器"对话框中的按钮回到如图 12.19 所示的对话框状态。

⑧ 单击"编辑"按钮，在弹出的下拉菜单中有"保存"选项，如图 12.23 所示。单击"保存"选项，下次打开该装配文件时，通过"视图管理器"对话框就能很方便地打开刚才编辑的分解视图。

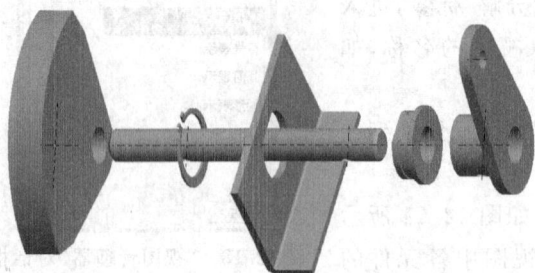

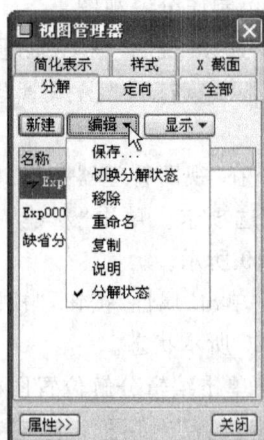

图 12.22　分解视图　　　　　　　　图 12.23　分解视图的编辑操作

12.2　应用"主控件"的产品设计

这里以 MP4 上下盖的设计为例进行介绍。

（1）设置工作目录，创建零件文件

① 进入 Pro/E 程序界面后，选择"文件"→"设置工作目录"命令，如图 12.1 所示。在弹出的"选取工作目录"对话框中选取预先建立好的工作目录，如本例中的 sx13_2/应用主控件的设计。

② 单击工具栏中的创建新对象图标 📄，或选择"文件"→"新建"命令，如图 12.2 所示。

③ 系统弹出"新建"对话框。在此对话框中选择类型为"零件"，输入零件名称为"sx13_2_master"，取消勾选"使用缺省模板"复选框，单击"确定"按钮，系统会弹出"新文件选项"对话框，如图 12.24 所示。

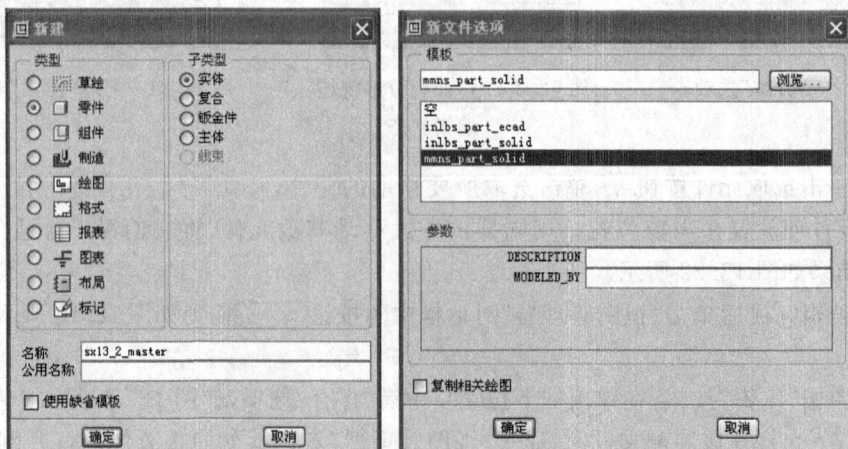

图 12.24　新建公制模板的零件文件

④ 在"新文件选项"对话框中选择"mmns_part_solid"公制模板,单击"确定"按钮进入零件设计环境,如图 12.25 所示。

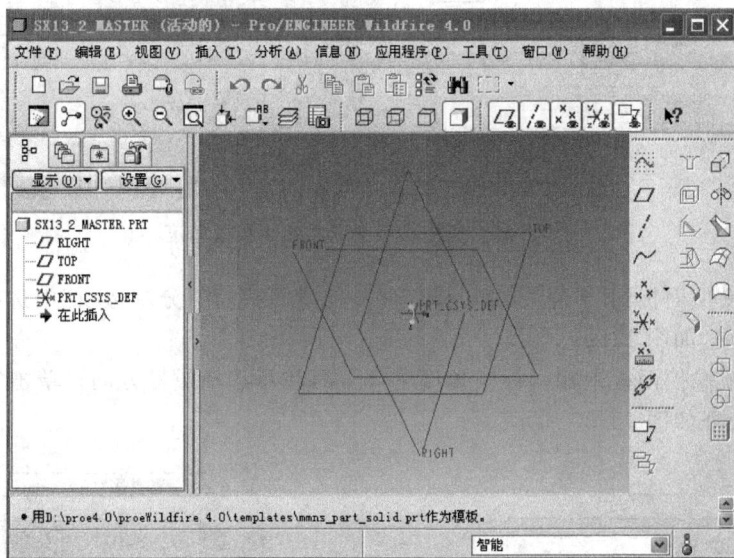

图 12.25　零件设计环境

(2) 完成零件 sx13_2_master 的设计

① 单击工具栏中的拉伸工具图标 ,在信息区出现拉伸操控面板。

② 单击操控面板中的"放置"按钮,弹出放置上滑面板。单击"定义"按钮,选取 TOP 基准面为草绘平面,在"草绘"对话框中单击"确定"按钮,进入草绘模式。绘制如图 12.26 所示的草绘剖面。

③ 单击继续当前按钮 。选择拉伸深度类型为"对称",输入深度为"20",单击完成按钮 ,得到的拉伸体,如图 12.27 所示。

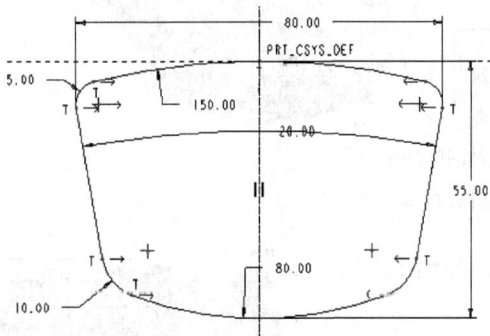

图 12.26　拉伸草绘剖面

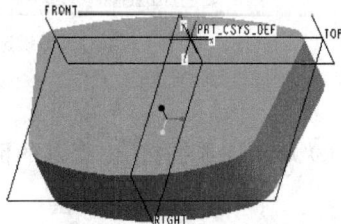

图 12.27　拉伸体

④ 单击工具栏中的拔模工具图标 ,在信息区出现拔模操控面板。单击操控面板的"参照"按钮,弹出参照上滑面板,借助 Ctrl 键选取拉伸体的四周曲面为拔模曲面,选取 TOP 基准面为拔模枢轴,接受默认的拖动方向,如图 12.28 所示。

拉伸体的四周曲面为拔模曲面

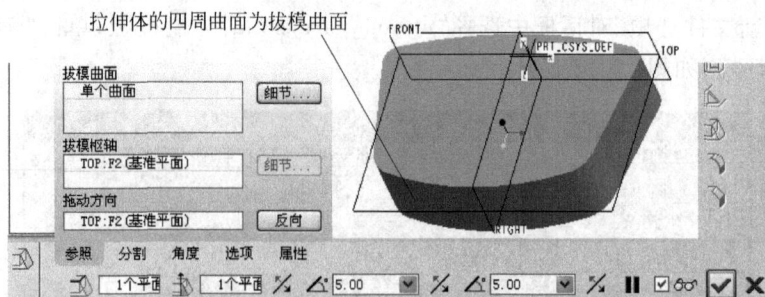

图 12.28   拔模参照选取和输入拔模角度

⑤ 单击操控面板的"分割"按钮,弹出分割上滑面板,在"分割选项"中选择"根据拔模枢轴分割"选项,如图 12.29 所示。

⑥ 在拔模操控面板中输入拔模角度为"5"度,注意选择拔模方向。单击完成按钮 ✓,得到的拔模特征如图 12.30 所示。

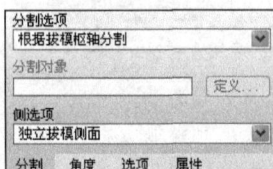

图 12.29   进行分割设置

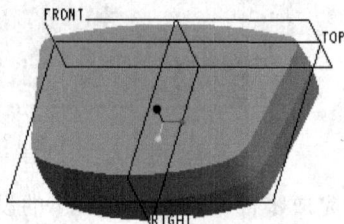

图 12.30   建立拔模特征

⑦ 单击工具栏中的倒圆角工具图标 ,在信息区出现倒圆角操控面板。借助 Ctrl 键选取倒圆角参照,并在倒圆角值输入框中输入值"2",如图 12.31 所示。

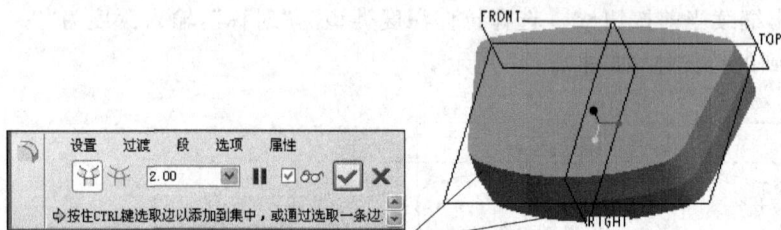

按住 Ctrl 键选取这两边为倒圆角参照

图 12.31   倒圆角特征参照

⑧ 单击完成按钮 ✓,得到的倒圆角特征如图 12.32 所示。

⑨ 单击工具栏中的草绘工具图标 ,在弹出的"草绘"对话框中选取 TOP 基准平面为草绘平面,RIGHT 基准平面为向右方向参照,绘制如图 12.33 所示的剖面,在草绘器中单击继续当前按钮 ✓,完成草绘曲线的绘制。

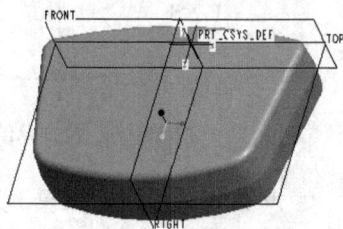

图 12.32   完成倒圆角特征

⑩ 重复上一步骤,完成如图12.34所示的草绘曲线。

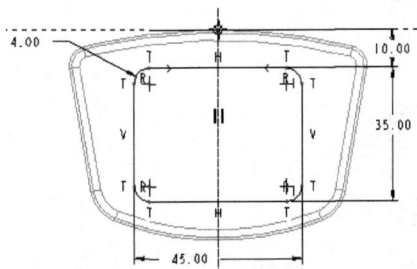

图12.33 绘制草绘剖面

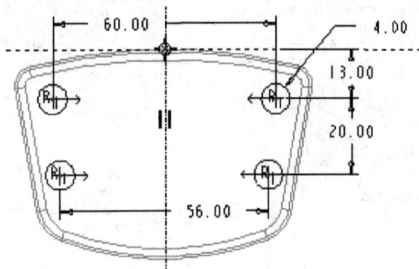

图12.34 绘制草绘曲线

⑪ 单击工具栏中的保存活动对象图标 🖫 ,完成主控件零件的设计。

(3) 创建组件文件,并装配主控零件

① 单击工具栏中的创建新对象图标 □ ,或选择"文件"→"新建"命令,如图12.2所示。

② 系统弹出"新建"对话框。在此对话框中选择类型为"组件",输入组件名称为"sx13_2",取消勾选"使用缺省模板"复选框,单击"确定"按钮,系统弹出"新文件选项"对话框,如图12.35所示。

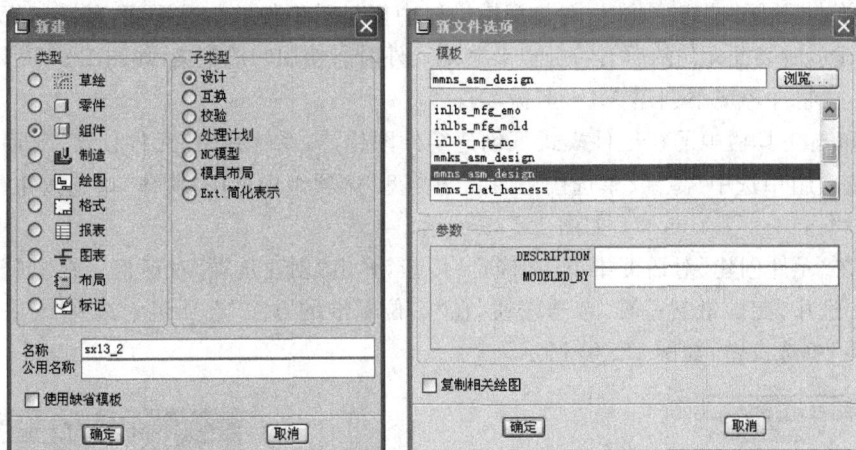

图12.35 新建公制模板的组件文件

③ 在"新文件选项"对话框中选择"mmns_asm_design"公制模板,单击"确定"按钮进入组件环境,如图12.36所示。

④ 单击工具栏中的将元件添加到组件图标 🖳 ,在出现的"打开"对话框中,选择文件SX13_2_MASTER.PRT,然后单击"打开"按钮。

⑤ 在出现的元件放置操控面板中,从约束类型下拉列表框中选取"缺省"选项,单击按钮 ☑ ,完成第一个元件的装配,结果如图12.37所示。

⑥ 在模型树的上方,单击"设置"按钮,从出现的下拉菜单中选择"树过滤器"选项,弹出"模型树项目"对话框。

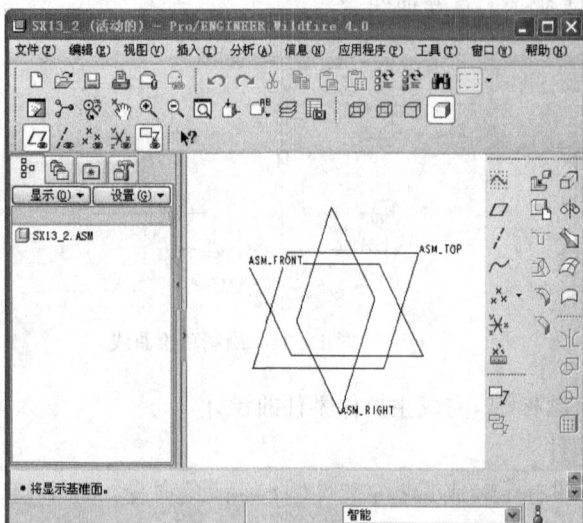

图 12.36　进入组件环境

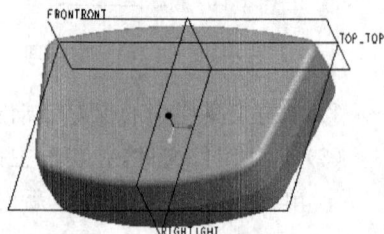

图 12.37　以缺省约束装入主控件

⑦ 勾选"特征"和"放置文件夹"复选框,单击"应用"按钮,此时"模型树项目"对话框如图 12.6 所示。

⑧ 单击"关闭"按钮。此时,在装配模型树中便显示组件的基准平面、基准坐标系等基准特征,显示所装配元件的所有特征以及装配元件时所使用的约束集,如图 12.38 所示。

(4) 在组件环境下创建 MP4 上盖零件

① 单击工具栏中的在组件模式下创建零件图标 ，系统弹出"元件创建"对话框。在"类型"选项组中选中"零件"单选按钮,在"子类型"选项组中选中"实体"单选按钮,并输入零件名称"sx13_2_1_cover",如图 12.39 所示。

② 在"元件创建"对话框中单击"确定"按钮,弹出"创建选项"对话框。在"创建方法"选项组中选中"定位缺省基准"单选按钮,在"定位基准的方法"选项组中选中"对齐坐标系与坐标系"单选按钮,如图 12.40 所示。

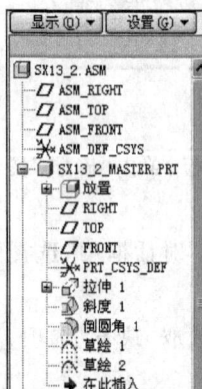

图 12.38　在模型树中显示
特征和约束集

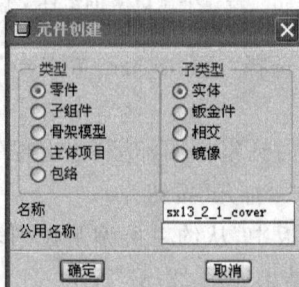

图 12.39　"元件创建"对话框

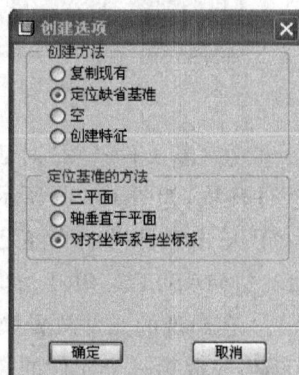

图 12.40　选择创建方法定位
基准方法

③ 在"创建选项"对话框中单击"确定"按钮,系统提示"选取坐标系",选择坐标系 ASM_DEF_CSYS。这时,系统即为新零件创建了基准坐标系和三个基准平面,且该零件处于激活状态。

④ 在新零件文件处于激活的情况下,选择"插入"→"共享数据"→"合并/继承"命令,选取主控件为"合并/继承"的参照,这时信息区的"合并/继承"操控面板如图 12.41 所示。

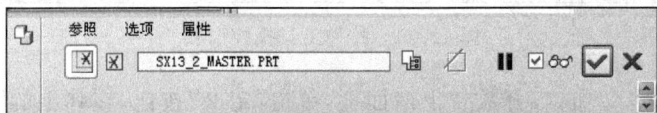

图 12.41　合并/继承操控面板

⑤ 单击完成按钮✓,完成合并/继承操作。这时得到了和主控件一样的零件,可以对该零件进行编辑,得到 MP4 上盖。

⑥ 按住 Ctrl 键,在模型树中选择 ASM_RIGHT、ASM_TOP、ASM_FRONT、ASM_DEF_CSYS 和 SX13_2_MASTER.PRT 主控件,右击所选项目,在弹出的快捷菜单中选择"隐藏"命令,把上面所选基准和主控件隐藏起来。在工作区显示的将是新零件的模型。

⑦ 选取新零件的基准平面 DTM2,选择"编辑"→"实体化"命令,在实体化操控面板中单击移除面组内侧或外侧的材料图标⬦,通过更改刀具操作方向图标⬦ 选择保留部分,此时上盖模型如图 12.42 所示。单击完成按钮✓,完成实体化操作。

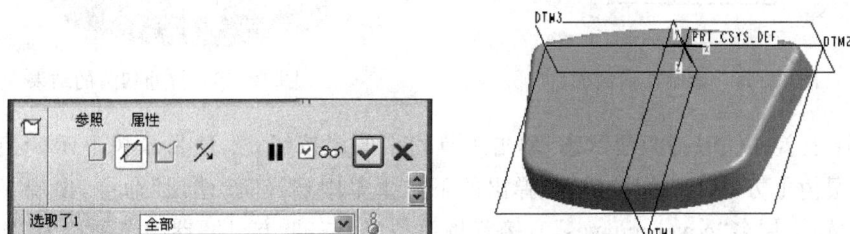

图 12.42　实体化操作

⑧ 单击工具栏中的壳工具图标⬛,系统出现壳工具操控面板。在"厚度"栏中输入厚度值"1.50",选取底面为要移除的曲面,单击完成按钮✓,抽壳的结果如图 12.43 所示。

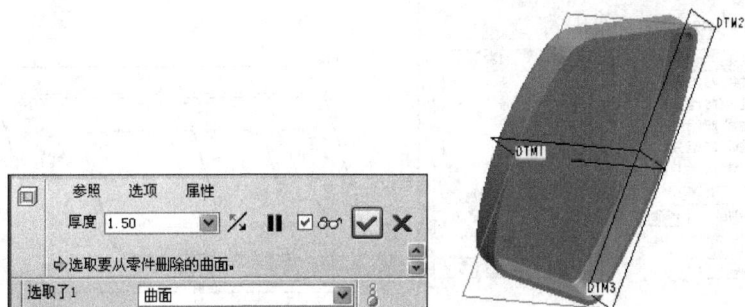

图 12.43　抽壳操作

⑨ 单击工具栏中的拉伸工具图标 ，系统出现拉伸工具操控面板。单击移除材料按钮 ，选择深度方向为穿透 ，如图 12.44 所示。

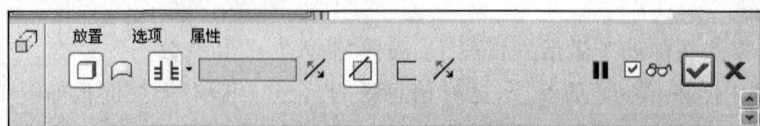

图 12.44　拉伸工具操控面板

⑩ 单击"放置"按钮，打开放置上滑面板，单击"定义"按钮，在弹出的"草绘"对话框中选择新零件的基准平面 DTM2 为草绘平面，选择新零件的基准平面 DTM1 为向右参照平面，单击"确定"按钮，进入草绘模式。

⑪ 利用通过边创建图元图标 ，复制新零件中的曲线，得到如图 12.45 所示剖面，单击继续当前按钮 ，结束剖面的绘制。

⑫ 选择拉伸方向，单击完成按钮 ，得到拉伸切除结果，如图 12.46 所示。

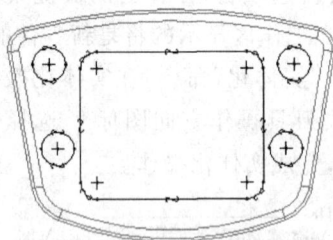

图 12.45　绘制拉伸剖面

图 12.46　拉伸切除的结果

⑬ 让上盖零件保持激活状态，单击工具栏中的层按钮 ，使目录树显示转换为层树显示，在层树上方单击"层"按钮，在弹出的下拉菜单中选择"新建层"命令，出现"层属性"对话框。输入层名"cover_curves"。接着将模型窗口右下方过滤器的选项选为"曲线"，使用左键框选所有曲线，如图 12.47 所示。

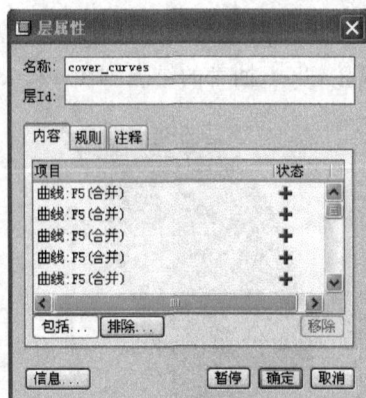

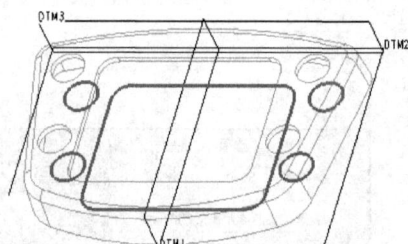

图 12.47　框选所有曲线

⑭ 在层树上右击"cover_curves",在弹出的快捷菜单中选择"隐藏"命令。再次右击"cover_curves",在弹出的快捷菜单中选择"保存状态"命令,这样在下次打开该文件时,"cover_curves"下的曲线仍可保持"隐藏"状态。

⑮ 单击重画当前视图图标，视图中曲线被隐藏。单击层图标，返回到模型树显示模式。

（5）在组件环境下创建 MP4 下盖零件

① 在模型树中右击"sx13_2_MASTER.PRT",在弹出的快捷菜单中选择"取消隐藏"命令;右击"sx13_2_1_COVER.PRT",在弹出的快捷菜单中选择"隐藏"命令。

② 单击工具栏中的在组件模式下创建零件图标，系统弹出的"元件创建"对话框。在"类型"选项组中选中"零件"单选按钮,在"子类型"选项组中选中"实体"单选按钮,并输入零件名称"sx13_2_2_BOTTOM",如图 12.48所示。

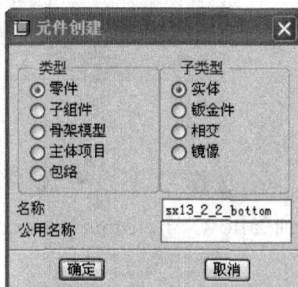

③ 在"元件创建"对话框中单击"确定"按钮,弹出"创建选项"对话框。在"创建方法"选项组中选中"定位缺省基准"单选按钮,在"定位基准的方法"选项组中选中"对齐坐标系与坐标系"单选按钮,如图 12.40 所示。

图 12.48　"元件创建"对话框

④ 在"创建选项"对话框中单击"确定"按钮,系统提示"选取坐标系",选择坐标系ASM_DEF_CSYS。这时,系统即为新零件创建了基准坐标系和三个基准平面,且该零件处于激活状态。

⑤ 在新零件文件处于激活的情况下,选择"插入"→"共享数据"→"合并/继承"命令,选取主控件为"合并/继承"的参照,这时信息区的合并/继承操控面板如图 12.41 所示。

⑥ 单击完成按钮，完成合并/继承操作。这时,得到和主控件一样的零件,可以对该零件进行编辑,得到 MP4 下盖。

⑦ 在模型树中右击 sx13_2_MASTER.PRT 主控件,在弹出的快捷菜单中选择"隐藏"命令,把主控件隐藏起来,在工作区显示的将是新零件的模型。

⑧ 选取新零件的基准平面 DTM2,选择图标"编辑"→"实体化"命令,在实体化操控面板中单击移除面组内侧或外侧的材料图标，通过更改刀具操作方向图标选择保留部分,此时下盖模型如图 12.49 所示。单击完成按钮，完成实体化操作。

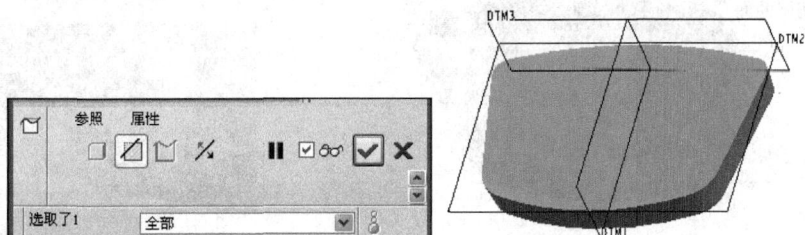

图 12.49　实体化操作

⑨ 单击工具栏中的壳工具图标▣,系统出现壳工具操控面板。在"厚度"栏中输入厚度值"1.50",选取顶面为要移除的曲面,单击完成按钮☑,抽壳的结果如图 12.50 所示。

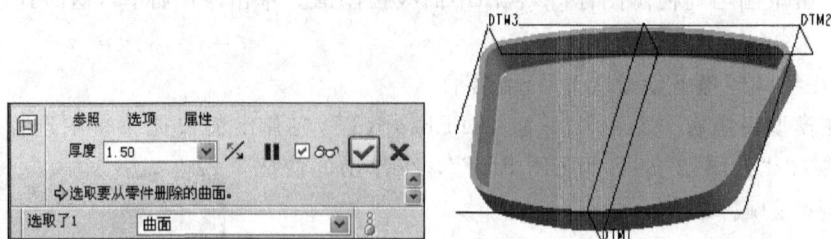

图 12.50　抽壳操作

⑩ 选择"工具"→"选项"命令,打开"选项"对话框。在"排序"选项中选择"按字母",找到"allow_anatomic_features"选项,将其值设置为 yes。这样就可以使用"唇"特征命令了。

⑪ 选择"插入"→"高级"→"唇"命令,出现菜单管理器。在"边选取"选项组中选择"链",选取如图 12.51 所示的边链。

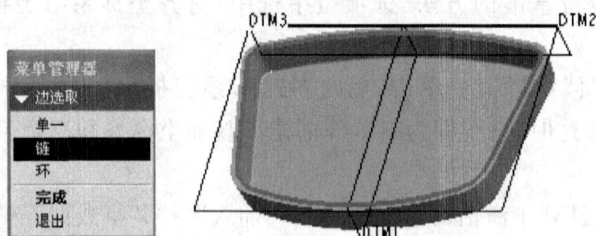

图 12.51　边链的选取

⑫ 选取如图 12.52 所示的面为偏移曲面。

⑬ 输入偏移值为"1",单击接受按钮☑;接着输入从边到拔模面的距离值为"0.8",单击接受按钮☑。

⑭ 选择如图 12.52 所示的偏移曲面为拔模参照曲面,输入拔模角为"1.5",单击接受按钮☑。完成唇特征的创建,如图 12.53 所示。

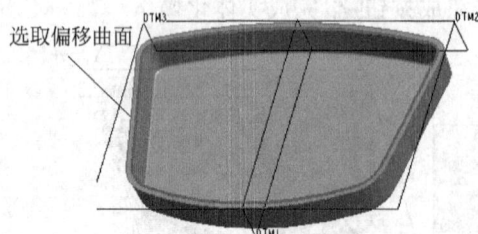

图 12.52　偏移曲面

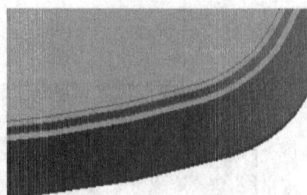

图 12.53　建立唇特征

⑮ 选取如图 12.54 所示的曲面,选择"编辑"→"偏移"命令,打开偏移工具操控面板。

⑯ 在操控面板的类型列表框中选择展开特征图标🔳,输入偏移距离为"0.2",单击偏移方向按钮🗙,使偏移方向向下切除实体。单击接受按钮☑,完成美观线的设计。

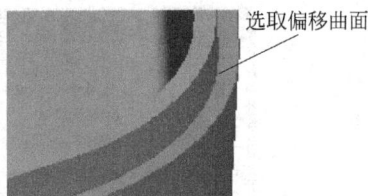

图 12.54　选取偏移曲面

⑰ 让下盖零件保持激活状态,单击菜单栏中的层按钮🗐,使目录树显示转换为层树显示,在层树上方单击"层"按钮,在弹出的下拉菜单中选择"新建层"命令,出现"层属性"对话框。输入层名"bottom_curves"。接着将模型窗口右下方过滤器的选项选为"曲线",使用左键框选所有曲线,如图 12.55 所示。

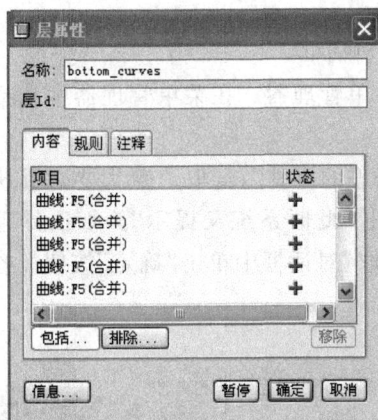

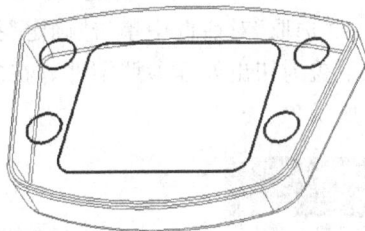

图 12.55　框选所有曲线

⑱ 在层树中右击"bottom_curves",在弹出的快捷菜单中选择"隐藏"命令。再次右击"bottom _curves",在弹出的快捷菜单中选择"保存状态"命令,这样在下次打开该文件时,"bottom _curves"下的曲线仍可保持"隐藏"状态。

⑲ 单击重画当前视图图标🖾,视图中曲线被隐藏。单击层图标🗐,返回到模型树显示模式。

图 12.56　美观线

⑳ 右击模型树中的顶级组件 sx13_2.asm,在弹出的快捷菜单中选择"激发"命令;右击模型树中的元件 SX13_2_1_COVER.PRT,在弹出的快捷菜单中选择"取消隐藏"命令。此时,可以观察如图 12.56 所示的美观线。

(6) 干涉检查和上盖止口的设计

① 选择"分析"→"模型"→"全局干涉"命令,打开"全局干涉"对话框。

② 单击计算当前分析以供预览按钮 ⬚⬚ ,分析结果表明,SX13_2_1_COVER.PRT 和 SX13_2_2_BOTTOM.PRT 存在干涉,如图 12.57 所示。

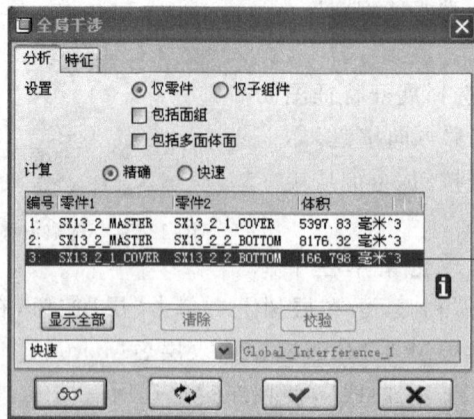

图 12.57   全局干涉分析结果

右侧标注：表明 SX13_2_1 COVER.PRT 和 SX13_2_2BOTTOM.PRT 存在干涉

③ 单击完成按钮 ✓ ，退出"全局干涉"对话框。

④ 选择"编辑"→"元件操作"命令，出现菜单管理器。在菜单管理器中选择"切除"选项，如图 12.58 所示。

⑤ 此时系统提示"选取要对其执行切出处理的零件"，选取上盖为要对其执行切出处理的零件。在"选取"对话框中单击"确定"按钮。此时系统又提示"为切出处理选取参照零件"，选取下盖为切出处理参照零件。在"选取"对话框中单击"确定"按钮。参照的选取如图 12.59 所示。

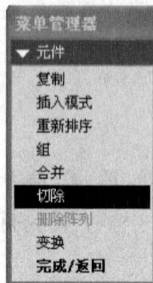

图 12.58   选择"切除"选项

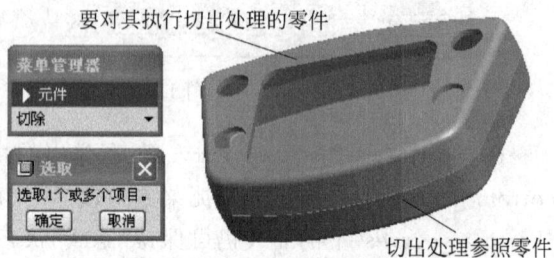

要对其执行切出处理的零件

切出处理参照零件

图 12.59   参照的选取

⑥ 在菜单管理器中选择"完成"选项，完成相关参照的选取。

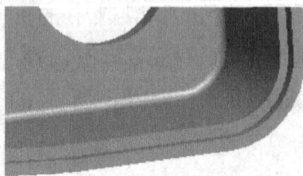

图 12.60   上盖止口

⑦ 在菜单管理器中选择"完成/返回"选项，完成上盖止口的设计。上盖的止口如图 12.60 所示。

⑧ 右击模型树中的元件 SX13_2_1_COVER.PRT，在弹出的快捷菜单中选择"打开"命令，打开零件 SX13_2_1_COVER.PRT 窗口。右击模型树中的元件 SX13_2_2_BOTTOM.PRT，在弹出的快捷菜单中选择"打开"命令，打开零件 SX13_2_2_BOTTOM.PRT 窗口。MP4 上盖和下盖的设计结果如图 12.61所示。

⑨ 回到 SX13_2. ASM 窗口,单击工具栏中的保存活动对象图标 🖫,保存上面所作的设计。如果主控件 SX13_2_MASTER. PRT 作了修改,上盖零件 SX13_2_1_COVER . PRT 和下盖零件 SX13_2_2_ BOTTOM. PRT 也会自动跟随主控件作修改,这是利用"主控件"进行产品设计的优点。

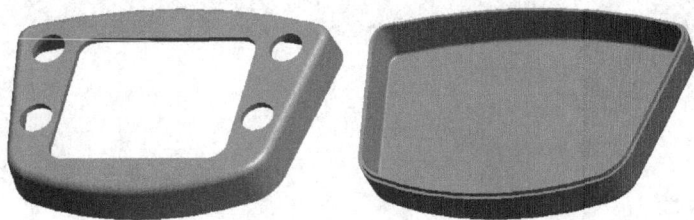

图 12.61 MP4 上盖和下盖的设计结果

思考与练习

一、思考题

在装配设计中,主要有哪两种设计思路? 自顶而下的设计思路与自底而上的设计思路相比有什么优点?

二、操作题

通过"主控件"自顶而下的产品设计方法,设计笔记本式计算机电源适配器、电视遥控器、鼠标等的产品外形。

第 13 章

模 具 分 模

知识目标

学会分模的过程和方法,掌握分模的基本概念。

技能目标

能灵活运用分模功能对典型模具进行分模。

利用 Pro/E 软件进行型腔模具分模设计的一般过程是:先建立模具零件的实体特征,再根据实体特征的不同情况分解出不同的模具模型零件,包括凸凹模型腔、浇注系统、型芯及滑块等,再根据此零件型腔模的模具结构来设计模架,包括固定模板、移动模板、顶杆、复位杆、限位螺钉、导柱、导套、冷却水道、电加热器等。

13.1 简单分型面模具分模

在此所说的简单分型模具是指零件的实体特征中不含碰穿孔和侧抽芯的塑料零件,如图 13.1 所示。其创建凸凹模的步骤如下。

(1) 创建零件

使用拉伸工具创建一直径为 100mm、拉伸高度为 60mm 的圆柱,并使用拔模工具创建拔模斜度为 3°,倒圆角半径为 10mm,使用壳工具创建零件厚度为 2mm,结果如图 13.1 所示,把零件保存为 jiandanfenmu.prt 文件。

(2) 进入型腔模设计界面

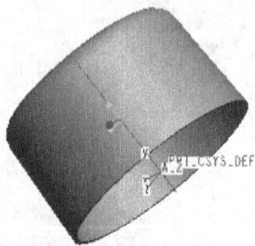

图 13.1 模具零件

进入 Pro/E 野火版界面环境后,移动鼠标单击图视工具新建图标 ▯ 或选择"文件"→"新建"命令,系统弹出"新建"对话框,如图 13.2 所示。在"新建"对话框的"类型"选项组中选中"制造"单选按钮,在"子类型"选项组中选中"模具型腔"单选按钮、在"名称"文本框中输入文件名称 muju01,再取消选中"使用缺省模板"复选框,单击"确定"按钮,系统弹出"新文件选项"对话框。在"新文件选项"对话框中选择绘图单位"mmns_mfg_mold"(公制),单击"确定"按钮,系统进入型腔模设计界面,并弹出菜单管理器模具主目录对话框,如图 13.3(a)所示。

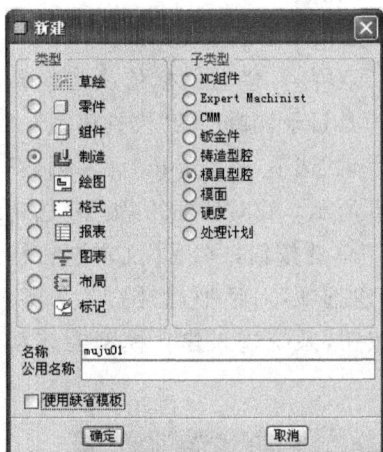

图 13.2 新建对话框选项

图 13.3 菜单管理器模具目录对话框

（3）组装参考零件

如图 13.3(b)所示，移动鼠标依次选择菜单管理器对话框"模具"目录中的"模具模型"、"装配"、"参照模型"选项，系统弹出"打开"对话框。在对话框中选取"jdfm"零件后，单击"打开"按钮，系统弹出"组件安装"对话框，并在屏幕窗口显示该零件实体模型，如图 13.4 所示。图中箭头方向与该零件模具的开模方向相同，单击对话框中的图标 □，使

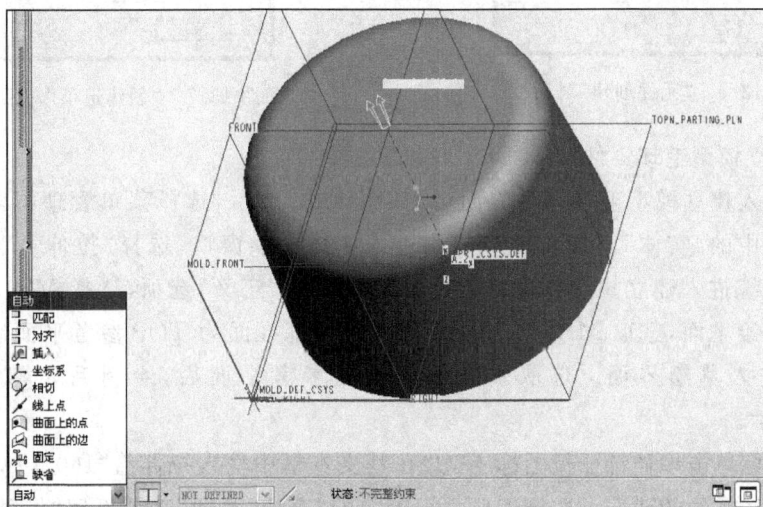

图 13.4 调入实体模型

参考零件基准与系统装配重合,然后单击"确定"按钮。此时,系统弹出"创建参照模型"对话框。如图13.5所示,在对话框中的"参照模型类型"选项组中选中"按参照合并"单选按钮,分别在"设计模型"和"参照模型"的"名称"文本框中输入该零件模型名称后,单击"确定"按钮关闭对话框,参照零件组装完成。

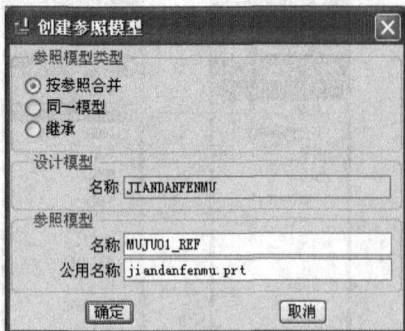

图13.5 "创建参照模型"对话框

(4)进入创建模型毛坯零件界面

如图13.3(c)所示,移动鼠标依次选择菜单管理器对话框模具目录视窗中的"模具模型"、"创建"、"工件"、"手动"选项,系统弹出"元件创建"对话框,如图13.6所示。在对话框的"类型"选项组中选中"零件"单选按钮、"子类型"选项组中选中"实体"单选按钮,"名称"文本框中输入"jdfmwork"文件名后,单击"确定"按钮,系统弹出"创建选项"对话框,如图13.7所示。在对话框中选中"创建特征"单选按钮,单击"确定"按钮,系统进入建立模型毛坯零件界面。

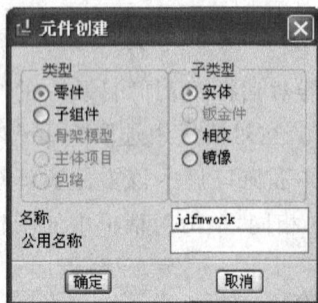

图13.6 "元件创建"对话框

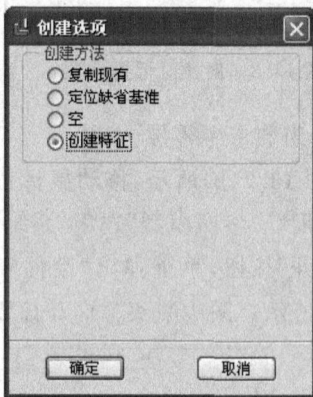

图13.7 "创建选项"对话框

(5)建立模型毛坯零件

系统进入建立模型毛坯零件界面后,如图13.8所示,选择菜单管理器对话框模具子目录视窗中的"实体"、"加材料"选项,进入实体选项窗口,选择"拉伸"、"实体"、"完成"选项,系统进入建立拉伸体窗口。选择"放置"→"定义"选项,选择MOLD_FRONT基准面为草绘平面,选取MAIN_PARTING_PLN基准面为TOP参考平面后,单击"草绘"按钮,进入草绘界面。选取基准面为绘图参考平面后,绘制毛坯零件草图,如图13.9所示。

移动鼠标单击拉伸特征板图标 ⯐,并在其文本框中输入拉伸值"160",单击图标 ✔,完成模型毛坯零件的建立。选择子目录视窗中的"完成/返回"选项返回"模具"主目录视窗,结果如图13.10所示。

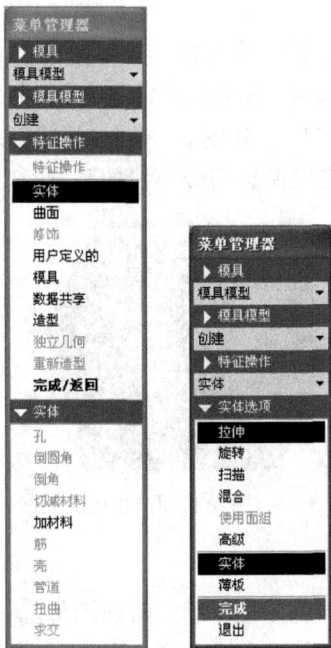

图 13.8　加材料操作

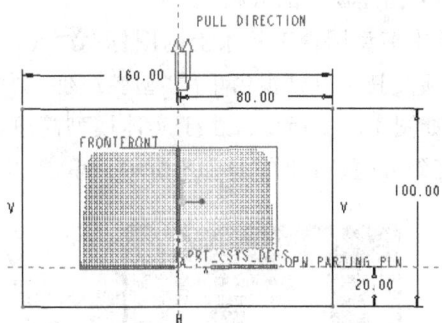

图 13.9　绘制毛坯零件草图

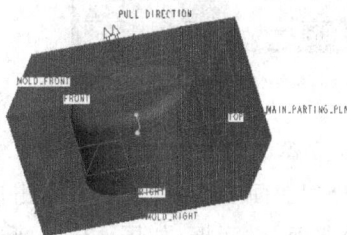

图 13.10　创建毛坯零件

（6）设置模型的收缩率

如图 13.11 所示，用鼠标依次选择菜单管理器对话框模具主目录视窗的"收缩"、"按尺寸"选项，在系统信息提示区文本框内输入 ABS 塑料平均收缩比"0.005"，单击按钮，模型的收缩率设置完成。选择"完成/返回"选项，返回模具主目录视窗，并使收缩率不在原设计塑料零件上反映。

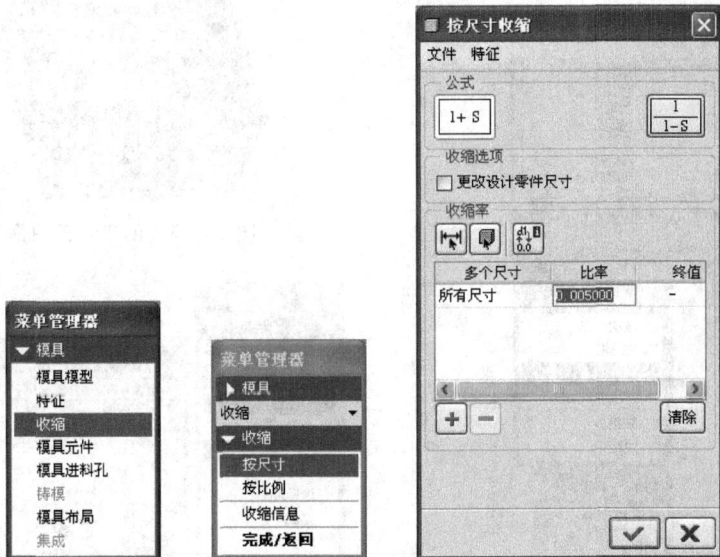

图 13.11　设置模型的收缩率

（7）创建模型的分模线

单击模型图视工具条上的图标 ，或选择菜单管理器对话框模具主目录视窗的"特征"选项及其子目录视窗中的"型腔组件"、"侧面影像"选项，系统弹出"侧面影像曲线"对话框，如图13.12所示。由于实体模型简单，系统自动产生了分模线，单击"预览"按钮可以检查到分模线，如图13.13所示。单击"确定"按钮，完成模型的分模线的建立。

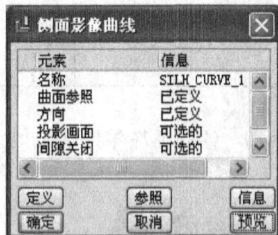

图13.12　"侧面影像曲线"对话框

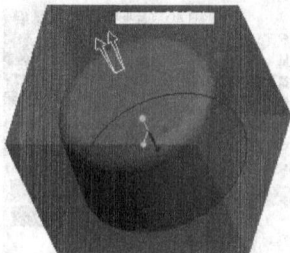

图13.13　系统自动产生的分模线

（8）建立模型的分型面

单击分型曲面工具图标 ，并单击通过填充回路和扩展边界产生曲面图标 ，系统弹出"裙边曲面"对话框，如图13.14所示。选择上一步创建的分型线，单击"完成"、"预览"、"确定"按钮，完成分型曲面的创建，结果如图13.15所示。

（9）建立模型体积

单击分割为新的模具体积块图标 ，系统弹出菜单管理器对话框"分割体积块"目录视窗，如图13.16所示，选择对话框中的"两个体积块"、"所有工件"、"完成"选项，系统弹出"分割"对话框，如图13.16所示。

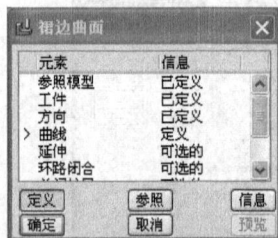

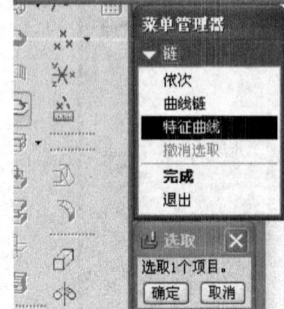

图13.15　创建分模曲面

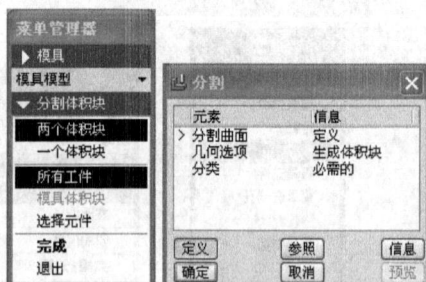

图13.14　"裙边曲面"对话框

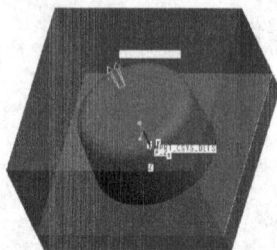

图13.16　分割体积块

移动鼠标选择模型上的分型面,再单击"分割"对话框中的"确定"按钮,系统弹出"属性"对话框,如图 13.17 所示。分别在"名称"文本框中输入体积名称并单击"确定"按钮,完成模型体积的建立。

（10）创建型腔嵌入件

单击从模具体积块创建型腔嵌入件零件图标，系统弹出"创建模具元件"对话框,如图 13.18 所示。单击全部选取体积块按钮，同时选择对话框中的两个模型体积后,单击"确定"按钮,完成模块的建立。

（11）隐藏工件

移动鼠标到左边模型树中右击分别选择如图 13.19 所示的两个文件,单击"隐藏"按钮。

图 13.17 输入体积名称

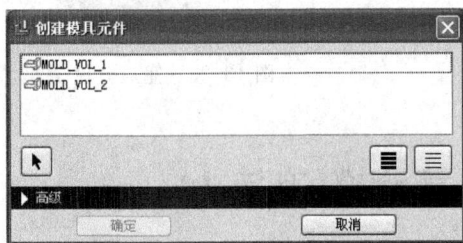

图 13.18 创建型腔嵌入件

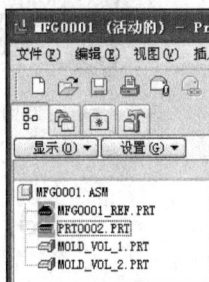

图 13.19 隐藏零件

（12）设置开模形式

选择模型图视工具条上的图标，系统弹出菜单管理器对话框定义间距目录视窗,如图 13.20 所示。选择"定义间距"、"定义移动"选项,选择零件的上部（凹模),如图 13.21 所示。单击"确定"按钮,单击如图 13.22 所示的边界,并输入"沿指定方向的位移"值为"100",再单击"定义移动"选项,选择零件的下部（凸模),如图 13.22 所示。单击"确定"按钮,单击如图 13.23 所示的边界,并输入"沿指定方向的位移"值为"−100"（见图 13.24),选择"完成"选项,结果如图 13.25 所示。

图 13.20 定义间距　　图 13.21 定义移动 1　　图 13.22 输入沿指定方向的位移

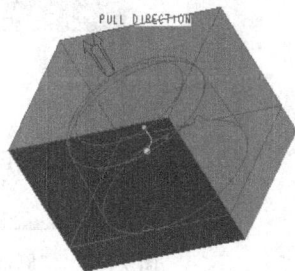

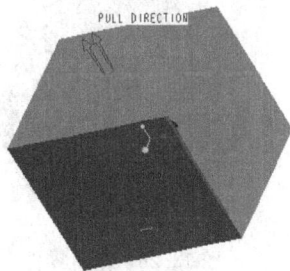

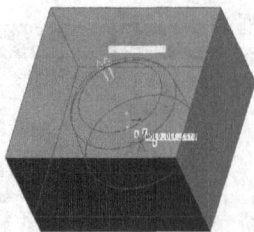

图 13.23 定义移动 2

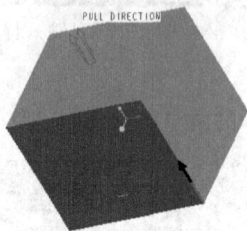

图 13.24 输入沿指定方向的位移"−100"

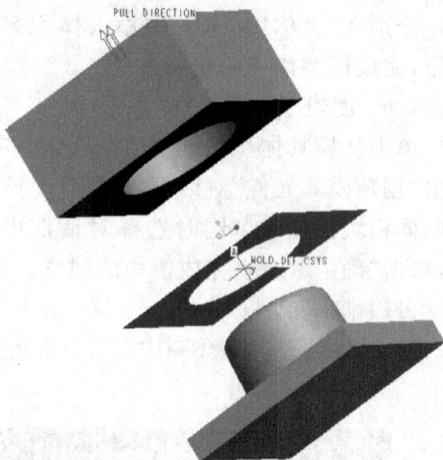

图 13.25 完成分模

13.2 碰穿模具分模(方法 1)

在此所说的碰穿模具分模是指零件的实体特征中含有孔的塑料零件,如图 13.26 所示,其文件名设为"pcmj. prt"。该零件与图 13.1 所示的零件尺寸完全相同,不同之处是中间有直径为 20mm 的孔。

碰穿模具分模的步骤如下。

① 进入型腔模设计界面。

② 组装参考零件。

③ 进入创建模型毛坯零件界面。

④ 建立模型毛坯零件。

⑤ 设置模型的收缩率。

注: 步骤①～⑤的操作方法与 13.1 节介绍的方法相同,在此不作详细阐述。

⑥ 创建模型的分模线。单击模型图视工具条上的图标 ⏥ ,系统弹出"侧面影像曲线"对话框,如图 13.27 所示。系统自动产生了分模线,单击"预览"按钮可以检查到分模

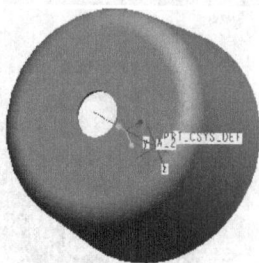

图 13.26 塑料零件

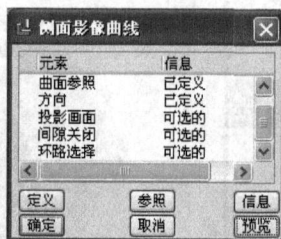

图 13.27 "侧面影像曲线"对话框

线,如图 13.28 所示。双击"侧面影像曲线"对话框中的"环路选择"选项,系统弹出"环选取"对话框,如图 13.29 所示。单击"环选取"对话框中的"链"标签,并改变编号为"2-1"的状态为"下部",如图 13.30 所示。单击"确定"按钮退出"环选取"对话框。单击"预览"、"确定"按钮完成分模线的设定。此时,孔的分模线由"上部"碰穿(分模线在凹模上)改变为"下部"碰穿(分模线在凸模上),如图 13.30 所示。

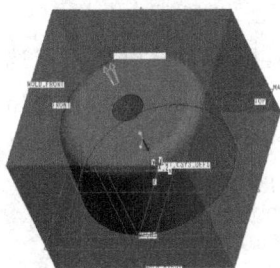

图 13.28　系统自动产生的分模线

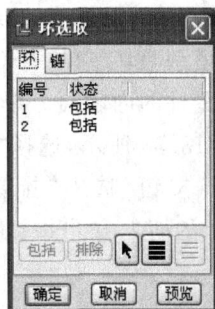

图 13.29　"环选取"对话框

⑦ 创建模型的分型面。
⑧ 建立模型体积。
⑨ 创建型腔嵌入件。
⑩ 隐藏工件。
⑪ 设置开模形式

注:步骤⑦～⑪的操作方法与 13.1 节介绍的方法完全相同,在此不作阐述。分模结果如图 13.31 所示。

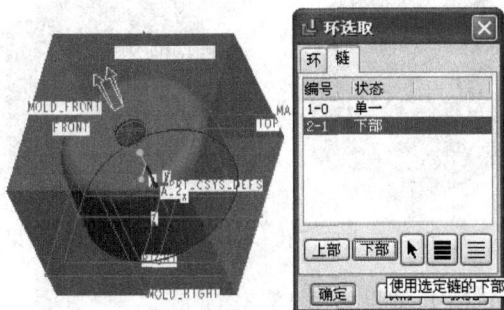

图 13.30　改变环选取为下部

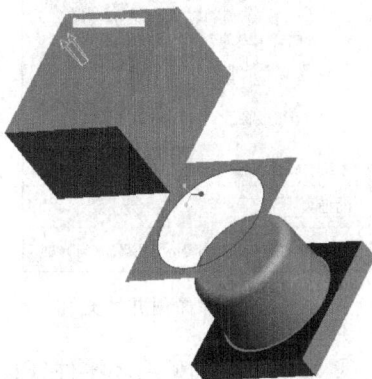

图 13.31　分模结果

13.3　碰穿模具分模(方法 2)

模具分模的另一种方法是创建分型面法,即直接创建出模具分型面,再使用该分型面创建凸凹模。下面仍以图 13.26 零件为例进行介绍,步骤如下。

① 进入型腔模设计界面。

② 组装参考零件。

③ 进入创建模型毛坯零件界面。

④ 建立模型毛坯零件。

⑤ 设置模型的收缩率。

注：步骤①～⑤的操作方法与13.1节介绍的方法相同，在此不作详细阐述。

⑥ 隐藏模型毛坯零件(PRT0004.PRT)，结果如图13.32所示。

⑦ 复制零件的内表面。单击分型曲面工具图标🔲，按住 Ctrl 键用鼠标选取零件的内表面，如图13.33所示，选择"编辑"→"复制"→"编辑"→"粘贴"命令，在弹出的对话框中单击"选项"按钮，选中"排除曲面并填充孔"单选按钮，如图13.34所示。选择如图13.35所示的面1，单击按钮✅完成孔的填充，结果如图13.36所示。

图 13.32　隐藏模型毛坯零件 "PRT0004.PRT"

图 13.33　选择内表面

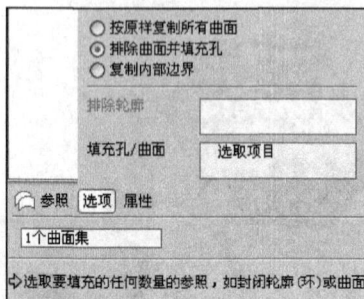

图 13.34　排除曲面并填充孔

图 13.35　选择面1填充孔

图 13.36　填充结果

⑧ 取消隐藏模型毛坯零件(PRT0004.PRT)，结果如图13.37所示。

⑨ 草绘分型面。单击分型曲面工具图标🔲、⬦，选择图13.38所示的面2作为草绘平面，草绘一条直线(与零件的底面对齐)并拉伸至对面，形成一拉伸曲面，如图13.38所示。

⑩ 合并曲面。再次隐藏模型毛坯零件(PRT0004.PRT)，并选择拉伸曲面和步骤⑦创建的内表面进行曲面合并，结果如图13.39所示。

⑪ 建立模型体积。

⑫ 创建型腔嵌入件。

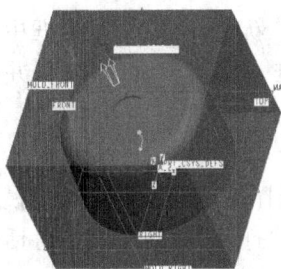

图 13.37 取消隐藏模型毛坯零
件"PRT0004.PRT"

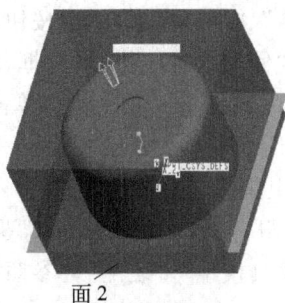

图 13.38 创建拉伸曲面

⑬ 隐藏工件。

⑭ 设置开模形式。

注：步骤⑪～⑭的操作方法与 13.1 节介绍的方法完全相同，在此不作阐述。分模结果如图 13.40 所示。

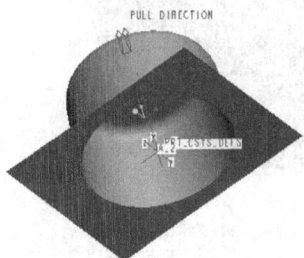

图 13.39 合并曲面

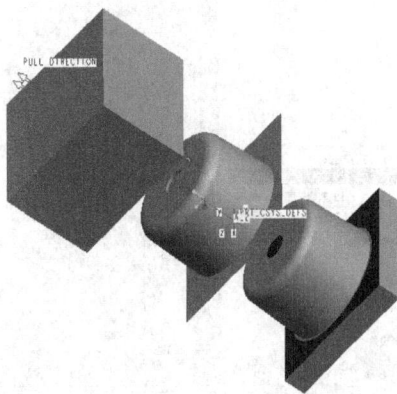

图 13.40 分模加工

13.4 一模多腔模具设计

在一模多腔的模具设计中，特别是这些零件各不相同时，设计方法和难度都大大增加了。为了能充分说明该类模具的设计方法，现以图 13.41 所示的塑料零件的模具模型零件为例进行介绍，要求一模四腔。在学习时可以把它看做不同的四个塑料零件，举一反三。该零件的材料为 ABS 塑料，其平均收缩率为 0.5%。创建凸凹模的步骤如下。

（1）进入型腔模设计界面

进入 Pro/E 野火版界面环境后，移动鼠标单击图视工具新建图标 □ 或选择"文件"→"新建"命令，在"新建"对话框中

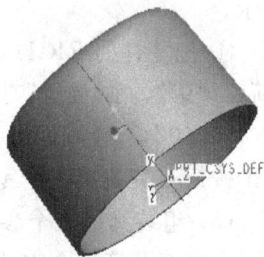

图 13.41 塑料零件

选中"制造"、"模具模型"单选按钮,在"名称"文本框中输入文件名称"yimuduoqiang",再取消勾选"使用缺省模板"复选框,单击"确定"按钮。在"新文件选项"对话框中选择绘图单位 mmns_mfg_mold(公制),单击"确定"按钮,系统进入型腔模设计界面,并弹出菜单管理器对话框模具主目录视窗。

（2）组装第一个参照零件

① 打开"jiandanfenmu.prt"零件。移动鼠标依次选择菜单管理器对话框模具目录视窗中的"模具模型"、"装配"、"参照模型"选项,系统弹出"打开"对话框。在对话框中选取"jiandanfenmu.prt"零件后,单击"打开"按钮。

② 把零件的 TOP 面与装配面 MAIN_PARTING_PLN 匹配。

单击放置按钮 📝 放置,在"放置"对话框中选择约束方式为"匹配",选择零件的 TOP 面与"MAIN_PARTING_PLN"面匹配,可以单击"反向"按钮确定放置的方向,如图 13.42 所示。

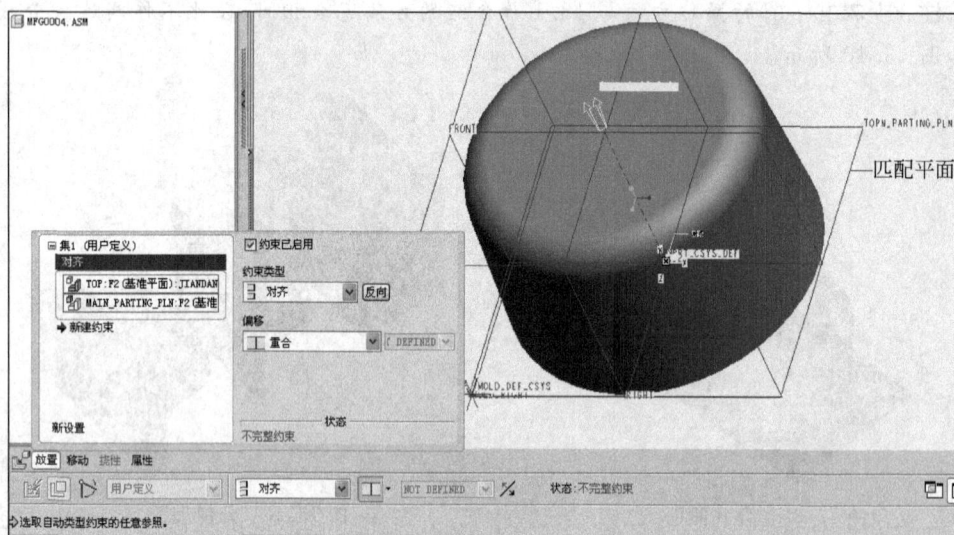

图 13.42　把零件的 TOP 面与装配面 MAIN_PARTING_PLN 匹配

③ 把零件的 FRONT 面与装配面 MOLD_FRONT 匹配并偏移。单击对话框中的"新建约束",在"放置"对话框中选择约束类型为"匹配",约束方式为"偏移",输入偏移量为"100.00",选择零件的 FRONT 面与 MOLD_FRONT 面匹配并偏移,如图 13.43 所示。

④ 把零件的 RIGHT 面与装配面 MOLD_RIGHT 匹配并偏移。单击对话框中的"新建约束",在"放置"对话框中选择约束类型为"匹配",约束方式为"偏移",输入偏移量为"100.00",选择零件的 RIGHT 面与 MOLD_RIGHT 面匹配并偏移,如图 13.44 所示。单击按钮 ✅ 完成第一个零件的组装。

（3）组装其他三个参照零件

重复组装第一个零件的方法,组装其他三个参照零件。所要注意的是,偏移的方向有正有负。选择"完成/返回"选项,结果如图 13.45 所示,参照零件组装完成。

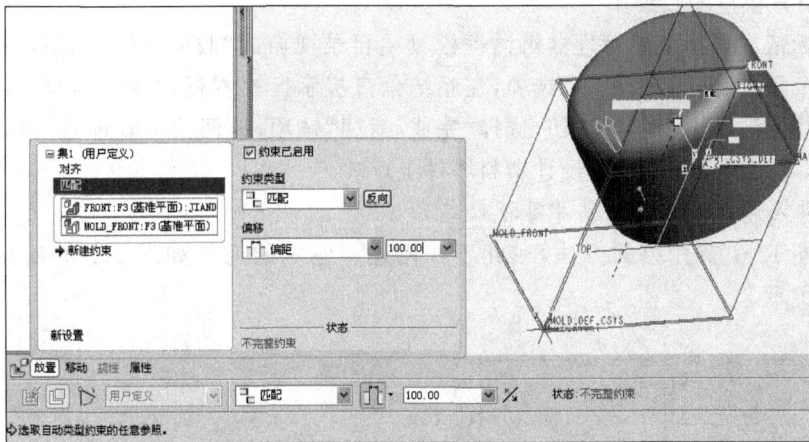

图 13.43 选择零件的 FRONT 面与 MOLD_FRONT 面匹配并偏移"100"

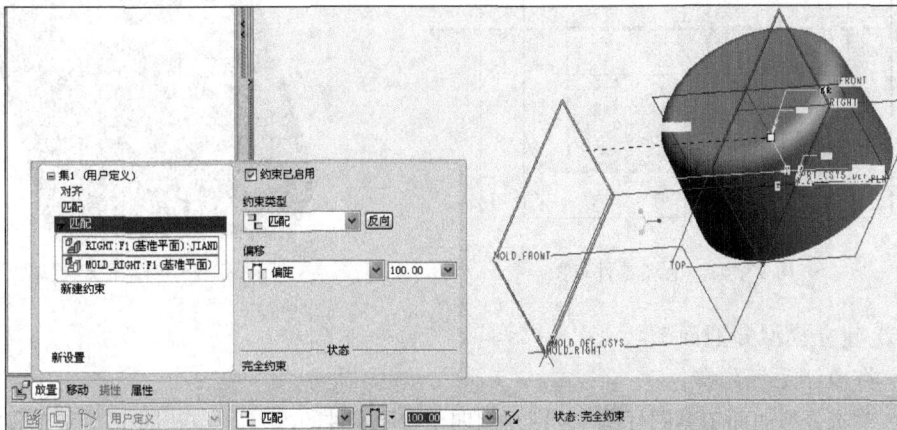

图 13.44 选择零件的 RIGHT 面与 MOLD_ RIGHT 面匹配并偏移"100"

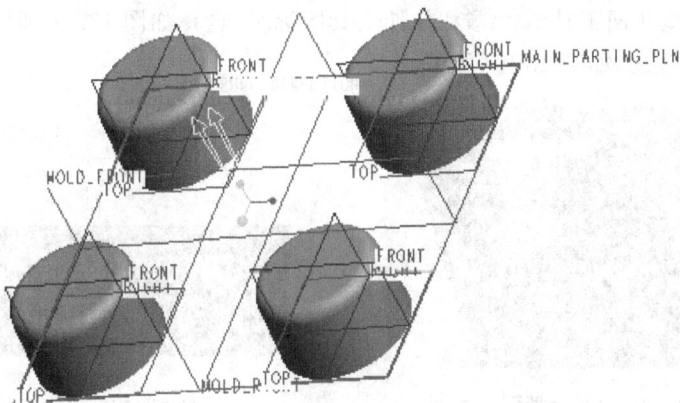

图 13.45 组装结果

（4）设置模型的收缩率

用鼠标依次选择菜单管理器对话框模具主目录视窗的"收缩"选项,选择如图 13.45 所示的四个零件,选择"按尺寸"选项,在系统信息提示区文本框内输入 ABS 塑料平均收缩率为"0.005",单击"确定"按钮,选择"完成/返回"选项,返回菜单管理器对话框模具主目录视窗,并使收缩率不在原设计塑料零件上反映。

（5）进入建立模型毛坯零件界面

方法同 13.1 节介绍的方法,在此不作阐述。建立的毛坯如图 13.46 所示,结果如图 13.47 所示。

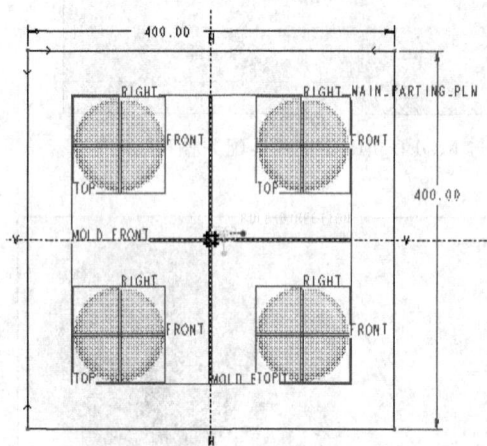

图 13.46　毛坯零件草图

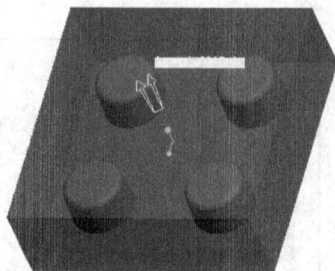

图 13.47　创建模型毛坯

（6）建立模型分型面 1

① 将模型毛坯隐藏。

② 单击分型曲面工具图标,分别复制四个参照零件的内表面(方法同 13.3 节步骤②)。

（7）建立模型分型面 2

① 将模型毛坯取消隐藏。

② 单击分型曲面工具图标和拉伸工具图标,选择如图 13.48 所示的面作为草绘平面,草绘一条直线,如图 13.49 所示。

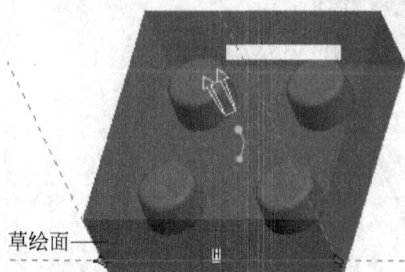

图 13.48　草绘分型面

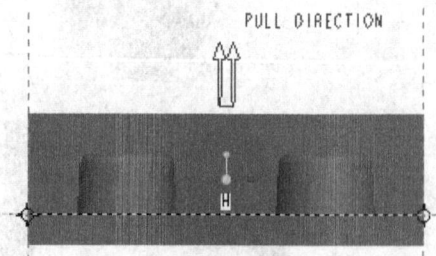

图 13.49　草绘直线

③ 将直线拉伸为曲面。拉伸成型到对面曲面,结果如图13.50所示。

(8) 合并模型分型面

① 分别将模型毛坯和四个参照零件的实体隐藏。

② 分别合并曲面,合并结果如图13.51所示。

(9) 建立模型体积及分模

① 分别将模型毛坯和四个参照零件的实体取消隐藏。

② 创建模型的分型面。

③ 建立模型体积。

④ 创建型腔嵌入件。

⑤ 隐藏工件。

⑥ 设置开模形式。

注:步骤②~⑥的操作方法与13.1节介绍的方法完全相同,在此不作阐述。分模结果如图13.52所示。

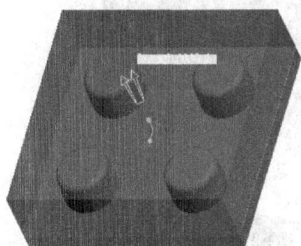

图13.50 创建拉伸曲面　　　图13.51 合并曲面结果　　　图13.52 分模结果

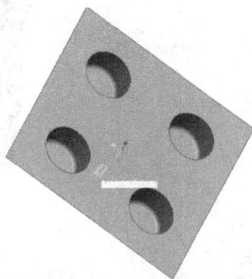

思考与练习

1. 完成如图13.53所示的塑料盒模实体造型并产生如图13.54所示的凸凹模具型腔。

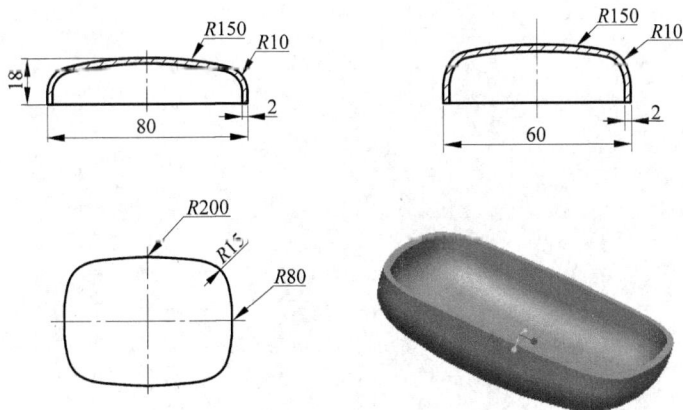

图13.53 塑料盒

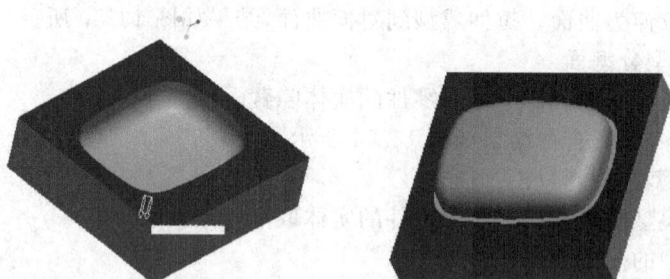

图 13.54　塑料盒凸凹模具型腔

2. 完成如图 13.55 所示的塑料盒模实体造型并产生如图 13.56 所示的凸凹模具型腔(该零件与图 13.53 所示的零件尺寸完全相同,不同之处是中间有直径为"20mm"的孔)。

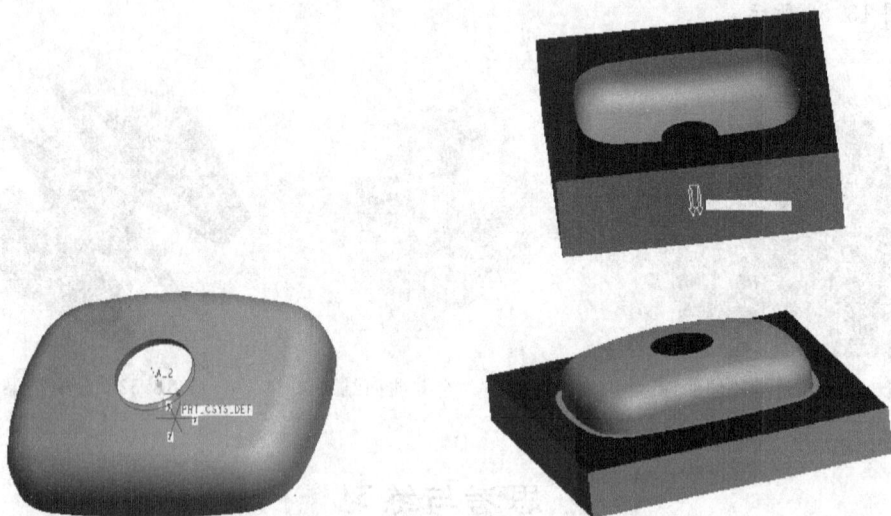

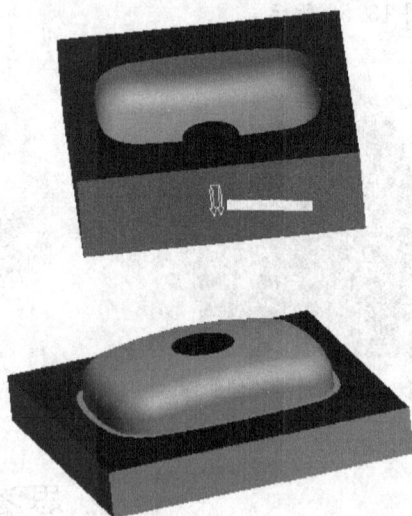

图 13.55　零件实体图

图 13.56　分模结果

第 14 章

模具分模实例

知识目标

掌握模具分模的基本方法。

技能目标

学会简单模具和多腔模具的分模方法。

本单元以手机模型实体为例来练习模具的分模,手机模型实体如图 14.1 所示。在 8.5 节已经创建了手机面盖实体图,其文件名为"shouji01.prt",现对其进行分模,分模的步骤如下。

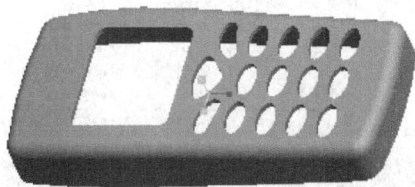

图 14.1　手机模型实体

① 选择"文件"→"新建"命令,在系统弹出的"新建"对话框中选中"制造"、"模具型腔"单选按钮,输入名称为"shoujimoxing",不使用缺省模板,如图 14.2 所示。

② 单击"确定"按钮,在系统弹出的"新文件选项"对话框中选择公制单位 mmns_mfg_mold,如图 14.3 所示,单击"确定"按钮,进入模具型腔创建功能区。

③ 在菜单管理器中选择"模具模型"→"装配"→"参照模型"选项,选择如图 14.4 所示的文件 shouji.prt,单击"打开"按钮,手机上盖零件实体被调入。

④ 单击"自动"按钮,选择"缺省"选项,手机上盖零件实体被放置,如图 14.5 所示。

⑤ 在系统弹出的"创建参照模型"对话框中单击"确定"按钮,进入模具功能区。

⑥ 创建凸凹模材料:选择"创建"→"工件"→"手动"选项,在弹出的"元件创建"对话框中单击"确定"按钮,在弹出的"创建选项"对话框中选中"创建特征"单选按钮,如图 14.6 所示,单击"确定"按钮,选择"加材料"→"完成"选项,如图 14.7 所示,创建拉伸实体。

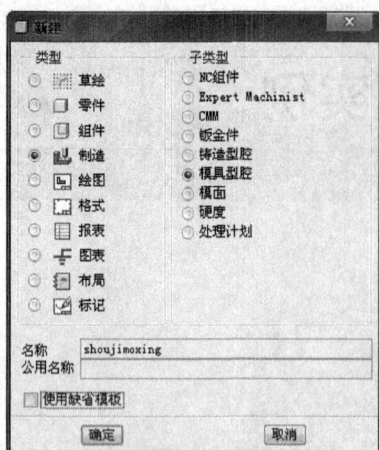

图 14.2 "新建"对话框

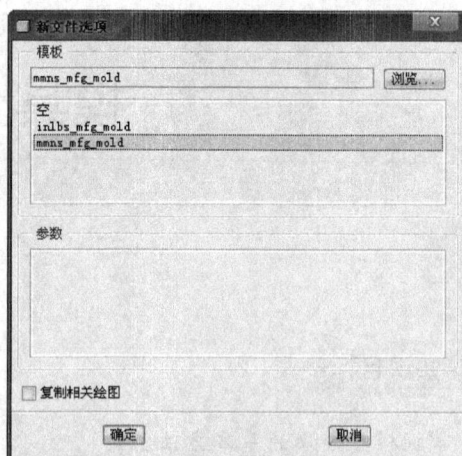

图 14.3 "新文件选项"对话框

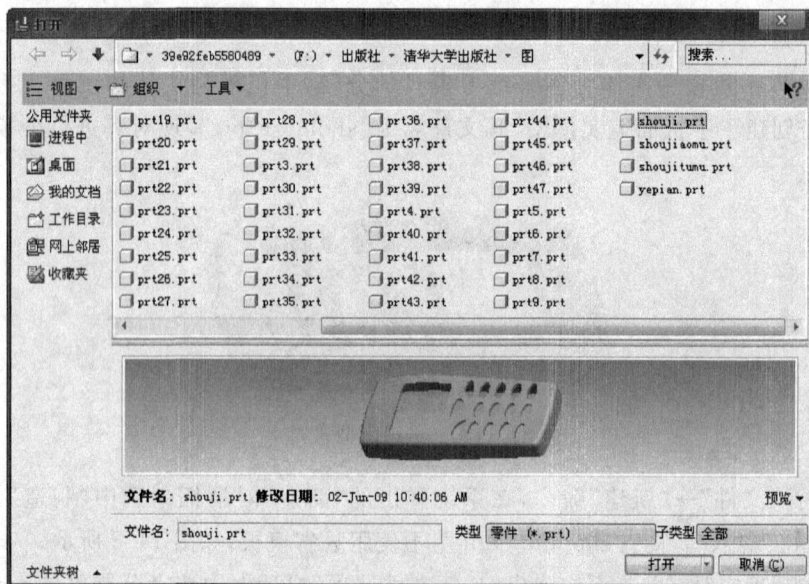

图 14.4 调入手机实体图

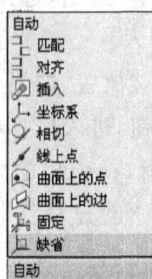

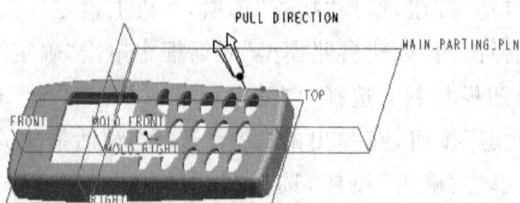

图 14.5 放置手机上盖在缺省设置位置

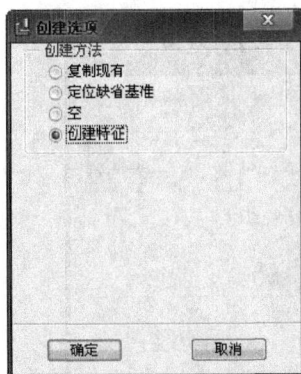

图 14.6 "创建选项"对话框

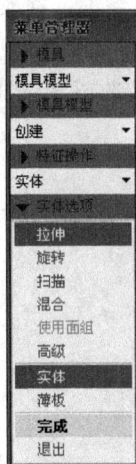

图 14.7 创建拉伸实体选择

⑦ 系统弹出"参照"对话框,在对话框中选择 FRONT 面、RIGHT 面作为参照面,如图 14.8 所示,单击"关闭"按钮,进行拉伸实体创建。

⑧ 选择基准平面 TOP 为草绘平面,草绘如图 14.9 所示的矩形,完成草绘。

图 14.8 "参照"对话框

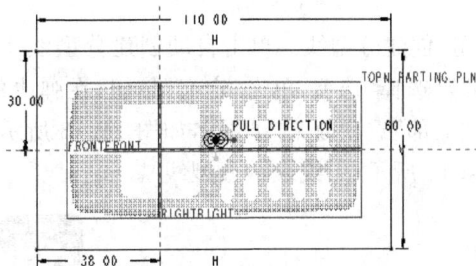

图 14.9 草绘矩形

⑨ 选择两侧拉伸实体,参数如图 14.10 所示,完成拉伸实体创建,选择"完成/返回"选项,结果如图 14.11 所示。

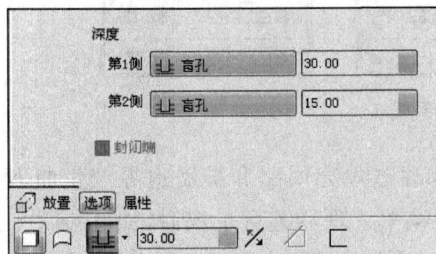

图 14.10 创建拉伸实体

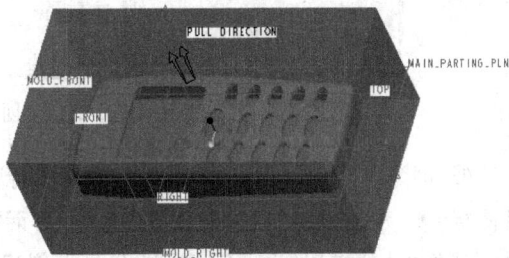

图 14.11 创建模具拉伸实体

⑩ 添加收缩率。在菜单管理器对话框中选择"收缩"→"按尺寸"选项,在系统信息提示区文本框内输入 ABS 塑料平均收缩率"0.005",如图 14.12 所示。单击按钮 ✓ ,选择"完成/返回"选项,完成收缩率的添加。

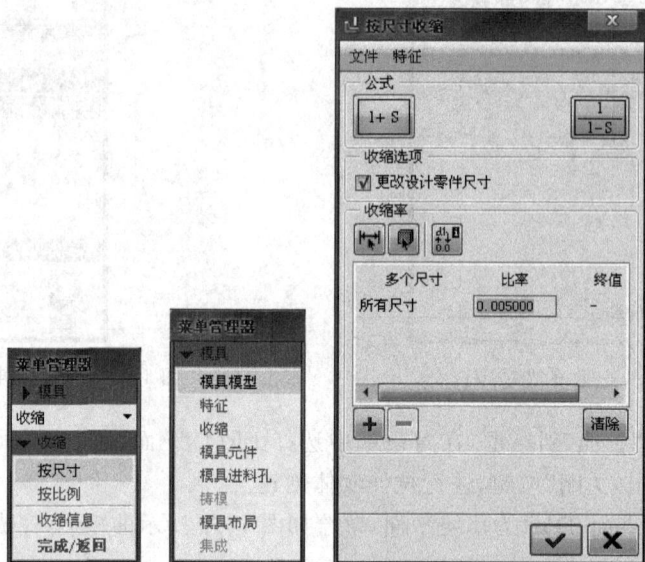

图 14.12　添加收缩率

⑪ 创建分型线。单击自动创建分型线工具图标 ⬭ ,选择"侧面影像曲线"对话框中的"环路选择"选项,单击"定义"按钮,在弹出的"环选取"对话框中单击"链"标签,并把所有的"上部"选项改为"下部",如图 14.13 所示。单击"确定"、"预览"、"确定"按钮,结果如图 14.14 所示(黑线表示分型线)。

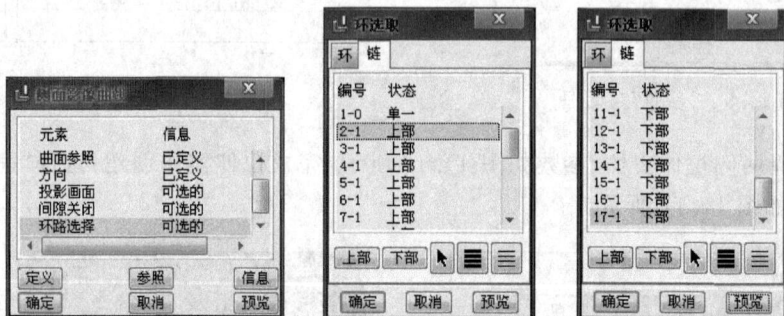

图 14.13　创建分型线 1

⑫ 创建分型面。单击分型曲面工具图标 ▢ 和通过填充回路和扩展边界产生曲面工具图标 ⬭ ,系统弹出"裙边曲线"、"选取"对话框和菜单管理器链目录视窗,如图 14.15 所示。选择"曲线链"选项,依次选择上一步创建的分型线,选择"全部选取"选项,重复单击分型线,直到把所有的分型线选取完毕为止。单击"完成"选项,再单击"预览"→"确定"按钮,完成分型面的创建,如图 14.16 所示。单击图标 ✓ 弹出创建分型面。

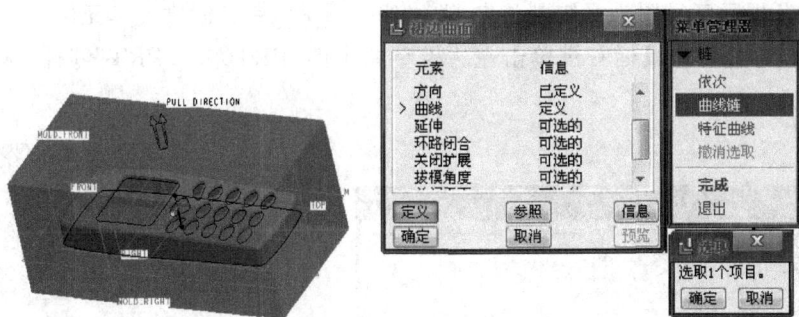

图 14.14 创建分型线 2

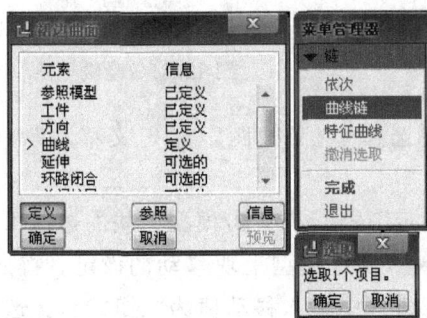

图 14.15 曲线选取

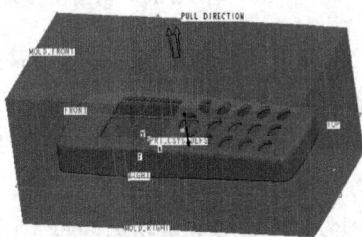

图 14.16 创建分型面

⑬ 用分型面分割模具。单击分割为新的模具体积块图标，系统弹出菜单管理器对话框分割体积块目录视窗，如图 14.17 所示。选择"两个体积块"→"所有工件"→"完成"选项，在系统弹出的"分割"对话框(见图 14.18 所示)中选取上一步创建的分型面，连续单击"确定"按钮，系统弹出"属性"对话框，如图 14.19 所示。确认系统提供的默认名称"MOLD_VOL_1"和"MOLD_VOL_2"，连续单击"确定"按钮，即可完成用分型面分割模具操作。

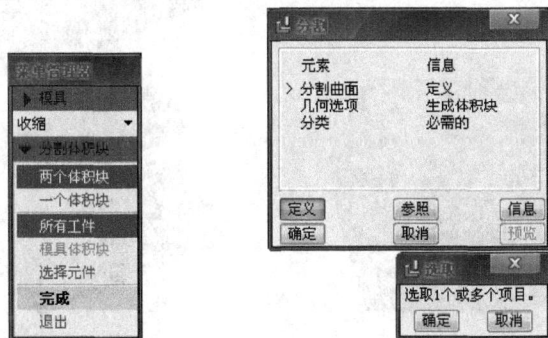

图 14.17 菜单管理器对话框分割体积块目录视窗

图 14.18 "分割"和"选项"对话框

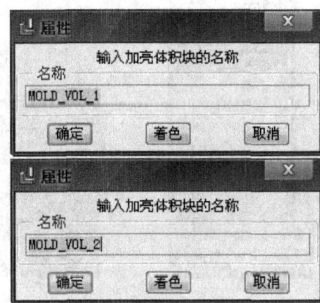

图 14.19 输入体积块名称

⑭ 创建模具元件。单击从模具体积块创建型腔嵌入件零件工具图标，系统弹出"创建模具元件"对话框，如图 14.20 所示。单击选取全部体积块按钮，再单击"确定"

按钮,在信息提示区设置为系统默认名,单击按钮 $\boxed{\checkmark}$ 完成创建模具元件。

⑮ 隐藏零件。按鼠标右键单击左边模型树中的"PRT0005.PRT"零件,选择"隐藏"命令,如图 14.21 所示。

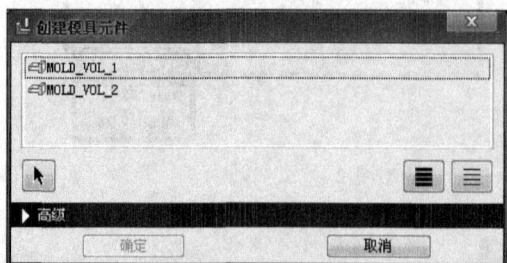

图 14.20　创建模具元件

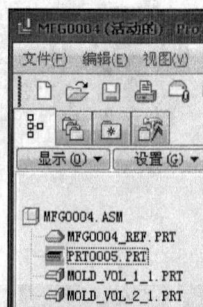

图 14.21　隐藏零件

⑯ 分模。单击模具开口分析工具图标 选择"定义间距"→"定义移动"命令,如图 14.22 所示。

单击如图 14.23 所示模型的上块,单击"确定"按钮;再单击模型上块的边线 L,在消息输入窗口中输入移动值为"100"。单击按钮 $\checkmark$,完成模型上块移动的设定。按照同样的方法,完成模型下块移动的设定(在消息输入窗口中输入移动值为"-100")。选择"完成"选项,结果如图 14.24 所示。

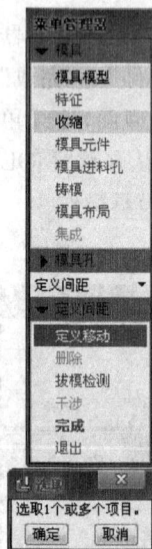

图 14.22　定义移
　　　　　动间距

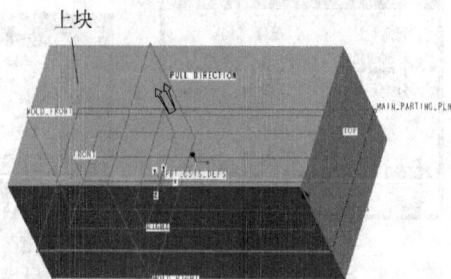

图 14.23　模型上下块分模

图 14.24　分模结果

⑰ 保存凸凹模型腔。右击模型树中的 MOLD_VOL_1_1.PRT,单击"打开"按钮,如图 14.25 所示。选择"文件"→"保存"命令保存 MOLD_VOL_1_1.PRT 凸模文件。同样方法,保存 MOLD_VOL_2_1.PRT 凹模文件。

图 14.25　保存凸、凹模型腔

思考与练习

1. 创建如图 14.26 所示的零件实体并分模,零件壁厚 2 mm。

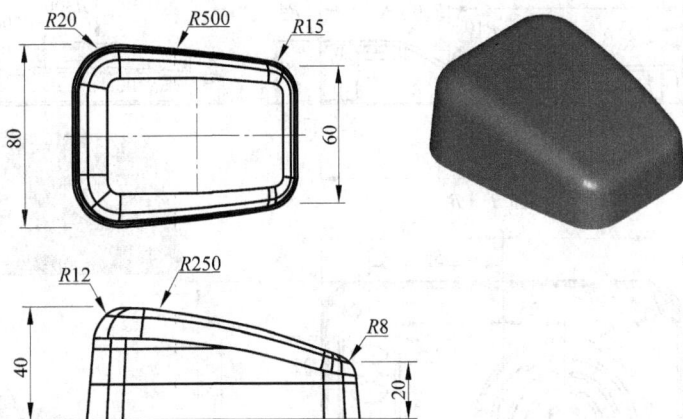

图 14.26　创建实体零件并分模

2. 创建如图 14.27 所示的塑料盒模实体造型并产生如图 14.28 所示的一模四腔凸凹模具型腔。

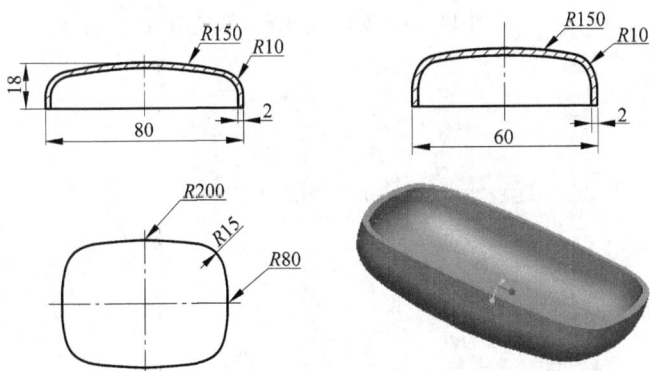

图 14.27　塑料盒

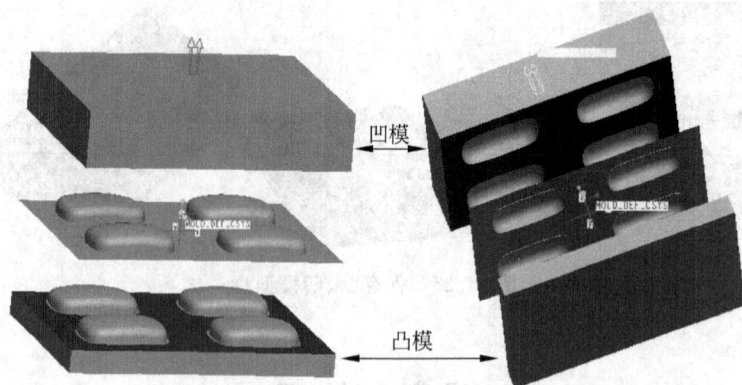

图 14.28　分模结果

3. 创建如图 14.29 所示的零件实体并分模。

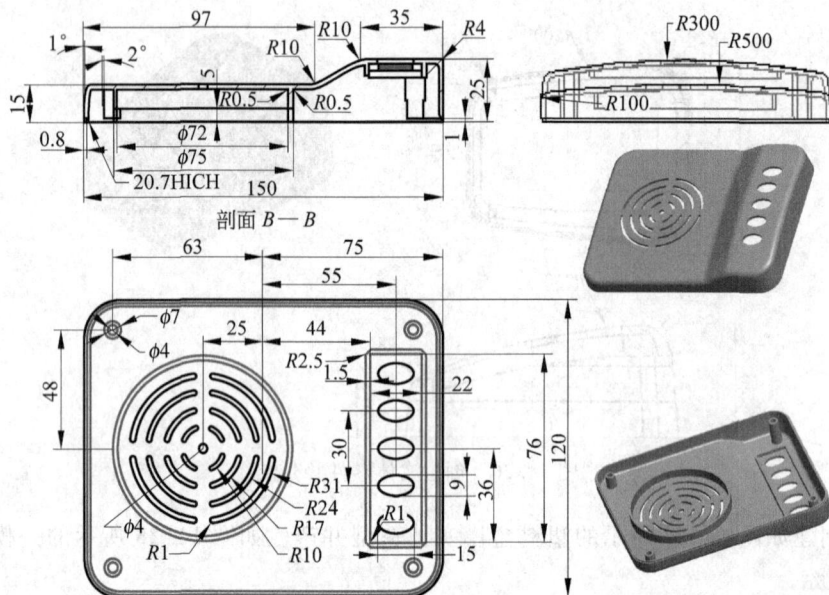

图 14.29　零件工程图及实体图

第 15 章

工程图的创建

知识目标

掌握 Pro/E 工程图中绘图环境的设置、各类型视图的创建、视图的编辑、工程图草绘、工程图尺寸标注、尺寸公差的标注、几何公差的标注、表面粗糙度的标注、注释和表格的制作、向 AutoCAD 转换等的知识和方法。

技能目标

工程图用于指导零件的加工和装配,是非常重要的技术文件。工程图能够直接、综合地表达尺寸和尺寸公差的信息、几何公差的信息、表面粗糙度的信息以及材料、热处理要求等技术要求,在现代工程中仍被广泛使用。

在生产中经常要用到零件的 2D 工程图。利用 Pro/E 软件建立零件工程图的方法是,先建立零件的 3D 零件图或装配图,再由 3D 零件图或装配图生成零件或装配体的 2D 工程图。零件的 3D 零件图或装配图与它们的 2D 工程图之间、2D 工程图中各视图之间都存在参数化设计关系。如果改变一张图纸上的尺寸值,系统就会相应地更新其他图纸上的数值。

15.1 工程图绘图环境的设置

在 Pro/E 工程图模块中通过配置文件设置诸如公制/英制单位、文本高度、箭头大小等绘图环境选项。可以根据自己的需要和习惯、相关标准和工作单位要求来设置、修改配置文件。完成配置文件的各个选项设置后,将其保存起来,供以后制作工程图时直接使用。

配置文件各选项共分为 15 大类,具体如下。

① 文本控制;

② 视图和注释控制;

③ 横截面和它们的箭头控制;

④ 视图中实体的显示控制;

⑤ 尺寸控制;

⑥ 文本和线型控制;

⑦ 引线控制;

⑧ 轴控制；

⑨ 几何公差信息控制；

⑩ 表、重复区域和材料清单球标控制；

⑪ 层控制；

⑫ 模型网格控制；

⑬ 理论管道折弯交截控制；

⑭ 尺寸公差控制；

⑮ 杂项。

如果安装的系统中包含了 Pro/DETAIL 模块，则可以根据具体工作情况来选择系统提供的配置文件，再在此基础上进行一些修改，以符合特定的要求。这些文件位于"安装目录/text/"目录下，它们是：cns_cn. dtl、cns_tw. dtl、din. dtl、dwgform. dtl、iso. dtl、jis. dtl、prodesign. dtl、prodetail. dtl、prodiagram. dtl。

根据国家标准，一般选择 cns_cn. dtl 文件，其各个选项的设置比较接近国家标准的要求。但投影类型(projection_type)默认为第三角投影(third_angle)，应改为第一角投影(first_angle)。其他选项应根据自己的习惯、相关标准和工作单位的要求来设置。

【实例15.1】 设置绘图环境。

设置绘图环境的步骤如下。

① 进入 Pro/E 程序界面后，选择"文件"→"设置工作目录"命令，如图 15.1 所示。在弹出的"选取工作目录"对话框中选取预先建立好的工作目录(也就是文件管理器中的文件夹，用于放置工程图的有关文件)，如本例中的 sx16_1\配置文件。

② 单击工具栏中的创建新对象图标 □，或选择"文件"→"新建"命令，如图 15.2 所示。系统弹出"新建"对话框，在此对话框中选择类型为"绘图"，输入绘图名称为"sx16_1"，取消勾选"使用缺省模板"复选框，单击"确定"按钮，系统弹出"新制图"对话框，如图 15.3 所示。

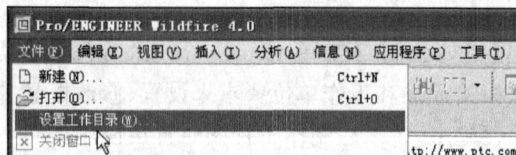

图 15.1　设置工作目录

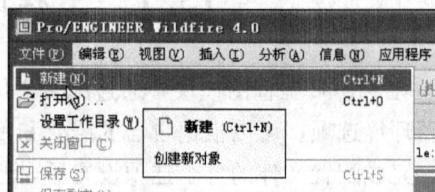

图 15.2　创建新对象

③ 在"新制图"对话框中指定模板为"空"，图纸方向为"纵向"，图纸大小选择"A4"，单击"确定"按钮进入绘图环境。此时图形区域中有一方框表示图纸的边界，如图 15.4 所示。

④ 在图形区域中右击，弹出如图 15.5 所示的快捷菜单，选择"属性"命令，弹出如图 15.6 所示的菜单管理器。在"文件属性"选项中选择"绘图选项"，弹出如图 15.7 所示的"选项"对话框。在"选项"对话框中显示当前"活动绘图"的所有"选项"和它们的值，这是系统自动选取的配置文件及各选项的默认赋值，这些赋值不一定和我们的要求一致。

图 15.3 "新建"和"新制图"对话框

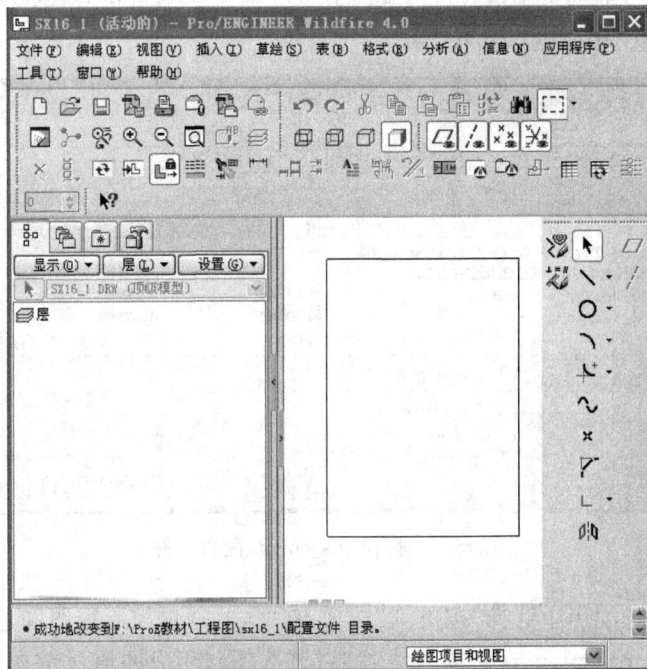

图 15.4 进入绘图环境

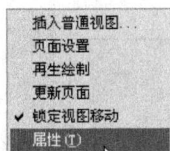

图 15.5 快捷菜单

图 15.6 菜单管理器

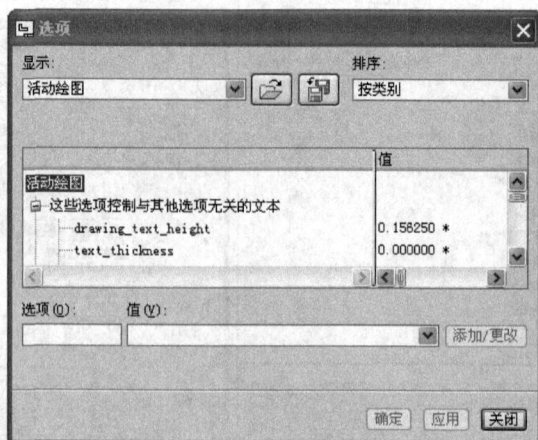

图 15.7　"选项"对话框

⑤ 在"选项"对话框中单击打开按钮 📂，打开位于安装目录、text、目录下的 cns_cn.
dtl 配置文件，结果如图 15.8 所示。

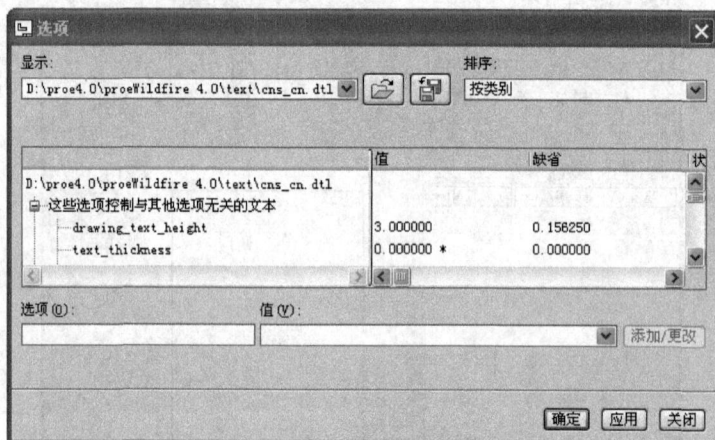

图 15.8　打开 cns_cn.dtl 配置文件

⑥ 在"排序"选项组中选择"按类别"选项，在"这些选项控制视图和它们的注释"类别
中单击投影类型 projection_type 选项。这时，该选项和相应的值显示在"选项"对话框下
部的方格中。单击"值"的展开按钮 ▼，选取第一角投影 first_angle 为投影类型
projection_type 选项的值，如图 15.9 所示。单击"添加/更改"按钮完成投影类型值的
更改。

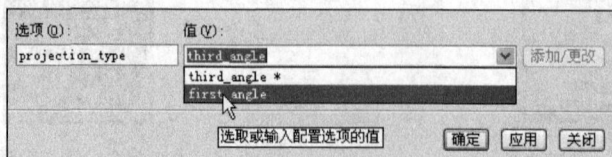

图 15.9　更改投影类型 projection_type 的值为第一角投影 first_angle

⑦ 在"选项"对话框下部的"选项"文本框中输入"a"，系统会自动搜索前面字母为"a"的选项，如图 15.10 所示。这里的选项为允许三维尺寸 allow_3d_dimensions，即允许在立体图中标注尺寸。它的值有两个选项"no"和"yes"，如图 15.11 所示。默认项为"no"，可以改为"yes"，单击"添加/更改"按钮完成"允许三维尺寸"值的更改。

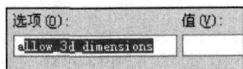

图 15.10　系统根据输入字母自动搜索选项　　　图 15.11　allow_3d_dimensions 选项的值

⑧ 可以输入当前对话框中不存在的选项。如图 15.12 所示，输入选项 line_style_length 和值 ctrlfont 4，可把默认中心线长度值改为 4mm，单击"添加/更改"按钮完成新选项及值的设置。

图 15.12　输入选项 line_style_length 和值 ctrlfont 4

⑨ 在配置文件"选项"对话框的上方单击保持当前显示的配置文件的副本按钮，在弹出的"另存为"对话框中输入文件名"sx16"，单击"Ok"按钮，如图 15.13 所示，即可把修改后的配置文件保存在当前的工作目录中。下次需要用到相同的配置文件时，按步骤⑤的方法读进该配置文件，不需修改便可使用。

图 15.13　保存修改后的配置文件

⑩ 在所有需要添加或更改的选项及值输入完成后，单击"确定"按钮，退出"选项"对话框。在菜单管理器中选择"完成/返回"选项，完成相关设置。

15.2　各类型视图的创建

在 Pro/E 工程图环境下，能灵活地生成各种类型的视图，表达零部件复杂的内外结构形状。除了一般主视图及其投影视图外，还可以生成诸如斜视图（辅助视图）、移出剖面视图（旋转视图）、局部剖视图、阶梯剖视图、旋转剖视图等复杂视图的表达，这些表达和机械制图标准中规定的表达方法基本一致。

视图的分类方法有以下三种。

1. 按视图的生成方法分类

根据视图的生成方法，可以将视图分为一般视图、投影视图、详细视图、辅助视图和旋转视图。

（1）一般视图

一般视图通常是工程图中所放置的第一个视图（主视图）。有了一般视图后，即可以该视图为父项导出投影视图。一般视图也可以用来表达零件的立体图，也就是国家制图标准中的轴测图。图 15.14 是一个零件的一般视图（斜轴测视图）。

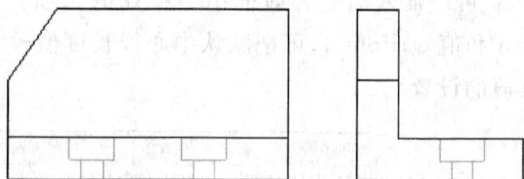

（2）投影视图

投影视图是由所选视图的顶部、底部、左侧或右侧正向投影生成的视图。图 15.15 所示为一个零件的投影视图，左边视图为一般视图，右边视图是一般视图的左视投影图。

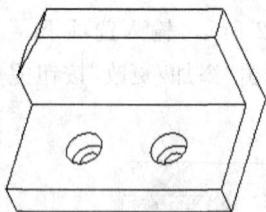

图 15.14　一个零件的一般视图　　　　　　图 15.15　一个零件的投影视图

（3）详细视图

详细视图是指取现有视图的小部分，经放大而得到的视图，也就是国家制图标准中的局部放大视图。在图 15.16 中，为了更清楚地表达沉孔结构，使用了放大 2 倍的详细视图。

（4）辅助视图

辅助视图是由所选视图按特定参照方向投影生成的视图，也就是国家制图标准中的斜视图。图 15.17 所示的右下角视图为一辅助视图。

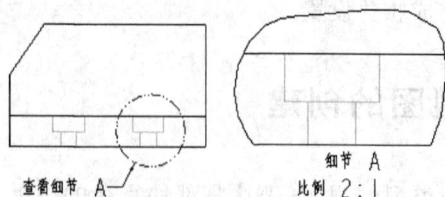

图 15.16　详细视图　　　　　　　　图 15.17　辅助视图

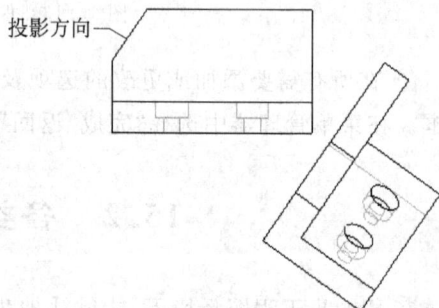

（5）旋转视图

旋转视图是由剖切平面切割现有视图，所得断面图形旋转 90° 后移出视图而得到的新视图，也就是国家制图标准中的移动剖面。这里的旋转视图和国家制图标准中的旋转视图是不同的概念。图 15.18 所示的就是一个旋转视图的范例，左边的图是用于创建旋转视图的父视图。

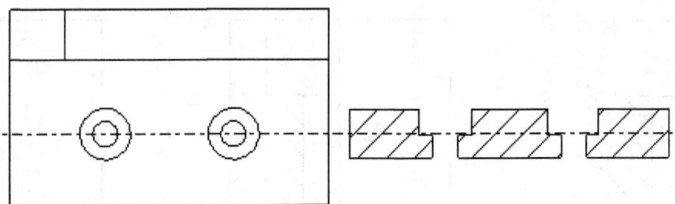

图 15.18　旋转视图

2. 按视图显示模型的多少分类

根据视图显示模型的多少,可以将视图分为全视图、半视图、破断视图和局部视图。

(1) 全视图

全视图显示视图的全部,如图 15.19 所示。

(2) 半视图

半视图仅显示视图切割平面的一侧,可以是一半用于表达对称的结构,如图 15.20 所示。

(3) 破断视图

在不影响表达的情形下,断掉中间的某部分,如对细长轴的表达,如图 15.21 所示。

(4) 局部视图

仅显示划定的局部区域,如图 15.22 所示。

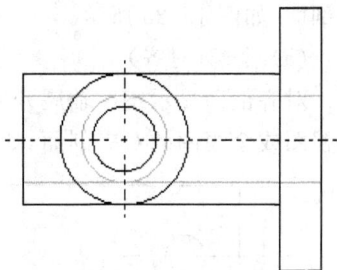

图 15.19　全视图

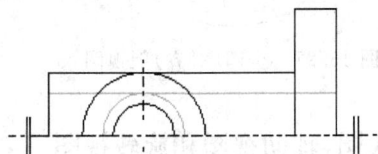

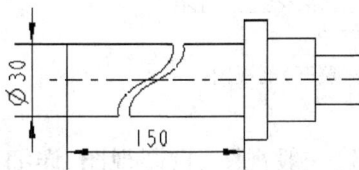

图 15.20　半视图　　　　图 15.21　破断视图　　　　图 15.22　局部视图

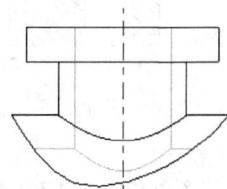

3. 按剖面(截面)分类

根据剖切面的特点及视图显示的方式,视图又可以分为完全(全剖)、一半(半剖)、局部、全部(展开)、全部(对齐)等。

(1) 完全(全剖)

创建一个全剖视图,如图 15.23 所示。

(2) 一半(半剖)

创建一个半剖视图,如图 15.24 所示。

(3) 局部

创建一个局部剖视图,如图 15.25 所示。

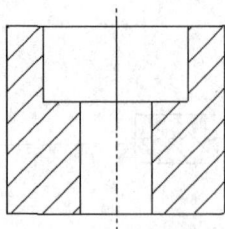

图 15.23　完全剖视图　　　图 15.24　半剖视图　　　图 15.25　局部剖视图

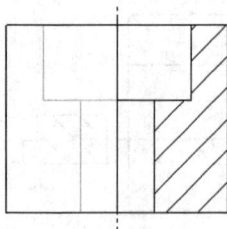

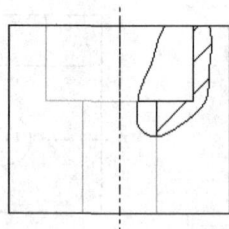

（4）全部（展开）

展开剖面显示一般视图的平整区域剖面，而全部展开剖面显示一般视图的全部展开的剖面，如图 15.26 所示。

（5）全部（对齐）

对齐剖面显示绕一轴展开的区域剖视图。全部对齐剖面显示一般视图、投影视图、辅助视图或全视图的对齐剖面，如图 15.27 所示。

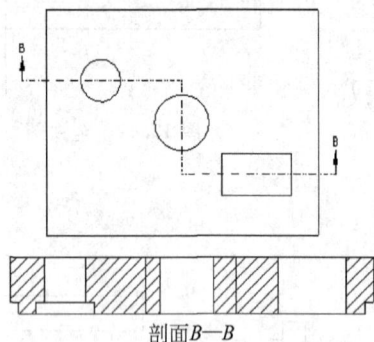

图 15.26　全部（展开）剖视图　　　　图 15.27　全部（对齐）剖视图

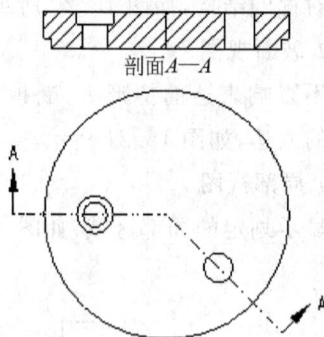

【实例 15.2】 创建一般视图、投影视图、详细视图、辅助视图和旋转视图。

一般视图、投影视图、详细视图、辅助视图和旋转视图的创建步骤如下。

（1）新建绘图文件，修改配置文件

① 进入 Pro/E 程序界面后，设置工作目录，如本例中的 sx16_2\视图类型 1。

② 新建绘图文件 sx16_2_1.drw，取消使用缺省模板，无缺省模型，指定模板为"空"，图纸方向为"横向"，图纸大小选择"A4"。

③ 在绘图区右击，在弹出的快捷菜单中选择"属性"命令，系统出现菜单管理器。在菜单管理器中选择"绘图选项"选项，弹出配置文件"选项"对话框。

④ 在配置文件"选项"对话框中单击打开配置文件按钮 ，把实例 15.1 中保存的配置文件 sx16.dtl 读进绘图环境中。单击"确定"按钮完成配置文件的修改。

⑤ 在菜单管理器中选择"完成/返回"选项。

（2）添加模型，制作一般视图、投影视图和辅助视图

① 在绘图区右击，在弹出的快捷菜单中选择"属性"命令，系统出现菜单管理器。在

"菜单管理器"中依次选择"绘图模型"→"添加模型"选项,弹出文件"打开"对话框。双击文件 sx16_2_1. PRT,把模型 sx16_2_1. PRT 读进绘图环境中。

② 在菜单管理器中选择"完成/返回"选项。

③ 选择"插入"→"绘图视图"→"一般"命令,在信息区中出现提示"选取绘制视图的中心点",在图形区中单击欲放置视图的位置,系统出现如图 15.28 所示的"绘图视图"对话框。

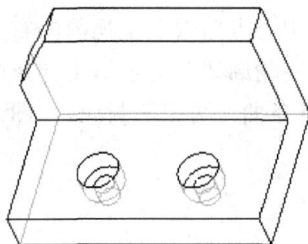

④ 在"视图方向"(根据模型的方位确定视图的投影方向)选项组中,选择"缺省方向"为"斜轴侧",单击"应用"按钮,就可以得到模型的"斜轴侧"视图,如图 15.29 所示。单击"确定"按钮,完成视图的制作。

⑤ 重复前面步骤①～③,在"绘图视图"对话框中选择"模型视图名"为 FRONT(用于确定视图的投影方向),单击"应用"按钮,就可以得到模型的正面投影视图,此视图可作为其他投影视图的主视图,如图 15.30 所示。单击"确定"按钮,完成一般视图的制作。

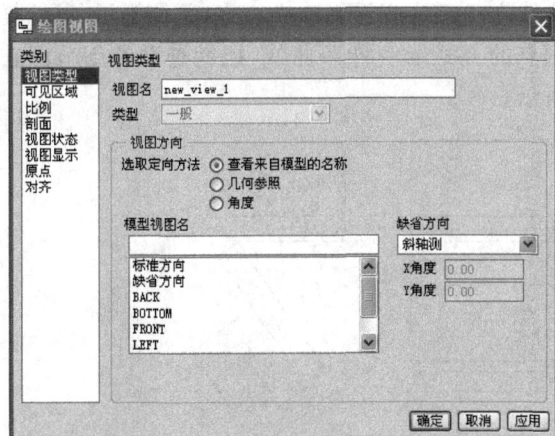

图 15.29 "斜轴侧"视图

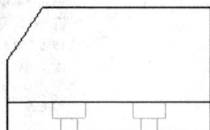

图 15.28 "绘图视图"对话框

图 15.30 正面投影视图

⑥ 选择"插入"→"绘图视图"→"投影"命令,在信息区中出现提示"选取投影父视图",选择步骤⑤建立的视图为父视图,再次出现提示"选取绘制视图的中心点",单击父视图的左边,出现父视图的"左视图"。

⑦ 重复步骤⑥,改为单击父视图的下方,出现父视图的"俯视图",结果如图 15.31 所示。

⑧ 选择"插入"→"绘图视图"→"辅助"命令,选取主视图的一斜边作为投影方向的参照,如图 15.32 所示。单击父视图的左下方,用于指定辅助视图旋转的位置,结果如图 15.33 所示。

⑨ 在图形区右击,在弹出的快捷菜单中选择"锁定视图移动"命令,单击欲移动位置的视图,当出现十字箭头符号时,就可以拖动视图,调整到合适的位置。

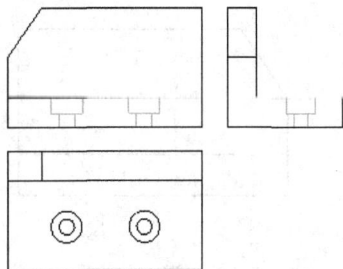

图 15.31 投影视图的创建

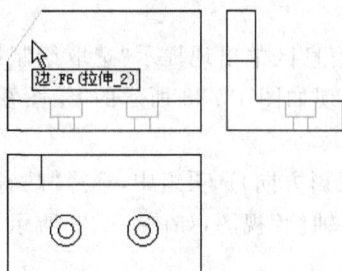

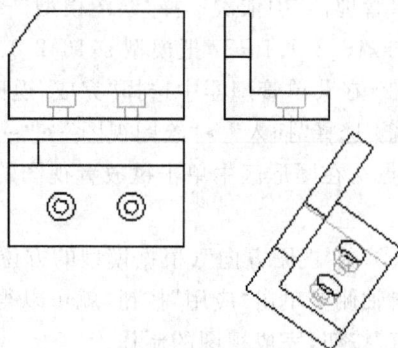

图 15.32　选取辅助视图的投影方向　　　　图 15.33　辅助视图的创建

制作的一般视图（斜轴侧、正面投影）、投影视图、辅助视图的最后结果如图 15.34 所示。

（3）制作详细视图和旋转视图

① 选择"插入"→"绘图视图"→"详细"命令，系统提示"在现有视图上选取要查看细节的中心点"，选取主视图的右边沉孔边线上一点为查看细节中心点，系统提示"草绘样条定义一轮廓线"，通过给出样条曲线控制点的方式绘制样条曲线，把欲查看的细节圈在其中，样条曲线可以不封闭，如图 15.35 所示。

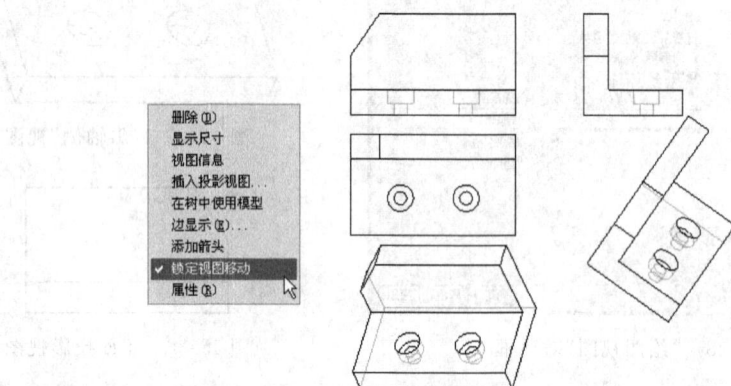

图 15.34　调整视图位置得到的结果

② 系统提示"选取绘制视图的中心点"，单击主视图的右边指定详细视图的位置，得到如图 15.36 所示详细视图，系统自动赋予比例值为"4∶3"。

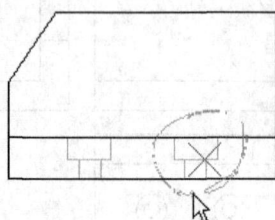

图 15.35　圈定欲查看的细节　　　　　　图 15.36　得到的详细视图

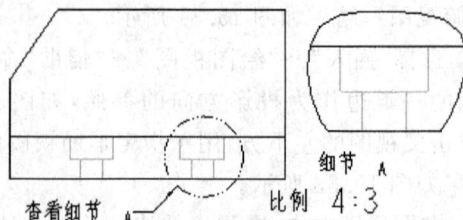

③ 光标移到详细视图位置,单击选取该视图,右击在弹出的快捷菜单中选择"属性"命令,弹出"绘图视图"对话框,更改定制比例值为"2",如图 15.37 所示。单击"确定"按钮,完成图形比例值的更改,结果如图 15.38 所示。

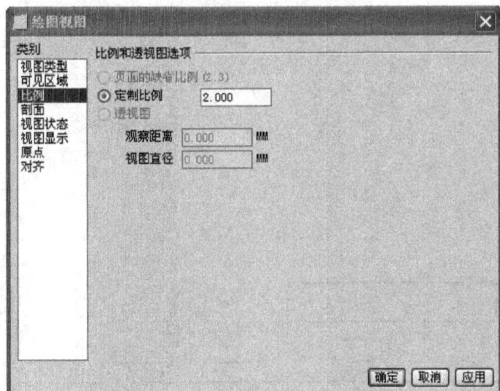

图 15.37 更改定制比例

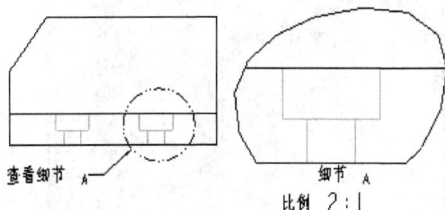

图 15.38 更改定制比例得到的详细视图

④ 选择"文件"→"打开"命令,在出现的文件"打开"对话框中双击文件 SX16_2_1.PRT,打开模型 SX16_2_1.PRT 三维图形文件。

⑤ 单击工具栏中的启用视图管理器图标 ,弹出"视图管理器"对话框。在"视图管理器"对话框中单击"X 截面"标签,单击"新建"按钮,输入名称"A",按 Enter 键。在出现的菜单管理器中的"剖切面创建"选项组中依次选择"平面"→"单一"选项,单击"确定"按钮。在"设置平面"选项组中选择"产生基准"选项,在"基准平面"选项组中选择"平行"选项,选取如图 15.39 所示平面为平行平面。在"基准平面"选项组中选择"穿过"选项,选取如图 15.39 所示轴 A_1 为要穿过的轴线。选择"完成"选项,完成基准平面 A 的创建,结果如图 15.39 所示。

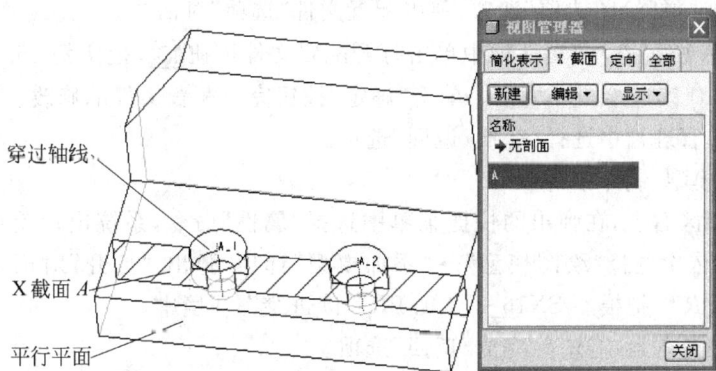

图 15.39 X 截面 A 的创建

⑥ 单击"窗口"命令,在下拉菜单中选择"sx16_2_1.drw",回到绘图窗口。

⑦ 选择"插入"→"绘图视图"→"旋转"命令,系统提示"选取旋转界面的父视图",选取俯视图为父视图,系统再提示"选取绘制视图的中心点",在父视图的右边适当位置单

击,出现"绘图视图"对话框,选取"截面"为步骤⑤建立的截面 A,如图 15.40 所示。

　　⑧ 单击"确定"按钮,完成旋转视图的制作;结果如图 15.41 所示。旋转视图的投影方向为截面的正面方向,读者可以改变截面 A 的正面方向来观察旋转视图如何变化。

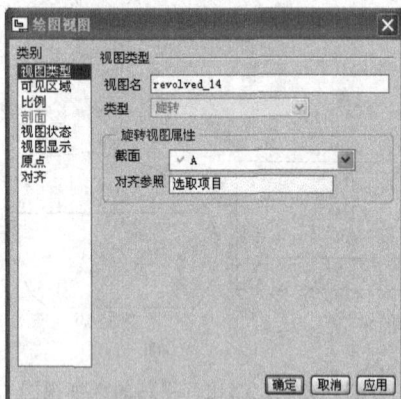

图 15.40　"绘图视图"对话框　　　　　　　图 15.41　旋转视图

【实例 15.3】　创建半视图、破断视图和局部视图。

半视图、破断视图和局部视图的创建步骤如下。

(1) 新建绘图文件,修改配置文件

　　① 进入 Pro/E 程序界面后,设置工作目录,如本例中的 sx16_2\视图类型 2。

　　② 新建绘图文件 sx16_2_2.drw,取消使用缺省模板,无缺省模型,指定模板为"空",图纸方向为"横向",图纸大小选择"A4"。

　　③ 在绘图区右击,在弹出的快捷菜单中选择"属性"命令,系统出现菜单管理器。在菜单管理器中选择"绘图选项"选项,弹出配置文件"选项"对话框。

　　④ 在配置文件"选项"对话框中单击打开配置文件按钮 📄 ,把实例 15.1 中保存的配置文件 sx16.dtl 读进绘图环境中。单击"确定"按钮完成配置文件的修改。

　　⑤ 在菜单管理器中选择"完成/返回"选项。

(2) 添加模型,制作半视图

　　① 在绘图区右击,在弹出的快捷菜单中选择"属性"命令,系统出现菜单管理器。在菜单管理器中依次选择"绘图模型"→"添加模型"选项,弹出"打开"对话框。双击文件 SX16_2_2_1.PRT,把模型 SX16_2_2_1.PRT 读进绘图环境中。

　　② 在菜单管理器中选择"完成/返回"选项。

　　③ 选择"插入"→"绘图视图"→"一般"命令,在信息区中出现提示"选取绘制视图的中心点",在图形区中单击欲放置视图的位置,系统出现如图 15.42 所示的"绘图视图"对话框。

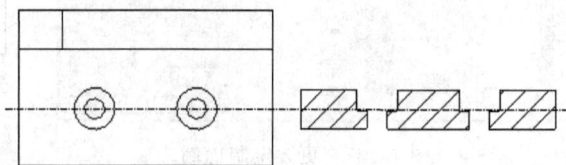

　　④ 在"绘图视图"对话框中选择"模型视图名"为 TOP(用于确定视图的投影方向),单击"应用"按钮,即可得到模型的正面投影视图(全视图),如图 15.43 所示。

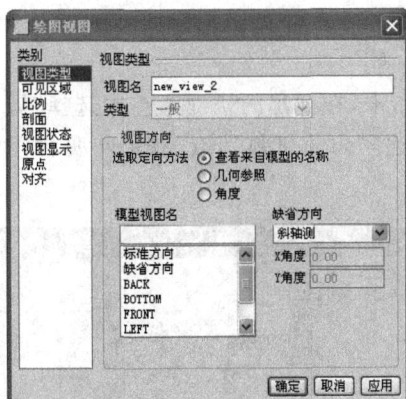

图 15.42 "绘图视图"对话框

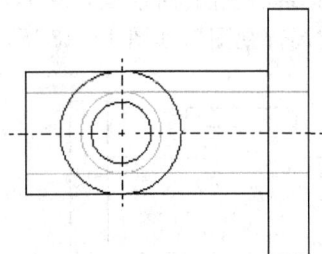

图 15.43 全视图

⑤ 在"绘图视图"对话框的"类别"选项组中选择"可见区域",在"视图可见性"列表框中选择"半视图",选择 FRONT 基准平面为切割平面,如图 15.44 所示。

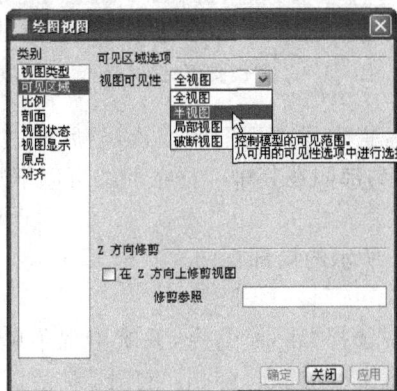

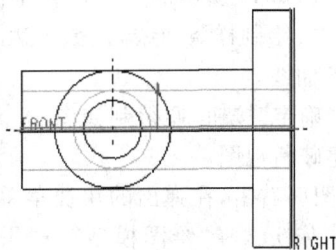

图 15.44 选择 FRONT 基准面为半视图的切割平面

⑥ 在"对称线标准"列表框中选择"对称线 ISO",通过单击保持侧按钮 选择上侧为要保持的一侧,如图 15.45 所示。所得半视图的结果如图 15.46 所示。

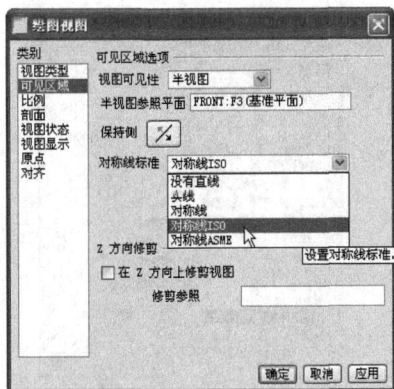

图 15.45 对称线的选择

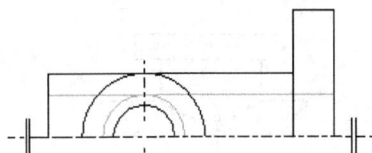

图 15.46 半视图

（3）创建局部视图

① 制作半视图的仰视图，结果如图 15.47 所示。

② 光标移到仰视图位置，单击选取该视图，右击，在弹出的快捷菜单中选择"属性"命令，弹出"绘图视图"对话框，在"类别"选项组中选择"可见区域"，在"视图可见性"列表框中选择"局部视图"，如图 15.48 所示。

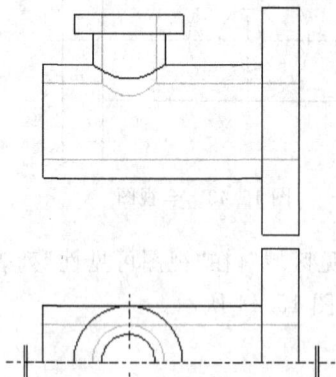

图 15.47 创建仰视图

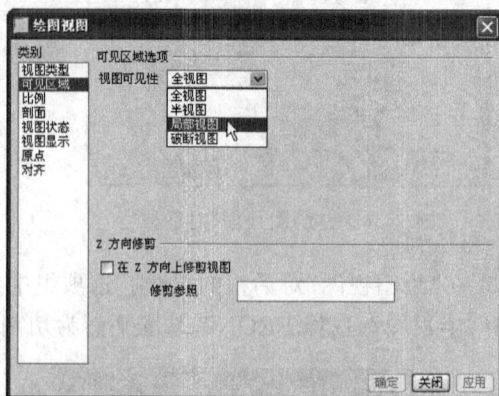

图 15.48 "视图可见性"选择"局部视图"

③ 在如图 15.49 所示的"×"位置单击，指定局部视图的位置，然后通过给出样条曲线控制点的方式绘制样条曲线，把欲表达的局部圈在其中。样条曲线可以不封闭，系统会自动封闭样条曲线。

④ 单击"确定"按钮，便得到如图 15.50 所示的局部视图。

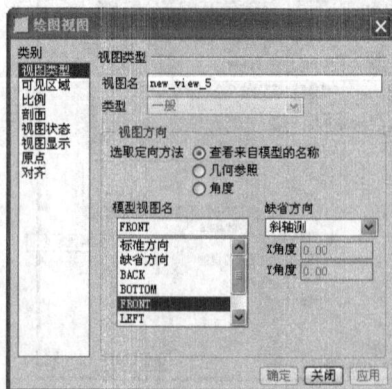

（4）创建破断视图

① 在绘图区右击，在弹出的快捷菜单中选择"属性"命令，系统出现菜单管理器。在菜单管理器中依次选择"绘图模型"→"添加模型"选项，弹出"打开"对话框。双击文件 SX16_2_2_2.PRT，把模型 SX16_2_2_2.PRT 读进绘图环境中。

② 在菜单管理器中选择"完成/返回"选项。

③ 选择"插入"→"绘图视图"→"一般"命令，在信息区中出现提示"选取绘制视图的中心点"，在图形区中单击欲放置视图的位置，系统出现如图 15.51 所示的"绘图视图"对话框。

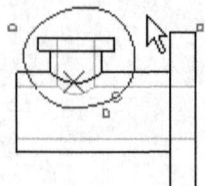

图 15.49 圈住欲表达的局部视图

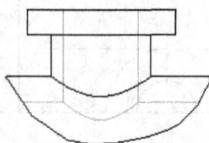

图 15.50 局部视图

图 15.51 选择 FRONT 为投影方向

④ 在"绘图视图"对话框中选择"模型视图名"为 FRONT（用于确定视图的投影方向），单击"应用"按钮，即可得到模型的正面投影视图（全视图），如图 15.52 所示。

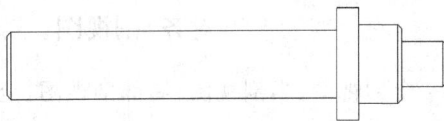

图 15.52 全视图

⑤ 在"类别"选项组中选择"可见区域"，在"视图可见性"列表框中选择"破断视图"，如图 15.53 所示。

⑥ 在更新后的"绘图视图"对话框中单击添加断点按钮 ⊞，系统提示"草绘一条水平或垂直的破断线"，在图 15.54 所示点 1 位置单击，然后往下方移动光标以示要草绘一条垂直的破断线，单击确认。系统又提示"拾取一个点定义第二条破断线"，在图 15.54 所示点 2 位置单击，指定第二条破断线位置。这时的"绘图视图"对话框如图 15.55 所示。

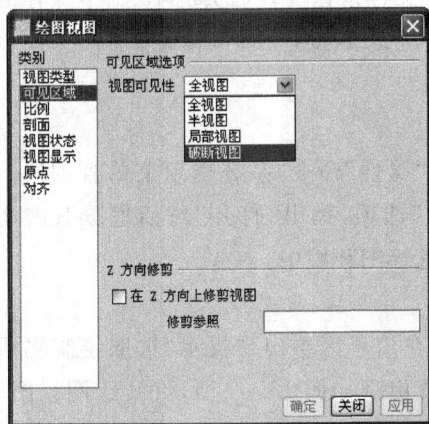

图 15.53 "视图可见性"选择"破断视图"

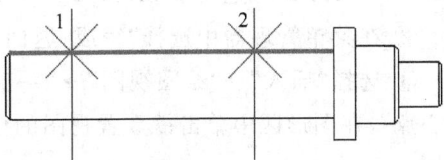

图 15.54 确定破断线的位置和方向

⑦ 在"破断线样式"选项组中选择"视图轮廓上的 S 曲线"，单击"确定"按钮，得到的破断视图如图 15.56 所示。

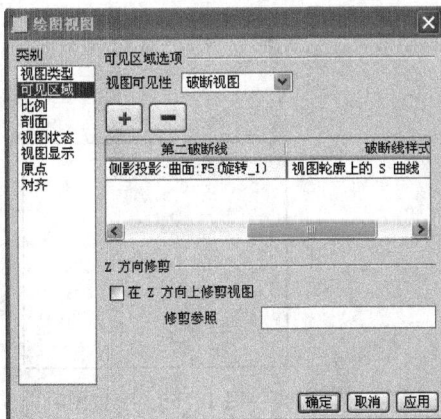

图 15.55 "绘图视图"对话框

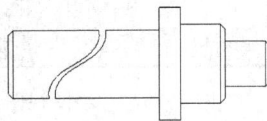

图 15.56 破断视图

【实例15.4】　创建全剖视图、半剖视图、局部剖视图、全部（展开）剖视图、全部（对齐）剖视图。

全剖视图、半剖视图、局部剖视图、全部（展开）剖视图、全部（对齐）剖视图的创建步骤如下。

（1）新建绘图文件，修改配置文件

① 进入 Pro/E 程序界面后，设置工作目录，如本例中的 sx16_2\视图类型 3。

② 新建绘图文件 sx16_2_3.drw，取消使用缺省模板，无缺省模型，指定模板为"空"，图纸方向为"横向"，图纸大小选择"A4"。

③ 在绘图区右击，在弹出的快捷菜单中选择"属性"命令，系统出现菜单管理器。在菜单管理器中选择"绘图选项"选项，弹出配置文件"选项"对话框。

④ 在配置文件"选项"对话框中单击打开配置文件按钮 🗀，把实例 15.1 中保存的配置文件 sx16.drl 读进绘图环境中。单击"确定"按钮完成配置文件的修改。

⑤ 在菜单管理器中选择"完成/返回"选项。

（2）添加模型，制作全剖视图

① 在绘图区右击，在弹出的快捷菜单中选择"属性"命令，系统出现菜单管理器。在菜单管理器中依次选择"绘图模型"→"添加模型"选项，弹出"打开"对话框。双击文件 SX16_2_3_1.PRT，把模型 SX16_2_3_1.PRT 读进绘图环境中。

② 在菜单管理器中选择"完成/返回"选项。

③ 选择"插入"→"绘图视图"→"一般"命令，在信息区中出现提示"选取绘制视图的中心点"，在图形区中单击欲放置视图的位置，系统出现如图 15.57 所示的"绘图视图"对话框。

④ 在"绘图视图"对话框中选择"模型视图名"为 FRONT（用于确定视图的投影方向），单击"应用"按钮，即得到模型的正面投影视图（全视图），如图 15.58 所示。

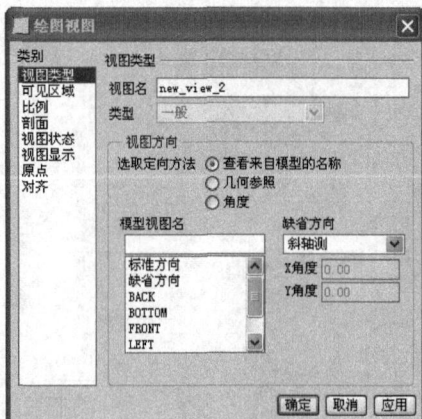

图 15.57　"绘图视图"对话框

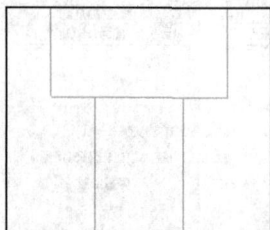

图 15.58　全视图

⑤ 在"绘图视图"对话框"类别"选项组中选择"剖面",选择"剖面选项"为"2D 截面",单击将横截面添加到视图按钮 ⊕ ,选择横截面名称为"Q","剖切区域"为"完全",如图 15.59 所示。

⑥ 在"绘图视图"对话框中单击"确定"按钮,得到的全剖视图如图 15.60 所示。

（3）制作半剖视图

把前面制作的全剖视图通过更改剖切区域变为半剖视图。

① 把光标移动到全剖视图上,单击选择视图。右击,在弹出的快捷菜单中选择"属性"命令,系统弹出"绘图视图"对话框。

② 在"类别"选项组中选择"剖面",选择"剖面选项"为"2D 截面",选择"剖切区域"为"一半",这时系统提示"为半截面创建选取参照平面"。

③ 单击导航区"显示"按钮,在下拉菜单中选择"模型树"。在模型树中单击 FRONT,选择 FRONT 基准面为半剖视图创建的参照平面,如图 15.61 所示。

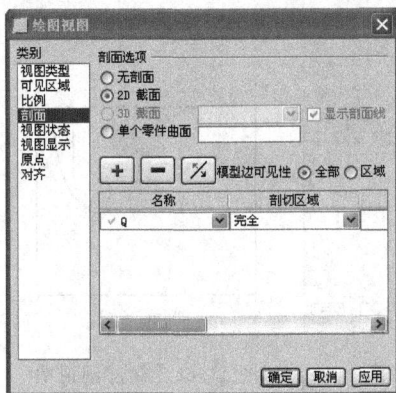

图 15.59 "绘图视图"对话框 图 15.60 全剖视图 图 15.61 选择半剖视图参照

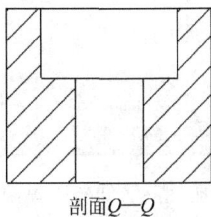

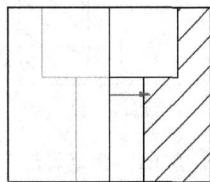

④ 图 15.61 中箭头所示一边为半剖视图的剖视部分。可以通过定义"边界"来选定半剖视图的剖视部分所在的一侧。完成各项设置后的"绘图视图"对话框如图 15.62 所示。

⑤ 单击"确定"按钮,得到的半剖视图如图 15.63 所示。

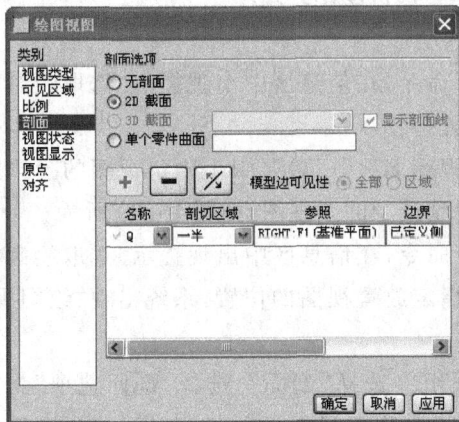

图 15.62 "绘图视图"对话框 图 15.63 半剖视图

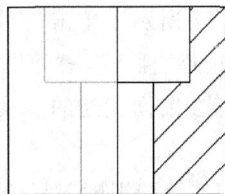

（4）制作局部剖视图

把前面制作的半剖视图通过更改"剖切区域"变为局部剖视图。

① 把光标移动到半剖视图上，单击选择视图。右击，在弹出的快捷菜单中单击"属性"命令，系统弹出"绘图视图"对话框。

② 在"类别"选项组中选择"剖面"，选择"剖面选项"为"2D 截面"，选择"剖切区域"为"局部"，在如图 15.64 所示的"×"位置单击，指定局部剖视图的位置，然后通过给出样条曲线控制点的方式绘制样条曲线，把欲表达的局部圈在其中。样条曲线可以不封闭，系统会自动封闭样条曲线。完成各项设置后的"绘图视图"对话框如图 15.65 所示。

③ 单击"确定"按钮，得到的局部剖视图如图 15.66 所示。

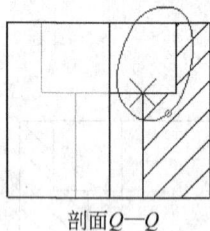

剖面Q—Q

图 15.64　圈定局部
　　　　　剖视区域

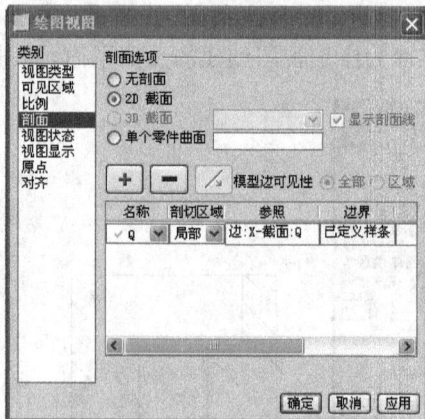

图 15.65　"绘图视图"对话框

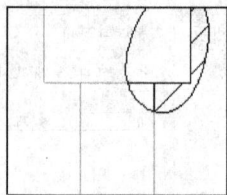

剖面Q—Q

图 15.66　局部剖视图

（5）创建全部（展开）剖视图

① 在绘图区右击，在弹出的快捷菜单中选择"属性"命令，系统出现菜单管理器。在菜单管理器中依次选择"绘图模型"→"添加模型"选项，弹出"打开"对话框。双击文件 SX16_2_3_2.PRT，把模型 SX16_2_3_2.PRT 读进绘图环境中。

② 在菜单管理器中选择"完成/返回"选项。

③ 选择"插入"→"绘图视图"→"一般"命令，在信息区中出现提示"选取绘制视图的中心点"，在图形区中单击欲放置视图的位置。

④ 在"绘图视图"对话框中选择"模型视图名"为 TOP（用于确定视图的投影方向），如图 15.67 所示。单击"应用"按钮，即可得到模型的全视图，如图 15.68 所示。

⑤ 选择"插入"→"绘图视图"→"一般"命令，在信息区中出现提示"选取绘制视图的中心点"，在前面创建的全视图的下方单击指定放置视图的位置，系统出现"绘图视图"对话框。

⑥ 在"绘图视图"对话框的"类别"选项组中选择"剖面"，选择"剖面选项"为"2D 截面"。单击将横截面添加到视图按钮 ➕ ，截面名称选择为"B"（模型已通过视图管理器创建 X 截面"B"，以便于在绘图环境中直接选用），"剖切区域"选择为"全部（展开）"；在"箭

图 15.67 "绘图视图"对话框

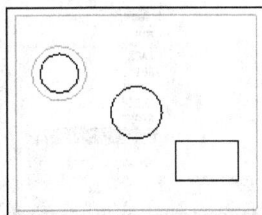

图 15.68 全视图

头显示"中单击选取用于显示箭头的视图,单击前面创建的全视图为显示箭头的视图。完成各项设置后的"绘图视图"对话框如图 15.69 所示。

⑦ 单击"确定"按钮,得到全部(展开)剖视图。调整箭头和各视图的位置,最后结果如图 15.70 所示。

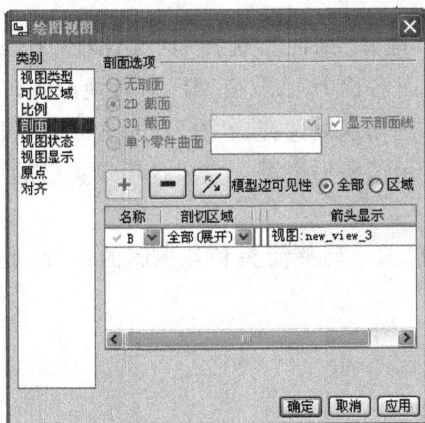

图 15.69 "绘图视图"对话框

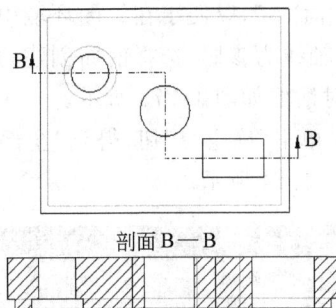

图 15.70 全部(展开)剖视图

剖面 B—B

(6) 创建全部(对齐)剖视图

① 在绘图区右击,在弹出的快捷菜单中选择"属性"命令,系统出现菜单管理器。在菜单管理器中依次选择"绘图模型"→"添加模型"选项,弹出"打开"对话框。双击文件 SX16_2_3_3.PRT,把模型 SX16_2_3_3.PRT 读进绘图环境中。

② 在菜单管理器中选择"完成/返回"选项。

③ 选择"插入"→"绘图视图"→"一般"命令,在信息区中出现提示"选取绘制视图的中心点",在图形区中单击欲放置视图的位置。

④ 在"绘图视图"对话框中选择"模型视图名"为 TOP(用于确定视图的投影方向),如图 15.71 所示。单击"应用"按钮,即得到模型的全视图(主视图),如图 15.72 所示。

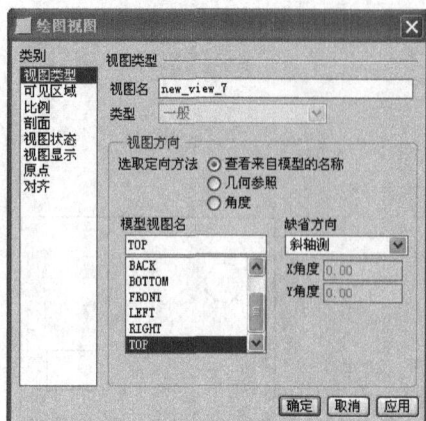

图 15.71 "绘图视图"对话框

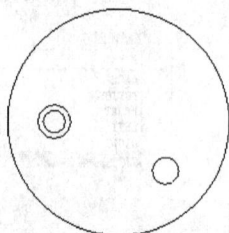

图 15.72 主视图

⑤ 选择"插入"→"绘图视图"→"投影"命令,在信息区中出现提示"选取投影父视图",选择上面操作建立的主视图为父视图,再次出现提示"选取绘制视图的中心点",单击父视图的上方,出现父视图的"仰视图"。

⑥ 把光标移动到仰视图上,单击选择该视图。右击,在弹出的快捷菜单中选择"属性"命令,系统弹出"绘图视图"对话框。

⑦ 在"绘图视图"对话框的"类别"选项组中选择"剖面",选择"剖面选项"为"2D 截面"。单击将横截面添加到视图按钮 ⊞ ,选择截面名称为"A"(模型已通过视图管理器创建 X 截面"A",以便于在绘图环境中直接选用),剖切区域选择为"全部(对齐)";选择模型的回转轴线为参照,选择前面创建的主视图为显示箭头的视图。完成各项设置后的"绘图视图"对话框如图 15.73 所示。

⑧ 单击"确定"按钮,得到"全部(对齐)"剖视图。调整箭头和各视图的位置,最后结果如图 15.74 所示。

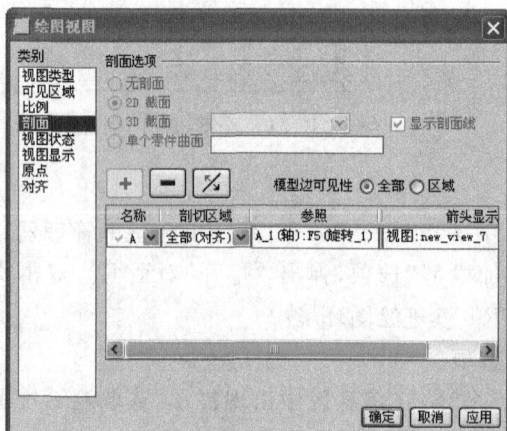

图 15.73 "绘图视图"对话框

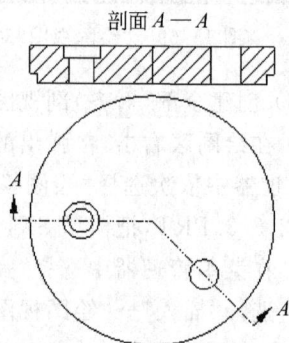

图 15.74 全部(对齐)剖视图

15.3　视图的编辑与工程图草绘

1. 视图的编辑

在 Pro/E 工程图模块中可以对创建的视图进行编辑操作,其中包括移动视图、拭除视图、恢复视图、删除视图、视图比例的修改、剖面线的修改等。

(1) 移动视图

可以通过"移动视图"的操作调整视图在图纸中的位置。视图为"锁定"状态时,不能进行移动视图的操作;视图为"未锁定"状态时,可以通过移动视图调整视图的位置。状态的切换通过工具栏上的图标 来控制,按下表示锁定,未按下表示未锁定。

当视图未锁定时,单击选定要移动的视图,然后按住左键拖动视图到合适的位置。

注意:在移动视图时,不能违反视图之间的投影关系。

(2) 拭除视图、恢复视图

选择"视图"→"绘图视图"→"绘图视图可见性"命令,系统弹出如图 15.75 所示的菜单管理器。

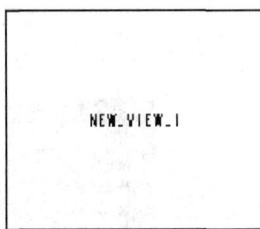

选择菜单管理器中的"拭除视图"选项,单击要拭除的视图,所选取视图将会被拭除。被拭除的视图在工程图中以一个矩形框表示,图中只显示该视图的名称,如图 15.76所示。

(3) 选择菜单管理器中的"恢复视图"选项,单击要恢复的视图或从"视图名"选项中选择要恢复的视图,选择"完成选取"选项,所选取视图将会被取消拭除,恢复到正常的显示状态,如图 15.77 所示。

图 15.75　菜单管理器　　　图 15.76　视图被拭除后的显示　　　图 15.77　恢复被拭除的视图

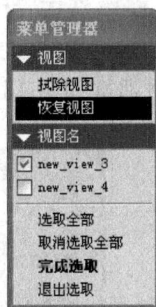

(4) 删除视图

先选中一个或多个要删除的视图,再选择"编辑"→"删除"命令,或按 Delete 键删除视图。删除视图不能像拭除视图一样通过"恢复视图"命令恢复。

(5) 视图比例的修改

双击视图,系统弹出"绘图视图"对话框,在"类别"选项组中选择"比例",选中"定制比例"单选按钮,并在文本框中输入新的比例值。如图 15.78 所示。"页面的缺省比例"值为全局比例。图 15.79 显示出全局比例为 2∶3,更改视图的定制比例值为 2∶1,便可更改所选视图的比例值。

如要更改全局比例,可在图形区左下方双击标示全局比例的"绘图刻度"项,在信息区会提示要求输入新的比例值,如图15.79所示。

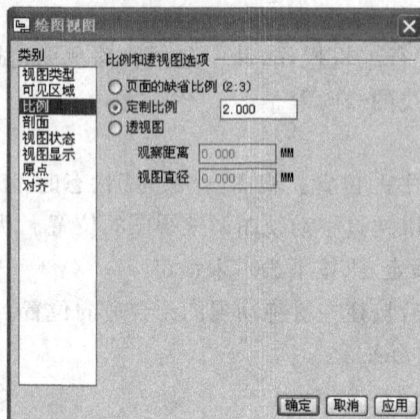

图15.78　设置视图的定制比例

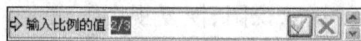

图15.79　更改视图的全局比例

(6)剖面线的修改

在需要修改剖面线的视图中,双击该视图中的剖面线,弹出如图15.80所示的菜单管理器。在其中可以对剖面线的间距、角度等进行修改。

2. 工程图草绘

在Pro/E工程图中,可以绘制直线、圆弧等各种图元,用于补充视图的不足,使视图更符合相关制图标准和习惯。也可以利用强大的草绘功能,直接绘制工程图。

(1)草绘器优先选项

草绘器优先选项主要用于设置捕捉及切换草绘工具的开关。草绘器优先选项菜单命令及其对话框如图15.81所示。

图15.80　修改剖面线的菜单管理器

图15.81　"草绘器优先选项"菜单命令及其对话框

"链草绘"用于在草绘过程中链接图元,使一个图元的终点自动充当下一个图元的起点,便于连续作图,提高绘图效率。启动绘制直线命令后,依次确定点1、点2、点3的位置,便可以完成图元的绘制,如图15.82所示。

"参数化草绘"是指在工程图中草绘时,用参数化方式使绘制图元与模型几何或其他绘制图元相关联。如图15.83所示,在参数化草绘状态下,绘制一直线"45"垂直于直线"12"。如果以拖动方式让直线"12"旋转一个角度,直线"45"也会旋转以保持它们间的参数化关系。

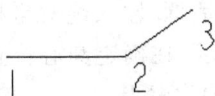

图15.82 "链草绘"用于在草绘过程中
链接图元

图15.83 "参数化草绘"让图元间保持参数化关系

(2) 图元点位置的确定

当系统提示要求确定点的位置时,右击弹出如图15.84所示的快捷菜单,可从中选择确定点的方式。点的确定方式有如下四种。

图15.84 选取参照

① 选取参照:选择"选取参照"命令,在图形区中选取参照,完成选取后在"选取"对话框中单击"确定"按钮。接着便可以选取参照点,如线段的中点、圆弧的圆心等。

② 角度:选择"角度"命令,出现"角度"对话框,在文本框中输入角度值,单击接受指定值按钮 ,接受输入的角度值。如图15.85所示,在确定直线"12"的第二端点2时,输入角度值30,点2便落在与水平方向夹角为30°的直线上。

图15.85 "角度"确定点位置

③ 相对坐标:选择"相对坐标"命令,出现"相对坐标"对话框,在文本框中输入相对坐标值,单击接受指定值按钮 ,接受输入的相对坐标值。如图15.86所示,在确定直线"12"的第二端点2时,输入相对坐标值($X20,Y10$),点2落在与点1相对坐标为($X20,$

Y10)的位置上。

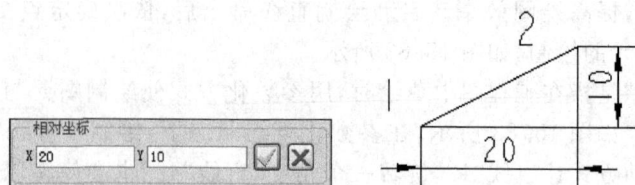

图 15.86　"相对坐标"确定点位置

④ 绝对坐标：选择"绝对坐标"命令，出现"绝对坐标"对话框，输入绝对坐标值，单击接受指定值按钮✓，接受输入的绝对坐标值。如图 15.87 所示，在确定圆心位置时，输入绝对坐标值(X15,Y10)，圆心便落在绝对坐标为(X15,Y10)的位置上。

注意：工程图的坐标系原点在图纸的左下角点。

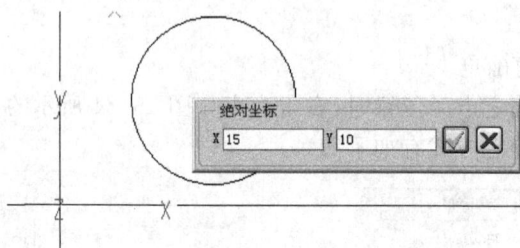

图 15.87　"绝对坐标"确定圆心位置

(3) 图元的编辑与修改

① 移动特殊："移动特殊"可以将对象放置在精确的位置上。

在选取图元使其变红色后，在图元的某一位置右击，弹出快捷菜单，在快捷菜单中选择"移动特殊"命令，系统弹出"移动特殊"对话框，如图 15.88 所示。通过选择点的新位置的确定方式，选取相应的点或输入相应的值，实现所选图元的平移或拉伸。

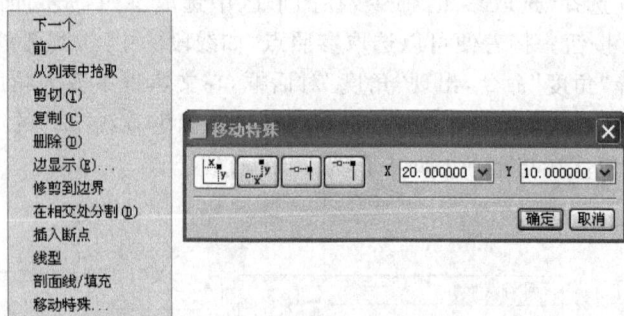

图 15.88　"移动特殊"快捷菜单命令及对话框

按钮图：输入新点的绝对坐标。

按钮图：输入新点的相对坐标。

按钮图：将对象捕捉到参照点上，如某一圆弧的弧线上。

按钮图：将对象捕捉到指定顶点上，如某一直线的端点、某一圆的圆心。

例如,选取某一直线,在直线的右端右击,在弹出的快捷菜单中选择"移动特殊"命令,弹出"移动特殊"对话框。单击按钮 [图示],在圆弧上单击,直线右端被拉伸到圆弧线上,结果如图 15.89 所示。

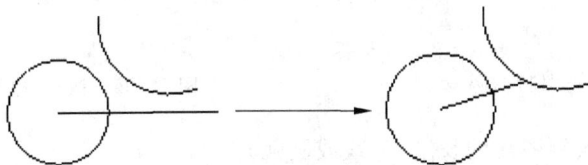

图 15.89　使直线实现拉伸

又如,选取某一直线和圆,选择"编辑"→"移动特殊"命令,系统提示"从选定的项目选取一点",用"从列表中拾取"的方法选取圆心,弹出"移动特殊"对话框。单击按钮 [图示],在圆弧上单击,直线和圆一起平移,圆的圆心落在圆弧上,结果如图 15.90 所示。

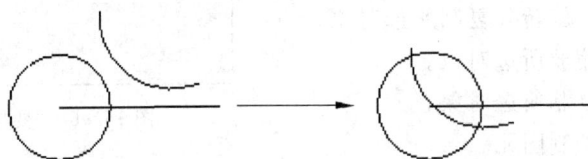

图 15.90　圆和直线一起平移

② 修剪:图元的修剪有若干方式,如图 15.91 所示。

"在相交处分割":两图元彼此在相交处剪断对方。如图 15.92 所示,执行"在相交处分割"命令后,两条相交线段变为四条端部相接的线段。

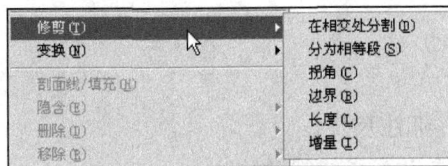

图 15.91　修剪命令选项

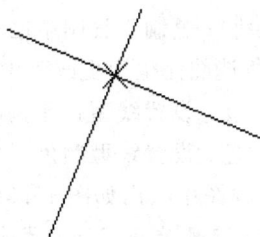

图 15.92　执行"在相交处分割"命令

"分为相等段":把选取的图元分为长度相等的段。如图 15.93 所示,执行"分为相等段"命令后,一条线段分为四条长度相等的线段。

图 15.93　执行"分为相等段"命令

"拐角":修剪或延伸绘制图元至其相交点,如图 15.94 所示。

注意:按住 Ctrl 键选取两图元。

"边界":修剪或延伸到绘制图元,如图 15.95 所示。"边界"和"拐角"的差别是"边界"命令中的图元——"边界"不改变。

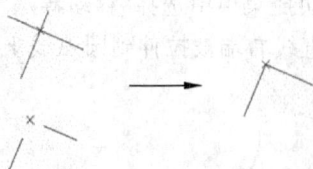

图15.94　执行"拐角"命令　　　　　图15.95　执行"边界"命令

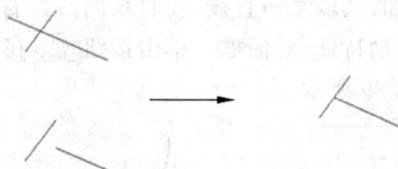

"长度"：编辑绘制图元的长度(直线或圆弧)。

"增量"：将绘制图元修剪或延伸指定的量。

③ 变换：图元的变换有若干方式，如图15.96所示。

"平移"：平移所选对象。

"平移并复制"：平移并复制所选对象。

"旋转"：旋转所选对象。

"旋转并复制"：旋转并复制所选对象。

"重定比例"：缩放所选对象。

"镜像"：镜像复制所选对象。

"拉伸"：拉伸绘制图元。

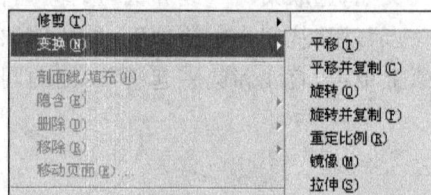

图15.96　"变换"命令选项

(4) 图元的线型与样式

双击图元或选中图元后，选择"编辑"→"属性"命令，即可打开该图元的"修改线体"对话框，如图15.97所示。

① 线体：可使用"线体"下拉式列表中已有的线体类型进行设置。如可选"中心线"，把所选绘制图元线型改为点划线(中心线)。

② 绘制：复制工程图中已有其他图元的线型。如单击"选取线"按钮后，单击一中心线图元，所选图元也会更改为中心线。

③ 宽度：设置线型打印宽度。

④ 颜色：设置线型颜色。

在工程图中绘出如图15.98所示的图形并标注尺寸。

注意：只能使用草绘方式来画，而不能用自动生成视图的方式。

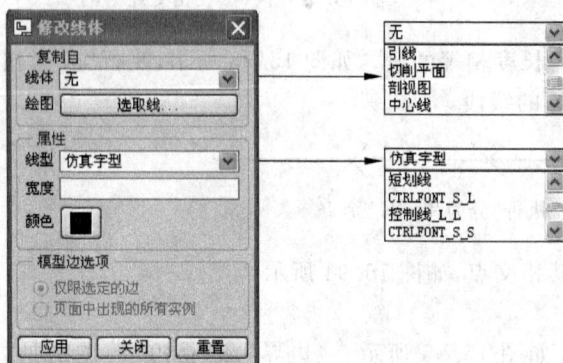

图15.97　"修改线体"对话框

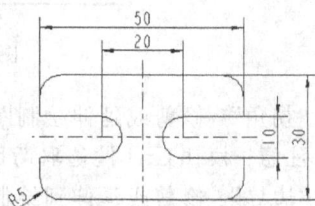

图15.98　绘图并标注尺寸

15.4　工程图尺寸标注与工程图文件转换

工程图尺寸分为驱动尺寸和从动尺寸。工程图尺寸的标注应符合相关制图规范的要求，避免容易引起误解的标注，讲究简洁、整齐、美观。

将 Pro/E 工程图文件转换成 AutoCAD 文件是一个非常实用的操作。由于 AutoCAD 软件更为通用和流行，许多 Pro/E 软件使用者把工程图转为 AutoCAD 文件后再作进一步的细化和处理。

1. 驱动尺寸的显示与拭除

（1）驱动尺寸

驱动尺寸是保存在模型自身中的尺寸信息，分为定形尺寸和定位尺寸。定形尺寸用于确定图形的大小，定位尺寸用于确定图形之间的相对位置。不论是在 3D 模型中还是在工程图中更改了驱动尺寸，都可以通过"再生"命令更新 3D 模型和工程图，改变图形的大小和它们之间的相对位置。

例如，如图 15.99（a）所示，在一块板上有两个直径相等的孔，现改变左边孔的定形尺寸"15"及圆心的位置尺寸"25"，模型再生后工程图和对应的 3D 模型都根据新的驱动尺寸发生了更改，如图 15.99（b）所示。

（2）驱动尺寸的显示与拭除

在工程图中能很方便地显示或拭除驱动尺寸。在工具栏中单击打开显示/拭除图标，弹出如图 15.100 所示的"显示/拭除"对话框。通过"显示/拭除"对话框可以很方便地对有关驱动尺寸进行显示或拭除操作。

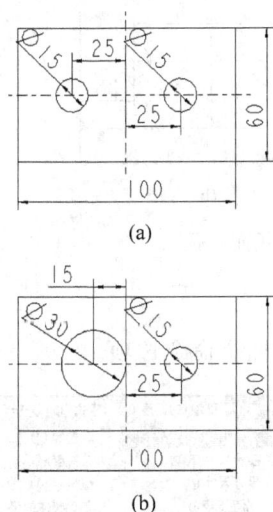

图 15.99　驱动尺寸的更改

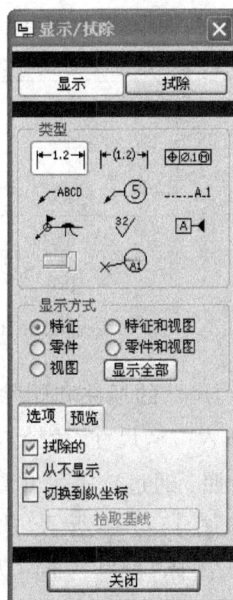

图 15.100　"显示/拭除"对话框

①"显示"按钮和"拭除"按钮：用于选择显示还是拭除操作。

②"类型"：用于显示或拭除对象的类型，如"尺寸"▣、"几何公差"▣、"轴" ▣等。

③显示方式：指选取的方式。如显示类型选择"尺寸"▣，选中"特征"单选按钮，则所选特征的所有尺寸将会被显示。如选中"视图"单选按钮，则所选视图的所有尺寸将会被显示。

④选项：对所选对象进行过滤。勾选"拭除的"复选框，将只显示以前拭除的项目。选中"从不显示"复选框，将显示从未显示过的项目。

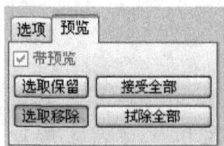

图 15.101   "预览"选项组

⑤预览：在完成显示对象的选取后，在"选项"选项卡中单击"确定"按钮，在"显示/拭除"对话框中会出现"预览"选项组，如图 15.101 所示。"预览"选项组用于对所选取的对象作最后的取舍。如单击"选取保留"按钮后，再单击将要保留的对象，其余未被选取的对象将不显示。

2．从动尺寸的标注

(1) 从动尺寸

前面介绍了用于成型模型的驱动尺寸，驱动尺寸的修改会引起模型形状大小和位置的变化。有时，我们仍需要在工程图中标注一些特定的尺寸，这些尺寸不能更改以驱动模型，但能随模型的变化而变化，这些尺寸称为从动尺寸。

例如，如图 15.102(a)所示，在一块板上有两个直径不等的孔，图中板的长度尺寸和两圆孔的位置尺寸都是驱动尺寸。两孔中心距显然已由上面三个尺寸所确定。如果标注两圆孔中心距的尺寸，这尺寸便是从动尺寸，不能修改。如果更改模型板的长度，则标注的中心距尺寸在模型再生后也会自动更改，如图 15.102(b)所示。

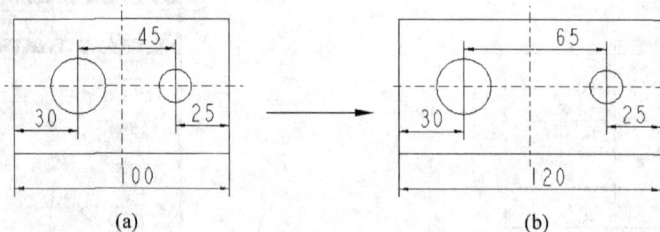

图 15.102   从动尺寸随驱动尺寸变化而变化

(2) 从动尺寸的标注和删除

单击"插入"→"尺寸"命令，出现如图 15.103 所示的四个命令选项。

① 新参照：通过选定尺寸参照标注尺寸。

例如，如图 15.104 所示，选择"依附类型"为两圆孔的中心，选择"尺寸方向"为"水平"，便可标注图 15.104 所示的两圆孔中心距。

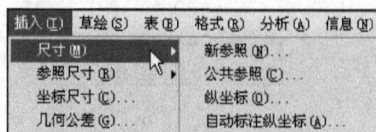

② 公共参照：在一公共基准上连续标注多个

图 15.103   "尺寸"子菜单

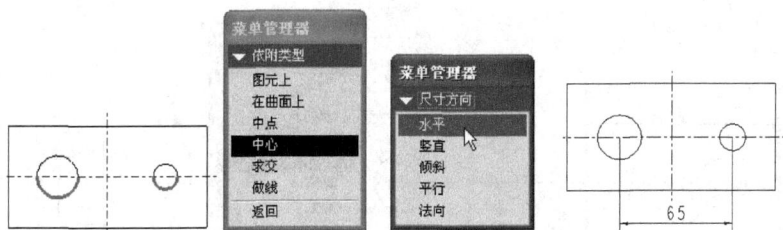

图 15.104　标注两圆孔中心距尺寸

尺寸。

例如，如图 15.105 所示，选取左边线为标注尺寸的公共基准，然后选取左边圆孔中心为参照标注第一个尺寸，接着选取右边圆孔中心为参照标注第二个尺寸。

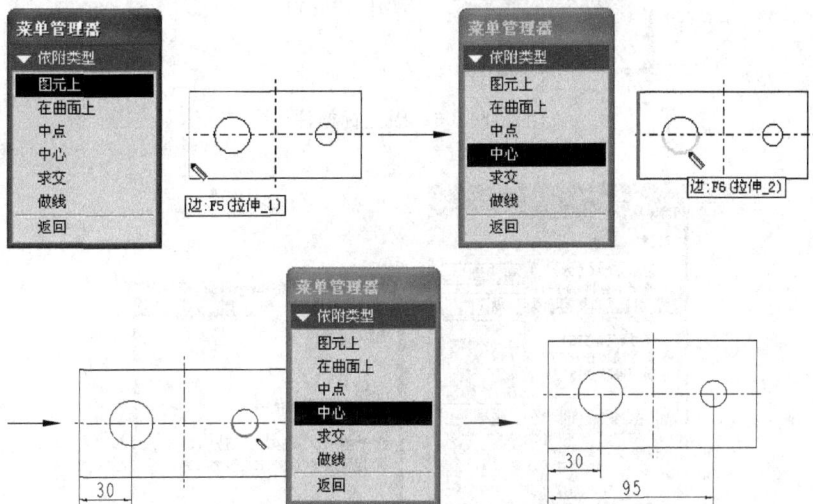

图 15.105　公共参照连续标注多个尺寸

③ 纵坐标：以坐标形式标注对象点的相对位置。

例如，如图 15.106 所示，选取左边线为标注相对横坐标的公共基准，然后选取左边圆孔中心为参照标注第一个相对横坐标，接着选取右边圆孔中心为参照标注第二个相对横坐标。以同样的方法，可以标注如图 10.106 所示的相对纵坐标。（将配置选项 ord_dim_standard 设为 std_ansi，显示的尺寸便不带连接线。）

3. 将 Pro/E 工程图文件转换到 AutoCAD 中

在 Pro/E 工程图文件转换成 AutoCAD 文件时要注意下面两点。

① 模型文件和 AutoCAD 文件单位要一致。在制作工程图时，参照模型一般都是用公制单位，但有时也会出现误用英制单位的情况。这时可以回到零件图模式下，选择"编辑"→"设置"→"单位"命令来改正。在选择转换条件时，常应如图 15.107 所示选择"解释尺寸"。

② Pro/E 工程图中所用中文字字型应为楷体，这样在转换成 AutoCAD 文件时才不会出现中文字不能正确显示的问题。用 Windows 的"搜索"命令搜索 Windows 系统的楷

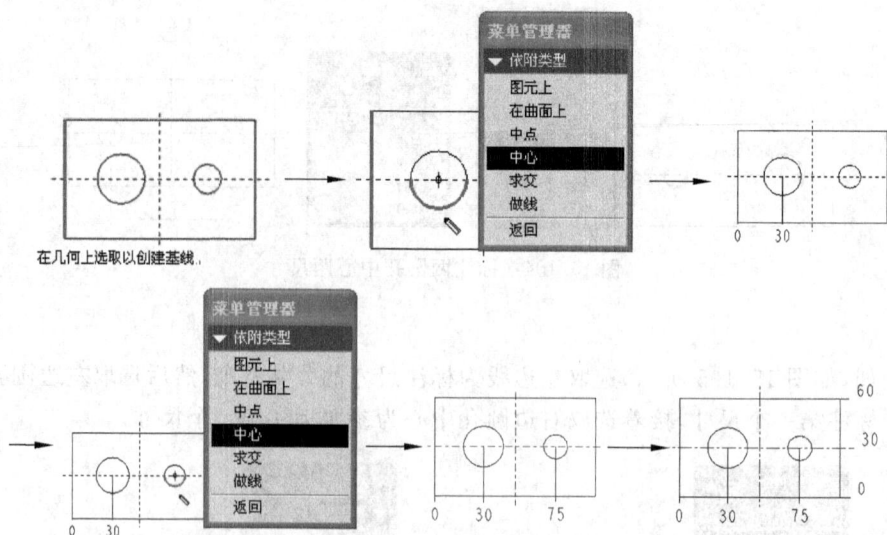

图 15.106　纵坐标标注

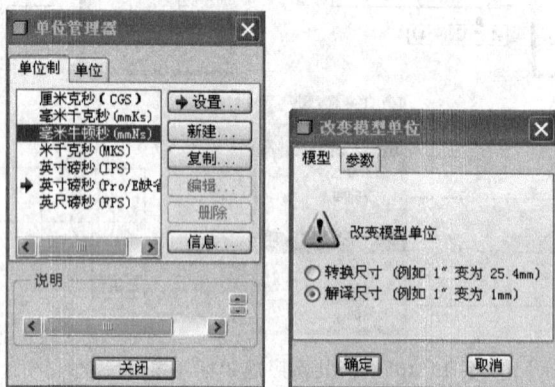

图 15.107　改变模型单位

体 TrueType 文体文件"simkai. ttf",把文件复制到 Pro/E 系统字体目录下(Pro/E 野火版 4.0\text\fonts)。用记事本方式打开所用的配置文件,在末尾加上 aux_font simkai,保存经过修改的配置文件。重新激活 Pro/E 工程图,这时就可以选用 Kaiti_GB2312 字体了。

将 Pro/E 工程图文件转换到 AutoCAD 中的步骤如下:

① 选择"文件"→"保存副本"命令,弹出"保存副本"对话框。在对话框的输出文件"类型"下拉列表中选择"DWG"选项,如图 15.108 所示。

② 在"保存副本"对话框中单击"确定"按钮,系统弹出如图 15.109 所示的"DWG 的导出环境"对话框。在其中对 DWG 的导出环境进行设置,完成设置后单击"确定"按钮,在指定的目录中就有导出的 DWG 文件,该文件可以用 AutoCAD 软件打开并编辑。

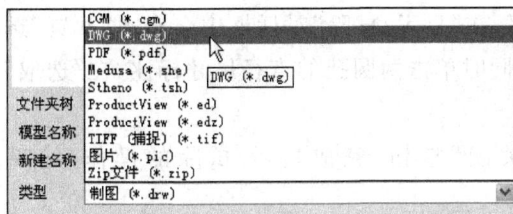

图 15.108 在"类型"下拉列表中选择"DWG"选项

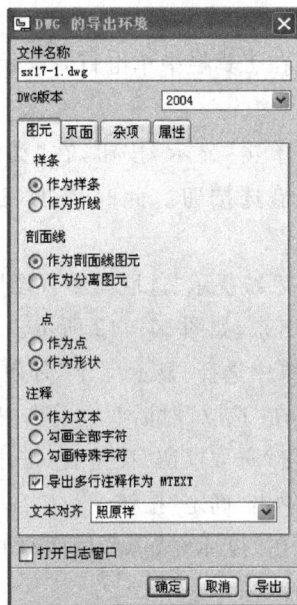

图 15.109 "DWG 的导出环境"对话框

【实例 15.5】 显示与拭除驱动尺寸。

操作步骤如下。

(1) 设置工作目录,打开工程图文件

① 进入 Pro/E 程序界面后,选择"文件"→"设置工作目录"命令,在弹出的"选取工作目录"对话框中选取预先建立好的工作目录,如本例中的"工程图\sx16_4"。

② 在工具栏中单击打开对象图标 📂,在弹出的"打开"对话框中,双击文件 sx16_4_1.drw,打开该工程图文件,结果如图 15.110 所示。

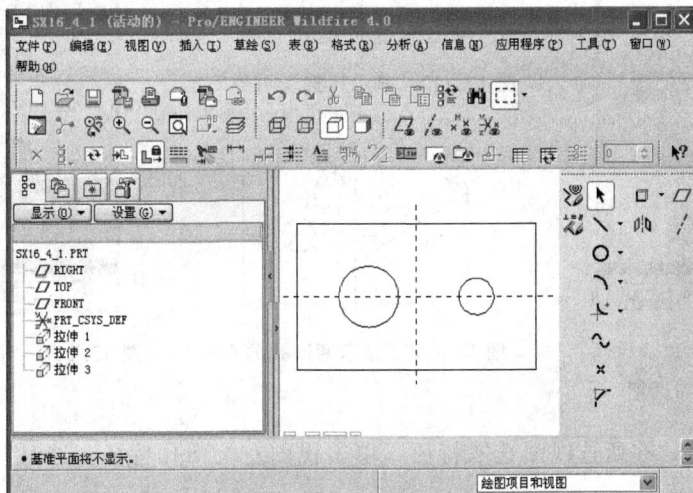

图 15.110 打开工程图文件

（2）显示驱动尺寸

① 在工具栏中单击打开显示/拭除图标，弹出如图 15.111 所示的"显示/拭除"对话框。

② 单击"显示"按钮，在"类型"选项组中单击尺寸按钮，在"显示方式"中选中"视图"单选按钮。此时弹出"选取"窗口，用于确定或取消所选项目，如图 15.111 所示。

③ 系统提示"选取模型视图"，单击要标注的视图。这时，所选视图的所有驱动尺寸便显示出来，如图 15.112 所示。也可以单击视图（如主视图），在视图框内右击，在弹出的快捷菜单中选择"显示尺寸"命令来创建视图尺寸。

④ 在"选取"对话框中单击"确定"按钮，在"显示/拭除"对话框中会出现"预览"选项组。单击"选取保留"按钮后，按住 Ctrl 键，同时单击两圆孔的直径尺寸标注，在"选取"对话框中单击"确定"按钮。

⑤ 在"显示/拭除"对话框中单击"关闭"按钮，完成显示/拭除的操作，结果如图 15.113 所示。

（3）拭除驱动尺寸

① 在工具栏中单击打开显示/拭除图标，弹出如图 15.111 所示的"显示/拭除"对话框。

② 单击"拭除"按钮，在"类型"选项组中单击尺寸按钮，在"拭除方式"中选中"特征"或"所选项目"单选按钮，如图 15.114 所示。

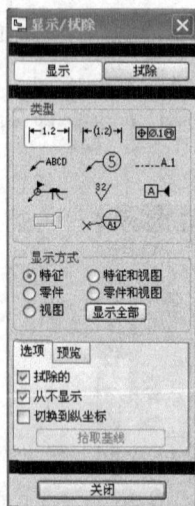

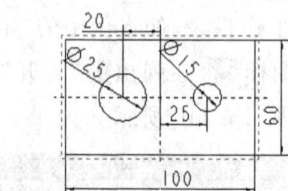

图 15.111　"显示/拭除"对话框

图 15.112　显示所选视图的尺寸

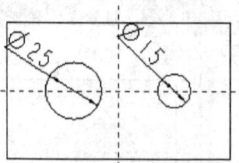

图 15.113　显示两圆孔的直径

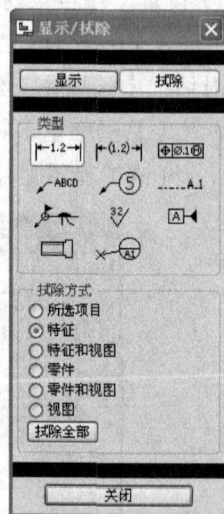

图 15.114　"拭除方式"中选中"特征"

③ 系统提示"在所选视图选取特征"，单击视图左端圆孔特征。这时，所选特征的直径尺寸便被拭除。

④ 在"显示/拭除"对话框中单击"关闭"按钮,完成显示/拭除的操作,结果如图 15.115 所示。也可以直接单击需要拭除的尺寸,右击,在弹出的快捷菜单中选择"拭除"命令即可。

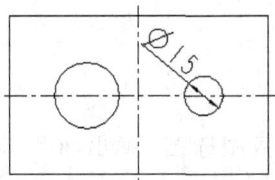

图 15.115　拭除大圆孔直径标注

15.5　尺寸公差和几何公差的标注

1. 尺寸公差的标注

Pro/E 中的每一个尺寸均有公差。由于 Pro/E 的各模式之间的关联性,如在零件、组件或绘图任一模式中修改尺寸的公差格式或其数值,系统会将该项的改变反映到 Pro/E 所有的模式中。考虑到读图的方便,一般在工程图模式下设置尺寸公差显示的格式和更改公差数值。

双击尺寸,弹出如图 15.116 所示的"尺寸属性"对话框。在对话框中,公差模式有"象征"、"限制"、"加−减"、"＋−对称"和"＋−对称(上标)"等。

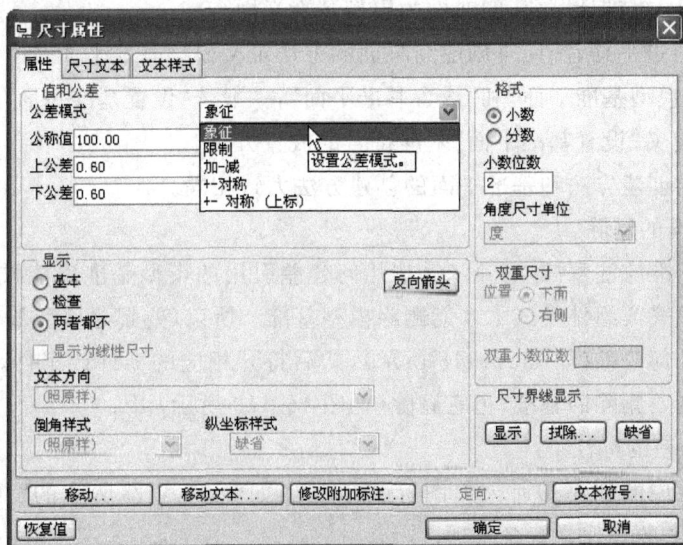

图 15.116　"尺寸属性"对话框

① 象征:只显示名义尺寸,即不带公差的显示模式,如,　100　。

② 限制:显示极限尺寸,如,99.56-100.28。

③ 加一减：显示尺寸的上下偏差，如，$\boxed{100^{+0.36}_{-0.18}}$。

④ ＋一对称：显示尺寸的对称公差，如，$\boxed{100\pm0.36}$。

⑤ ＋一对称(上标)：显示尺寸的对称公差，以上标形式显示公差，如，$\boxed{100\pm0.36}$。

2. 几何公差的标注

(1) 模型基准的创建和删除

① 模型基准的创建。

单击工具栏中的基准平面工具图标 $\square$，弹出如图 15.117 所示的"基准"对话框。对话框中各选项的含义如下。

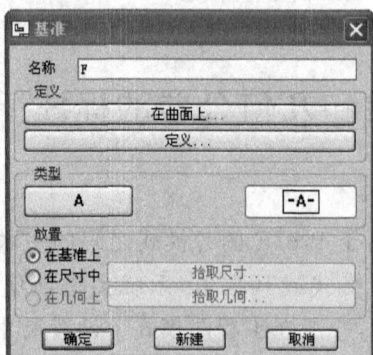

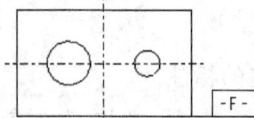

图 15.117　基准平面的创建

- 名称：新建模型基准的名称，如"F"。
- 在曲面上：选取已存在的曲面为模型基准平面。
- 定义：通过平移、法向等创建新平面的方法定义模型基准平面。
- 类型："模型基准平面"和"设置基准平面"，一般选"设置基准平面" $\boxed{-A-}$。
- 放置：定义"设置基准平面"基准符号的放置方法。

基准轴线的创建方法和基准平面的创建方法大致相同。

② 模型基准的删除。

删除模型基准应注意两点：第一，被几何公差引用的模型基准不能被删除；第二，应在相应的零件模式或组件模式下才能删除模型基准。所以，要删除模型基准，首先应删除引用该基准的几何公差(如图 15.118 所示)，然后打开相应的零件或组件，在零件模式或组件模式下找到要删除的基准，把它删除(如图 15.119 所示)。

(2) 几何公差的标注

单击工具栏中的创建几何公差图标 $\boxed{\text{⌖}}$，弹出如图 15.120 所示的"几何公差"对话框，可按从左到右的顺序设置各选项。

- 选择几何公差类型，如平行度 $\boxed{//}$。
- 模型参照：选取欲控制几何公差的几何要素并确定几何公差标注的放置位置。
- 基准参照：选取模型基准。

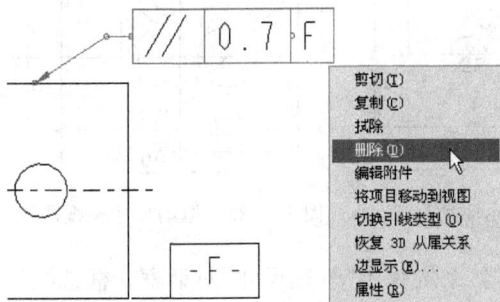

图 15.118 删除引用该基准的几何公差

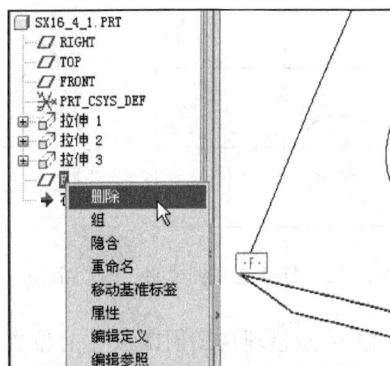

图 15.119 在零件模式下删除平面基准

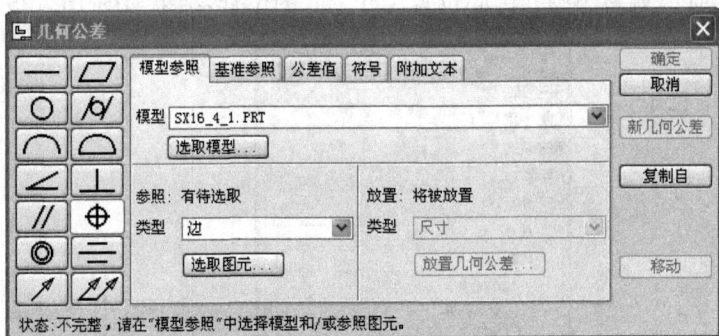

图 15.120 "几何公差"对话框

- 公差值：输入几何公差数值。
- 符号：添加符号，如直径符号 ϕ 等。
- 附加文本：添加前缀、扩展名等。

【实例 15.6】 标注尺寸公差。

操作步骤如下。

(1) 设置工作目录，打开工程图文件

① 进入 Pro/E 程序界面后，设置工作目录，如本例中的"工程图\sx16_5\尺寸公差标注"。

② 打开绘图文件 sx16_5_1.drw，该零件为一块板上有两个大小不同的圆孔，如图 15.121 所示。

(2) 显示并整理尺寸

① 单击工具栏中的显示/拭除图标 ，显示视图的所有驱动尺寸，结果如图 15.122 所示。尺寸位置比较凌乱。

② 通过拖动的方式移动尺寸到视图的周围，但这时尺寸位置还是非常不整齐，如图 15.123 所示。

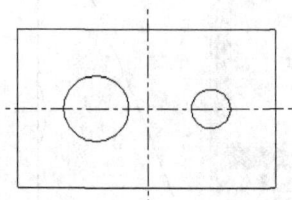

图 15.121　打开工程图文件　　　图 15.122　显示驱动尺寸　　　图 15.123　拖动尺寸至视图周围

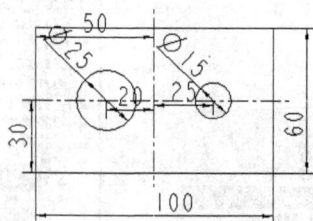

③ 单击整理视图周围尺寸的位置图标▦，系统弹出"整理尺寸"对话框。框选视图周围所有的尺寸,设置"偏移量"为"10","增量"为"12",单击"应用"按钮,如图 15.124 所示。

④ 关闭"整理尺寸"对话框。

⑤ 借助捕捉线调整小圆孔圆心位置尺寸"25"的位置,结果如图 15.125 所示。

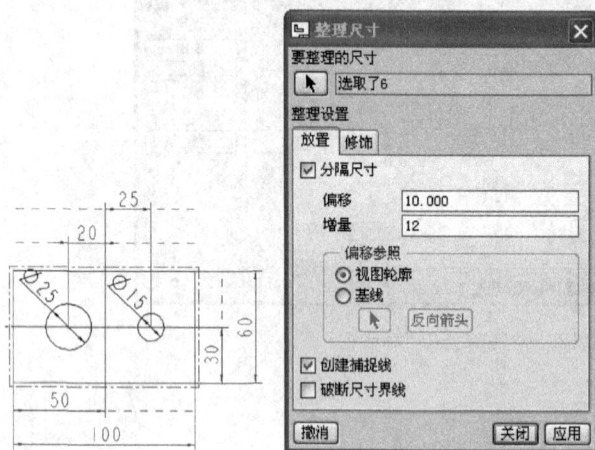

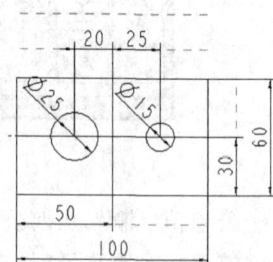

图 15.124　整理尺寸　　　　　　　　　图 15.125　借助捕捉线进一步
整理尺寸位置

⑥ 如图 15.126 所示,在绘图界面右下角位置过滤器中选择"捕捉线",框选所有捕捉线并按 Delete 键删除,过滤器恢复为"绘图项目和视图"。最后整理的尺寸如图 15.127 所示。

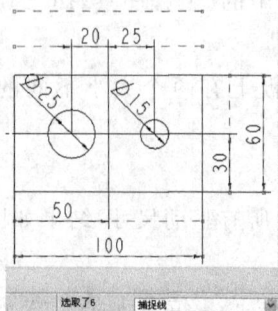

图 15.126　选取并删除"捕捉线"　　　图 15.127　显示并整理尺寸所得结果

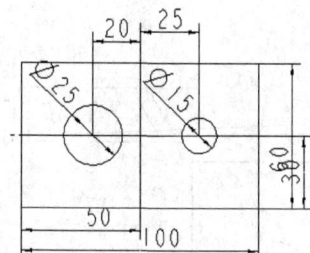

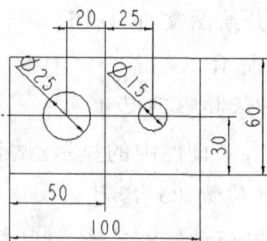

（3）设置绘图选项并标注尺寸公差

① 配置文件选项 tol_display（公差显示）值修改为"yes"。这时，图中每一尺寸的公差形式都以极限尺寸的形式表示，如图15.128所示。

② 如图15.129所示，在绘图界面右下角位置过滤器中选择"尺寸"，框选所有尺寸，右击弹出如图15.130所示的快捷菜单。在快捷菜单中选择"属性"命令，弹出如图15.131所示的"尺寸属性"对话框。选择"公差模式"为"象征"，单击"确定"按钮，所有尺寸恢复到没有公差显示的状态，如图15.127所示。

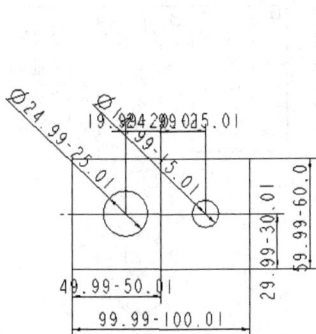

图15.128 tol_display 值改为"yes"
后的尺寸显示

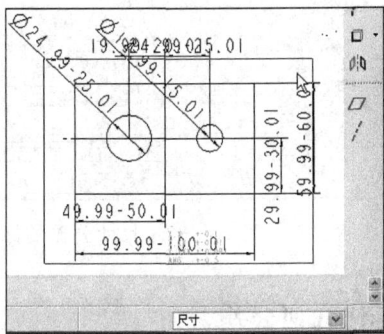

图15.129 框选所有尺寸

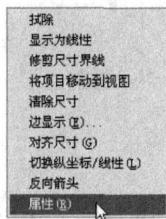

图15.130 快捷菜单

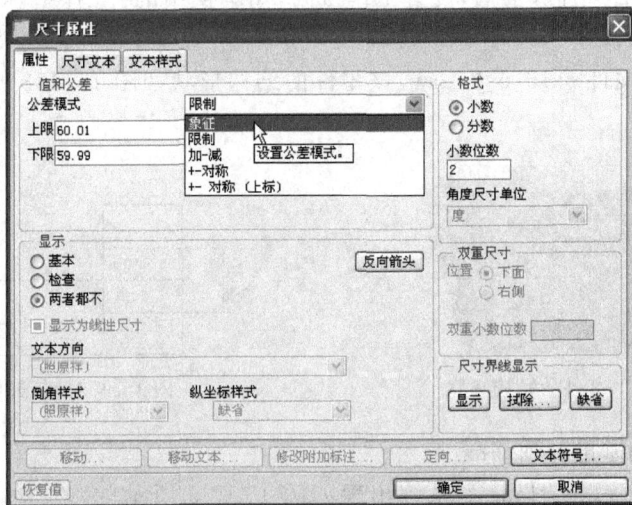

图15.131 "公差模式"选择"象征"

③ 按住 Ctrl 键选取板长度和宽度尺寸"100"和"60"，右击并在弹出的快捷菜单中选择"属性"命令，弹出"尺寸属性"对话框。在"尺寸属性"对话框的"公差模式"中选择"＋－对称"，输入公差值为"0.5"，单击"确定"按钮，完成公差值的修改。完成的公差标注如图15.132所示。

图 15.132 尺寸公差的标注

【实例 15.7】 标注几何公差。

操作步骤如下。

(1) 设置工作目录,打开工程图文件

① 进入 Pro/E 程序界面后,设置工作目录,如本例中的"工程图\sx16_5\几何公差标注"。

② 打开绘图文件 sx16_5_2.drw,该零件的结构形状如图 15.133 所示,打开的视图如图 15.134 所示。

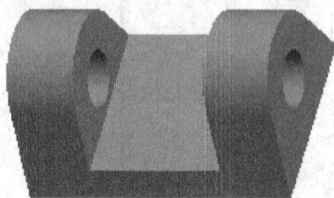

图 15.133 零件的结构形状

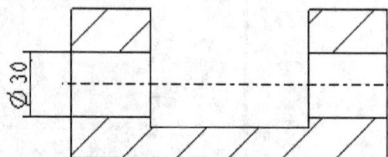

图 15.134 打开的视图

(2) 创建平面基准和轴基准

① 单击基准轴工具图标 ✓,系统出现如图 15.135 所示的"轴"对话框。输入名称"A",单击"定义"按钮,出现如图 15.136 所示的菜单管理器。

② 在创建基准轴菜单管理器中选择基准轴创建方式"过柱面",选取如图 15.137 所示的内孔面。

③ 单击按钮 ⊡ -A- ,类型设为"设置基准轴"。单击"确定"按钮,完成基准轴的创建,结果如图 15.138 所示。

④ 单击基准平面工具图标 ▱,系统出现图 15.139 所示的"基准"对话框。输入名称"B",单击"在曲面上"按钮,选取如图 15.140 所示的平面为参照。

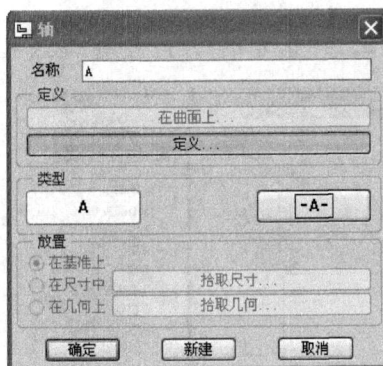

图 15.135 "轴"对话框

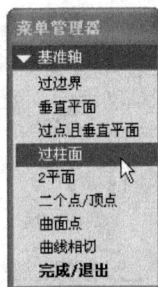

图 15.136 创建基准轴菜单管理器

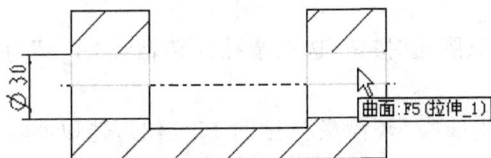

图 15.137 选取内孔面

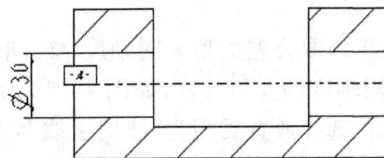

图 15.138 基准轴 A

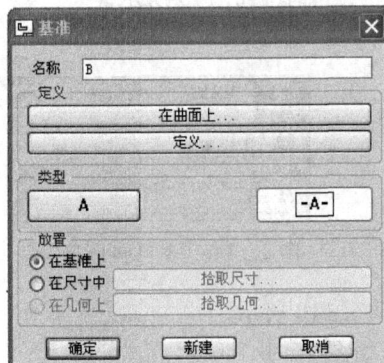

图 15.139 "基准"对话框

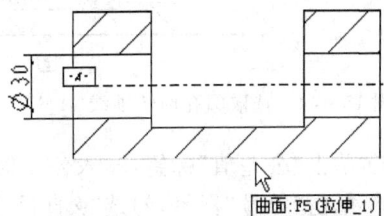

图 15.140 选取平面参照

⑤ 单击按钮 [-A-] ,类型设为"设置基准平面"。单击"确定"按钮,完成基准平面的创建,结果如图 15.141 所示。

⑥ 把配置文件选项 gtol_datums(几何公差基准标准)值修改为"std_iso"。这时,图中的基准以另一形式显示。选取并拖动基准符号到合适的位置,如图 15.142 所示。

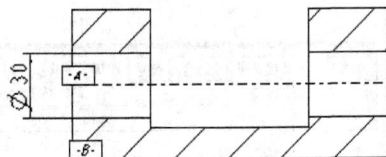

图 15.141 基准平面 B

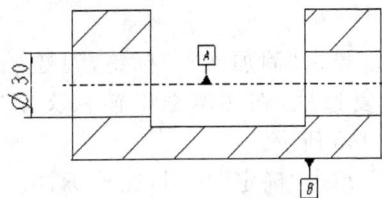

图 15.142 完成基准的创建

（3）同轴度的标注

① 单击创建几何公差图标 <u>几M</u>，系统弹出如图15.143所示的"几何公差"对话框。

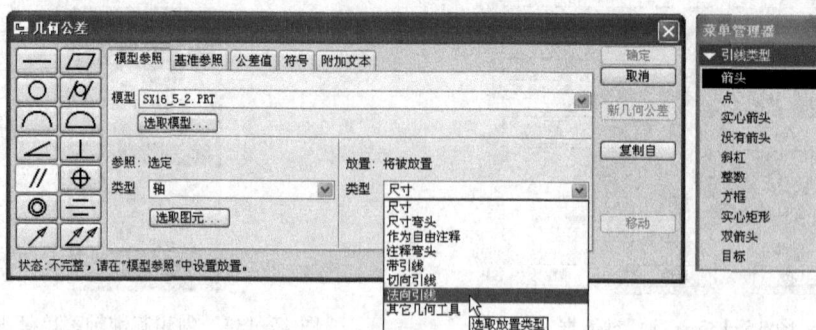

图15.143 "几何公差"对话框和引线类型菜单管理器

② 选取公差类型为同轴度 ⊚ ，单击"选取图元"按钮，选取圆孔回转轴线"A_1"为要控制同轴度的几何要素，如图15.144所示。

③ 选择放置类型为"法向引线"，选择的引线类型"箭头"（见图15.143），选取φ30的上尺寸界线为法向参照。这时，系统提示"选取放置位置"，在上尺寸界线的上方单击指定放置几何公差的位置。

④ 单击"基准参照"标签，然后选择基准参照为"A"，如图15.145所示。

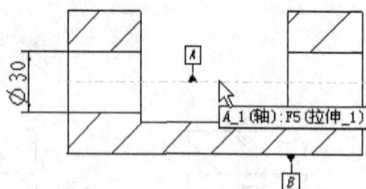

图15.144 选取圆孔回转轴线"A_1"为几何要素

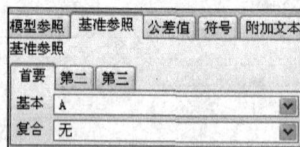

图15.145 基准参照选"A"

⑤ 单击"公差值"标签，输入公差值"0.1"，如图15.146所示。

⑥ 单击"符号"标签，勾选"φ直径符号"复选框，如图15.147所示。

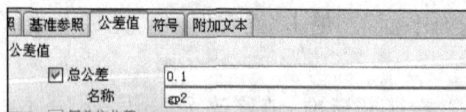

图15.146 输入公差值

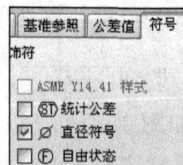

图15.147 勾选"φ直径符号"复选框

⑦ 单击"附加文本"标签，勾选"上方的附加文本"复选框，在文本框中输入文字"两处"，如图15.148所示。

⑧ 单击"确定"按钮，完成标注。通过拖动，调整几何公差位置，得到的结果如图15.149

图15.148 添加附加文本图

所示。

（4）平行度的标注

参照上述步骤，完成平行度的标注，最后结果如图 15.150 所示。

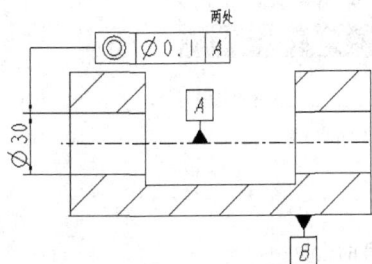

图 15.149 完成同轴度的标注

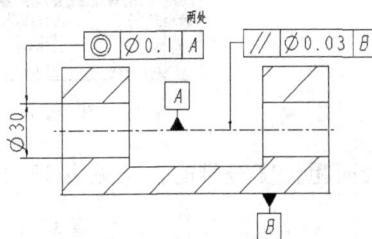

图 15.150 完成平行度的标注

15.6 表面粗糙度、注释和表格的制作

1. 零件表面粗糙度

零件表面粗糙度是评定零件表面质量的一项技术指标。表面粗糙度的标注应符合相关制图规范的要求。每个表面粗糙度符号都适用于所指的整个表面，且表面粗糙度与零件中的表面相关，而不是与工程图中的图元或视图相关。

得到表面粗糙度符号的途径有 3 种，如图 15.151 所示。

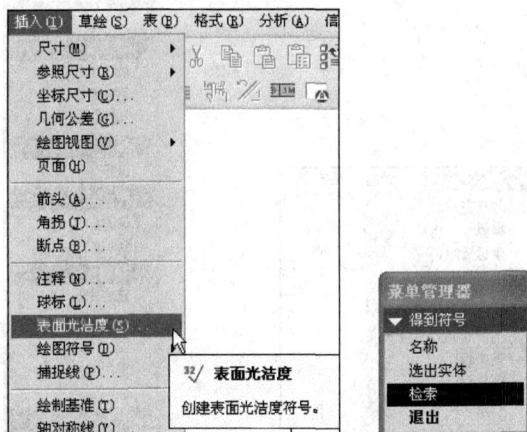

图 15.151 得到表面粗糙度符号的途径

① 名称：从名称列表菜单中选取符号。此菜单列出了工程图当前存在的所有符号，即已从符号库中读进计算机内存的符号。

② 选出实体：通过选取符号的一个实例来选取一个符号。

③ 检索：通过磁盘上的符号文件列表来选取一个符号文件。

表面粗糙度符号都放在 Pro/E 系统目录下的\symbols\Surffins 目录中，在此目录下有 3 个子目录，每个子目录含有 2 个.sym 的文件，在检索表面粗糙度符号时就是要选择这些文件,如图 15.152 所示。

图 15.152 粗糙度符号文件的位置

表面粗糙度符号的含义见表 15.1。

表 15.1 表面粗糙度符号的含义

	generic (可用任何方法获得)	machined (去除材料方法)	unmachined (不去除材料方法)
no_valueX. sym(无值)	√	▽	⋎
standardX. sym(标准)	√(有值)	▽(有值)	⋎(有值)

2. 注释

工程图通常都会有加上注释的需要。选择"插入"→"注释"命令,或单击工具栏上的创建注释图标 ,系统将出现"注释"子菜单或注释类型菜单管理器,如图 15.153 所示。

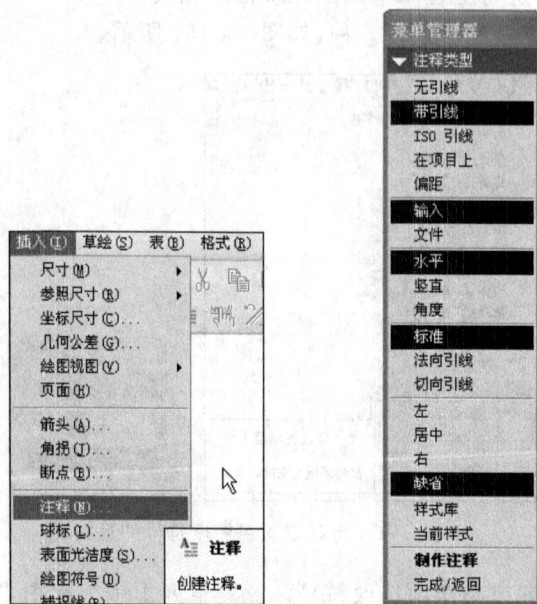

图 15.153 "注释"子菜单和注释类型菜单管理器

菜单管理器中各选项的含义如下。

① 无引线:生成的注释没有导引线,为自由注释。

② 带引线:将注释的导引箭头连接到工程图中指定点上。

③ ISO 引线:导引箭头为 ISO 标准箭头。

④ 在项目上：将注释直接连接到指定的图元上，生成的注释没有导引线。

⑤ 偏距：将注释连接到工程图中的尺寸公差、几何公差等项目上，生成的注释没有导引线。

⑥ 输入：注释的文字由键盘直接输入。

⑦ 文件：注释的文字由已有的文件读入。

⑧ 水平：注释的文本水平放置。

⑨ 竖直：注释的文本垂直放置。

⑩ 角度：注释的文本以指定的角度倾斜放置。

⑪ 标准：注释的导引箭头可以同时指向多个图元。

⑫ 法向引线：注释的导引箭头垂直于指定的单一图元。

⑬ 切向引线：注释的导引箭头相切于指定的单一图元。

⑭ 左：指定的位置为文字的起点，注释文本靠左对齐。

⑮ 居中：指定的位置为文字的中点，注释文本居中对齐。

⑯ 右：指定的位置为文字的终点，注释文本靠右对齐。

⑰ 缺省：注释文本按默认方式对齐。

⑱ 样式库：用来创建或修改注释文本的样式。

⑲ 当前样式：用来设置当前注释文本的样式。

⑳ 制作注释：开始制作注释。

3. 表格

在工程图中，可以通过表格的形式来创建标题栏和明细表等。

（1）表格的创建

一个表格有四个角点，可以选择其中一个角点为制作表格的起始点。可由图 15.154 所示的创建表菜单管理器中有关选项确定表格的起始点位置。选取的方法如表 15.2 所示。

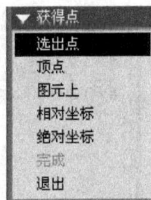

表 15.2　制作表格的起始点

	右对齐	左对齐
降序	左上角	右上角
升序	左下角	右下角

列宽和行高的确定方式有两种，一种是按字符数，一种是按实际长度值。

在绘图区选出起始点的方式如图 15.155 所示，具体含义如下。

图 15.154　创建表菜单管理器　　　　图 15.155　选取表格起始点

① 选出点：在绘图区的任一点。

② 顶点：图元的顶点（端点）。

③ 图元上：图元上的点。

④ 相对坐标：用相对前一点的坐标值来确定起始点。

⑤ 绝对坐标：用绝对坐标值来确定起始点。

(2) 表格的编辑

① 修改行高和列宽。

用框选的方式选取欲修改的行，右击弹出快捷菜单，选择"高度"命令，如图 15.156 所示。在弹出的"高度和宽度"对话框中输入新的行高，如图 15.157 所示。

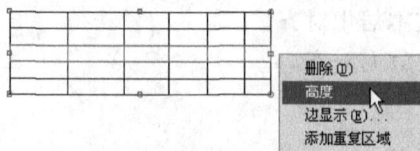

图 15.156　选取欲修改的行　　　　图 15.157　输入新的行高

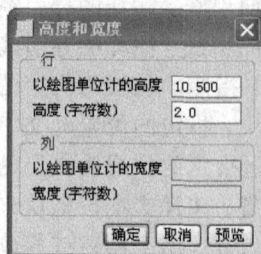

修改列宽的方法同上。

② 合并单元格。

用框选的方式选取欲合并的单元格，选择"表"→"合并单元格"命令，结果如图 15.158 所示。

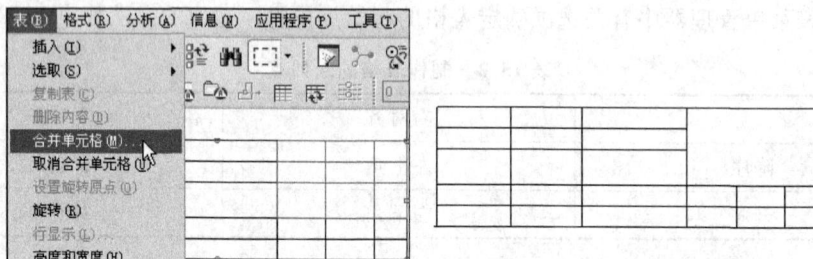

图 15.158　合并单元格

(3) 输入文本

在欲输入文本的方格中双击，弹出"注释属性"对话框，这时可输入文本，如图 15.159 所示。

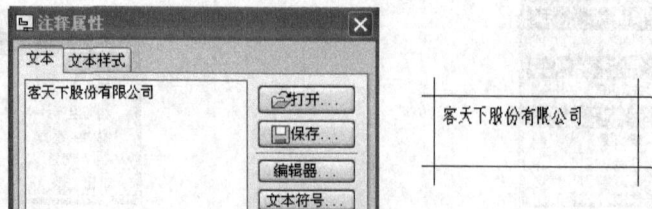

图 15.159　输入文本

在"注释属性"对话框中,单击"文本样式"标签,在"文本样式"选项卡的"水平"下拉列表中选择"中心",在"垂直"下拉列表中选择"中间",这时文本处于方格的中心,如图15.160所示。

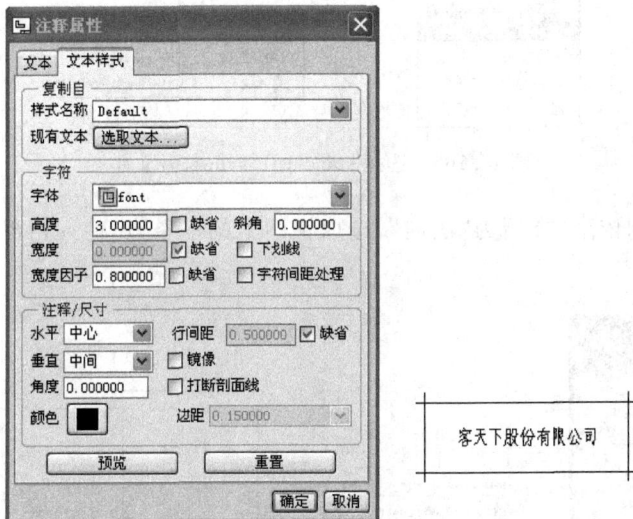

图 15.160 调整文本位置

【实例 15.8】 标注表面粗糙度。

具体步骤如下。

(1) 设置工作目录,打开绘图文件

① 进入 Pro/E 程序界面后,设置工作目录,如本例中的"工程图\sx16_6\表面粗糙度"。

② 打开绘图文件 sx16_6_1.drw,如图 15.161 所示。

(2) 标注表面粗糙度

① 选择"插入"→"表面光洁度"命令,弹出得到符号菜单管理器,如图 15.162 所示。

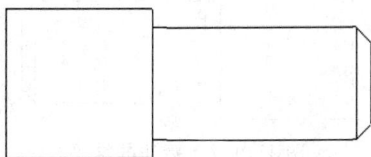

图 15.161 打开的工程图文件

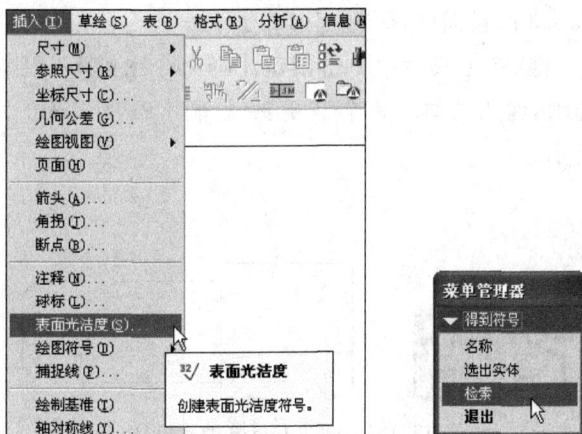

图 15.162 选择"表面光洁度"命令

② 在得到符号菜单管理器中选择"检索"选项,在弹出的"打开"对话框中双击"machined"文件夹,选择 standard1. sym 符号文件,如图 15.163 所示。

图 15.163　选择 standard1. sym 符号文件

③ 选择"实例依附"类型为"法向",选取视图上的一条边,输入粗糙度值为"0.8",如图 15.164 所示。

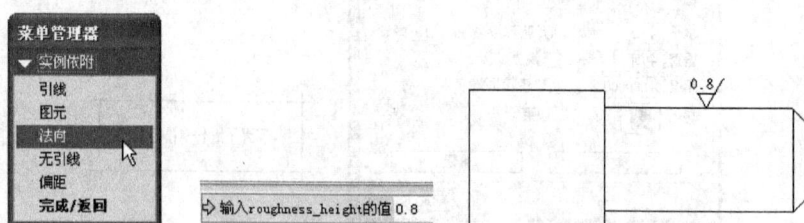

图 15.164　标注 Ra0.8 的粗糙度

④ 继续选取另一条边,输入粗糙度值为"0.4",如图 15.165 所示。

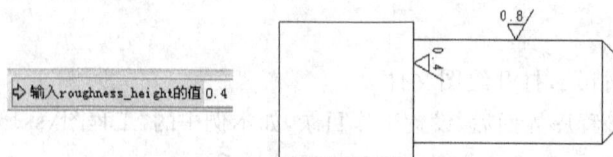

图 15.165　标注 Ra0.4 的粗糙度

⑤ 在"选取"对话框中单击"取消"按钮,重新选择"实例依附"类型为"无引线"。标注 Ra6.3 的粗糙度,如图 15.166 所示。

⑥ 在工具栏中单击创建注释命令图标 ,在弹出的菜单管理器中选择"制作注释"选项,输入文本"其余",更改文本字高为 5mm 并调整放置位置,结果如图 15.167 所示。

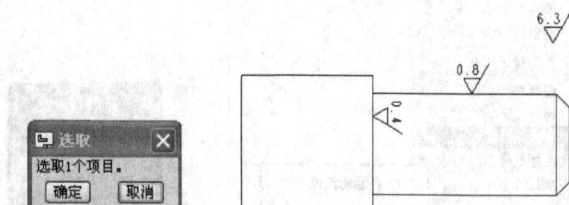

图 15.166　标注 Ra6.3 的粗糙度

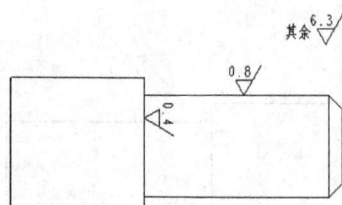

图 15.167　标注的结果

【实例 15.9】 制作注释和表格。

制作步骤如下。

(1) 设置工作目录,打开绘图文件

① 进入 Pro/E 程序界面后,设置工作目录,如本例中的"工程图\sx16_6\表格和注释"。

② 打开绘图文件 sx16_6_2.drw,如图 15.168 所示。这是一张带图框且横放的 A4 图纸,本实训的任务主要是制作如图 15.169 所示的标题栏,并在标题栏上方标注"技术要求"。

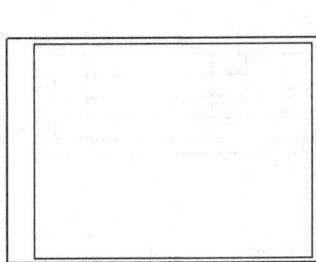

图 15.168 打开的工程图文件

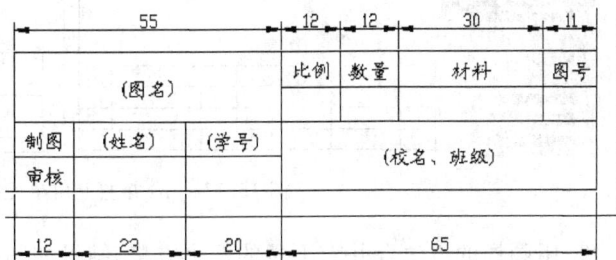

图 15.169 标题栏

(2) 创建标题栏表格

① 在工具栏中单击插入表格图标,弹出创建表菜单管理器。依次选择"升序"→"左对齐"→"按长度"→"顶点"命令,如图 15.170 所示。

② 系统提示"确定表的右下角",选取图框的右下角草绘图元的端点为表的右下角点,如图 15.171 所示。

③ 输入列宽"11",单击接受值按钮,如图 15.172 所示。系统要求输入下一列宽,按同样方法依次输入列宽"30"、"12"、"12"、"20"、"23"、"12"。

④ 再次要求输入列宽时,直接单击接受值按钮,系统要求输入行高,按输入列宽的方法依次输入行高"7"、"7"、"7"、"7"。

⑤ 再次要求输入行高时,直接单击接受值按钮,完成的表格如图 15.173 所示。

图 15.170 "创建表"菜单管理器

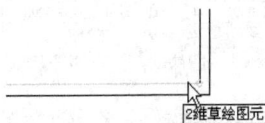

图 15.171 确定表的右下角位置

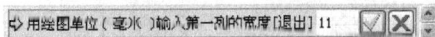

图 15.172 输入列宽

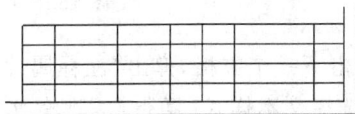

图 15.173 完成标题栏表格创建

（3）标题栏表格的编辑

① 用框选的方式选取表格左上角的六个方格，在"表"下拉菜单中单击"合并单元格"命令合并所选单元格，如图15.174所示。

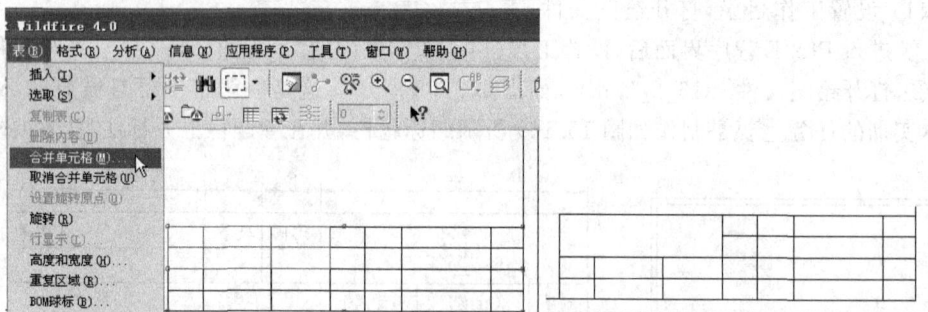

图15.174　合并左上角单元格

② 用同样的方法合并右下角的八个方格，结果如图15.175所示。

（4）在方格中输入文本

① 双击左上方方格，弹出"注释属性"对话框。单击"文本样式"标签，在"文本样式"选项卡中设定字高为"5"，在"水平"下拉列表中选取"中心"，在"垂直"下拉列表中选取"中间"。单击"文本"标签，在文本框中输入"（图名）"，单击"确定"按钮，完成第一个方格文本的输入，如图15.176所示。

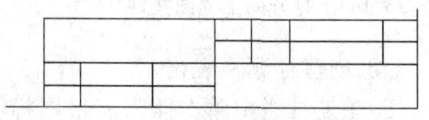

图15.175　合并右下方单元格

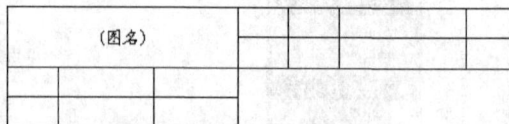

图15.176　在方格中输入文本

② 双击下一个方格，弹出"注释属性"对话框。在文本框中输入"制图"，单击"文本样式"标签，选择文本样式"复制自"现有文本，单击"选取文本"按钮，单击前面填写的文本

"（图名）"，单击"确定"按钮，完成第二个方格文本的输入，如图 15.177 所示。

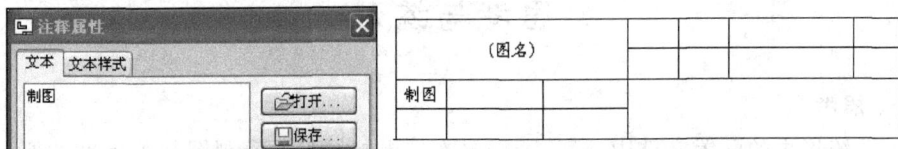

图 15.177　在第二个方格中输入文本

③ 用同样方法填写其他方格的文本，最后结果如图 15.178 所示。

图 15.178　完成文本的填写

（5）标注"技术要求"

① 在工具栏中单击创建注释，弹出注释类型菜单管理器。选择"制作注释"选项，在标题栏上方合适位置单击，系统要求输入注释，在输入框中输入"技术要求"，单击接受值按钮，如图 15.179 所示。

② 输入下一行文本，输入完成后单击接受值按钮。按同样方法输入后续行文本。

③ 输入完成后直接单击接受值按钮，在菜单管理器中单击"完成/返回"命令，完成注释的创建，如图 15.180 所示。

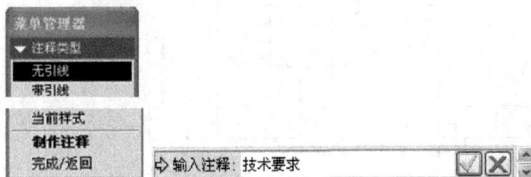

图 15.179　输入注释

图 15.180　完成"技术要求"注释

④ 在"技术要求"文字位置单击两次，"技术要求"文字以红色显示，右击，在弹出的快捷菜单中选择"文字样式"命令，可修改字高为"7"。

⑤ 双击"技术要求"注释，在弹出的"注释属性"对话框中修改文本。在"{1:技术要求}"前输入三个空格，在"注释属性"对话框中单击"确定"按钮，得到的结果如图 15.181 所示。

图 15.181　通过输入空格调整"技术要求"文字的位置

思考与练习

一、思考题

1. 系统提供的配置文件中,哪一个配置文件更加接近国家制图相关标准的要求? 如何在配置文件中更改投影类型? 如何设置文本高度、箭头大小和线型长度?

2. 按视图的生成方法,视图可以分为哪几种类型? 根据视图显示模型的多少,视图又可以分为哪几种类型? 根据剖切面的特点及视图显示的方式,视图还可以分为哪几种类型?

3. 驱动尺寸与从动尺寸有什么区别? 能否更改从动尺寸?

4. 将 Pro/E 工程图转换成 AutoCAD 文件时,如何避免出现中文字不能正确显示的问题? 如何才能在 Pro/E 工程图中使用楷体中文字型?

5. 如何显示和更改尺寸公差? 如何标注几何公差?

二、操作题

1. 生成如图 15.182 所示的工程图,并按图示标注尺寸。先根据该图创建三维零件图,然后再生成工程图,其中俯视图要求用草绘方式绘制。

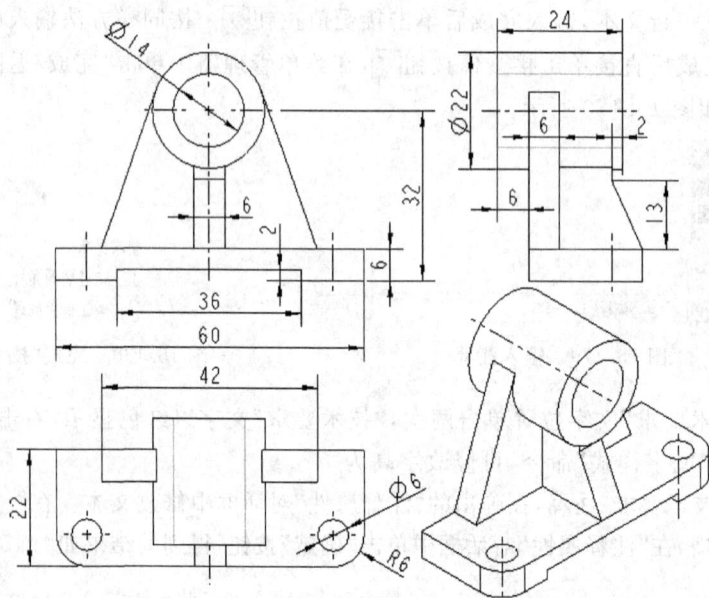

图　15.182

2. 生成如图 15.183 所示的工程图,并按图示标注尺寸。先根据该图创建三维零件图,然后再生成工程图。

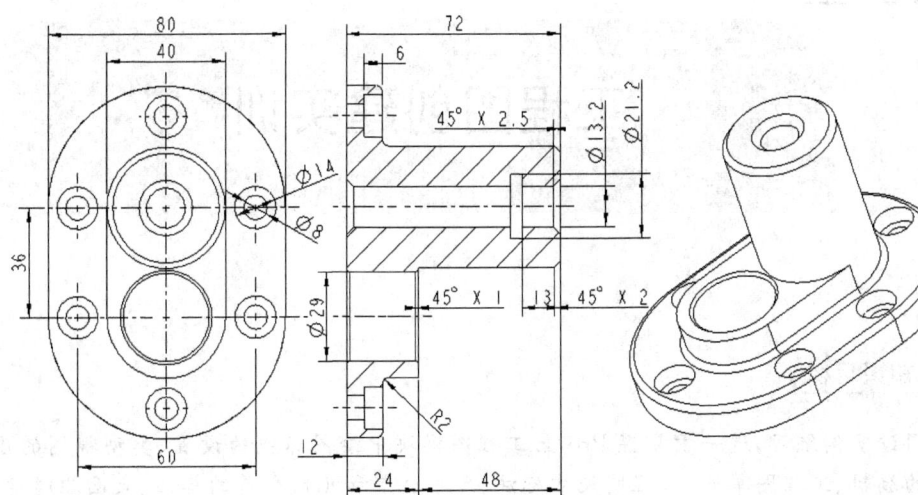

图 15.183

第 16 章

工程图创建实训

通过实例练习，进一步掌握 Pro/E 工程图模块中绘图环境的设置、类型视图的创建、视图的编辑、工程图草绘、工程图尺寸标注、尺寸公差和几何公差的标注、表面粗糙度的标注、注释和表格制作等的知识和方法。

技能目标

通过实例操作，进一步掌握 Pro/E 工程图模块中绘图环境的设置、各类型视图的创建、视图的编辑、工程图草绘、工程图尺寸标注、尺寸公差的标注、几何公差的标注、表面粗糙度的标注、注释和表格的制作等技能。

工程图用于指导零件的加工和装配，是非常重要的技术文件。工程图能够直接、综合地表达尺寸和尺寸公差信息、几何公差信息、表面粗糙度信息以及材料、热处理要求等技术要求，在现代工程中仍被广泛使用。16.1 节主要训练视图的生成、尺寸的标注，图框、标题栏以及技术要求的制作和填写等操作。16.2 节除了 16.1 节的训练内容外，还增加了尺寸公差标注、几何公差标注以及表面粗糙度标注等方面的内容。

16.1 制作轴承座工程图

任务分析

本任务从一个三维零件图开始，生成一个基本完整的工程图。该工程图包含表达零件内外结构形状的三视图和一个直观的立体图，以及完整的尺寸标注和图框、标题栏等。该任务的操作涉及的主要内容有工程图配置文件的设置、图框的制作、视图的创建、尺寸的显示和编辑、标题栏的制作和标题栏文字的填写等。没有尺寸公差、几何公差和表面粗糙度的标注这些内容，相对较为简单。配置文件 cns_cn.dtl 中的大部分设置都与我国的相关标准一致或接近相关标准的要求，但有些还不符合我国的相关标准，如"投影类型"的设置，默认设置是"第三角投影"，而我国机械制图标准采用的是"第一角投影"，在生成投影视图前应更改。尺寸的显示和编辑要求耐心细致，不能漏标尺寸，也不能多标尺寸。整个工程图要求做到完整、规范、简洁、美观。

操作步骤

（1）设置工作目录，创建绘图文件

① 进入 Pro/E 程序界面后，设置工作目录，如本例中的"工程图\sx17_1\轴承座"（该目录下已放置下面操作要用到的模型文件 zsz.prt，该模型的形状结构如图 16.1 所示）。

② 新建一个绘图文件。输入文件名称为"sx17_1"，取消勾选"使用缺省模板"复选框，选择"缺省模型"为"zsz.prt"，选择"指定模板"为"空"，图纸方向为"纵向"，图纸大小为"A4"，如图 16.2 所示。

（2）读进配置文件，更改投影类型

① 在绘图区右击，在弹出的快捷菜单中选择"属性"命令，再在弹出的文件属性菜单管理器中选择"绘图选项"选项，出现配置文件"选项"对话框。

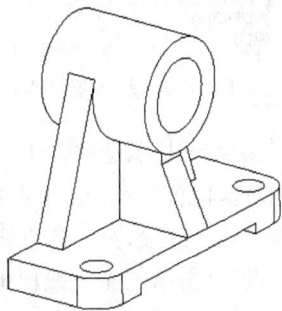

图 16.1　工程图制作欲用模型

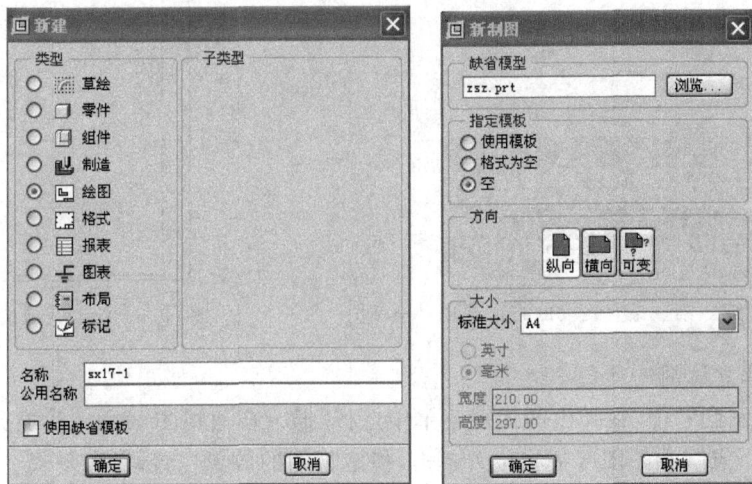

图 16.2　新建一个绘图文件

② 在目录 Pro/E 野火版 4.0\text 下找到并双击"cns_cn.dtl"，把该配置文件读进工程图环境中，更改投影类型"projection_type"为第一角投影"first_angle"。单击"确定"按钮，完成配置文件的设置。

（3）绘制图框

① 在工具栏中单击创建两点线图标 ，在绘图区右击，在弹出的快捷菜单中选择"绝对坐标"命令，输入绝对坐标值（25，5），如图 16.3 所示。

② 单击接受指定值按钮 ，完成两点线起始点的确定。系统提示选取终止点，在绘图区右击，在弹出的快捷菜单中选择"相对坐标"命令，输入相对坐标值（0，287），如图 16.4 所示。

③ 单击接受指定值按钮 ，完成两点线终止点的确定。系统提示选取起始点，选择上一直线段终止点为下一直线段的起始点。

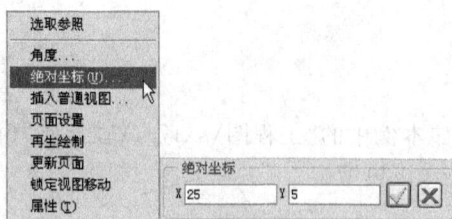

图 16.3　输入绝对坐标值(25,5)

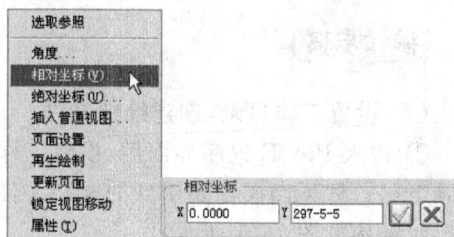

图 16.4　输入相对坐标值(0,287)

④ 系统提示选取终止点,在绘图区右击,在弹出的快捷菜单中选择"相对坐标"命令,输入相对坐标值(180,0),单击接受指定值按钮 ,完成两点线终止点的确定。按同样方法绘制第三条直线段,第三条直线段终止点的相对坐标值为(0,-287),如图 16.5 所示。

⑤ 单击第三条直线段的终止点和第一条直线段的起始点,完成图框的绘制,结果如图 16.6 所示。

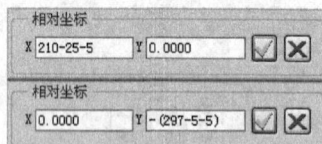

图 16.5　第二、第三条直线段的终止点相对坐标值

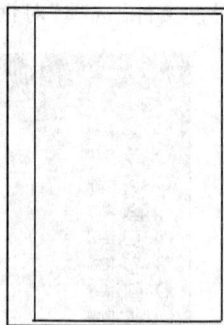

图 16.6　绘制完成的图框

(4) 创建立体图

① 在绘图区右击,在弹出的快捷菜单中选择"插入普通视图"命令,系统提示"选取绘制视图的中心点",在绘图区适当位置单击,指定视图的放置位置。

② 系统弹出"绘图视图"对话框,在"缺省方向"下拉列表中选择"等轴测",如图 16.7 所示。

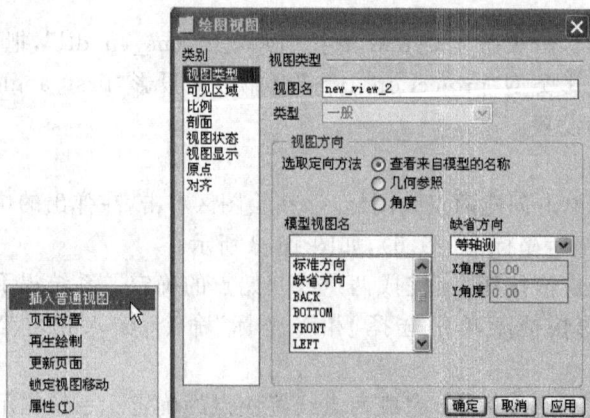

图 16.7　"绘图视图"对话框

③ 单击"确定"按钮,完成立体图的创建,结果如图 16.8 所示。

(5) 创建三视图

① 在绘图区右击,在弹出的快捷菜单中选择"插入普通视图"命令,系统提示"选取绘制视图的中心点",在绘图区适当位置单击,指定视图的放置位置。

② 系统弹出"绘图视图"对话框,在"模型视图名"下拉列表中选择"RIGHT",如图 16.9 所示。

③ 单击"确定"按钮,完成主视图的创建,结果如图 16.10 所示。

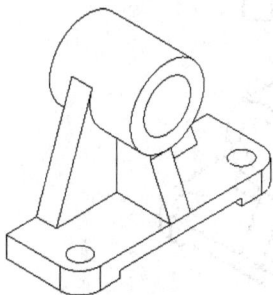

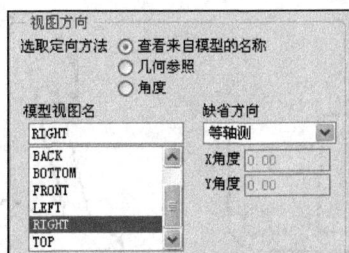

图 16.8　等轴测立体图　　　图 16.9　选择 RIGHT 为视图方向　　　图 16.10　主视图

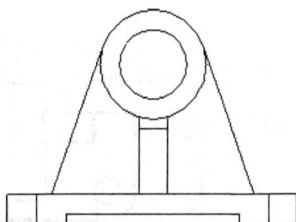

④ 选择"插入"→"绘图视图"→"投影"命令,系统提示"选取投影父视图",单击主视图为投影父视图。系统又提示"选取绘制视图的中心点",单击主视图右边的恰当位置,完成左视图的创建,如图 16.11 所示。

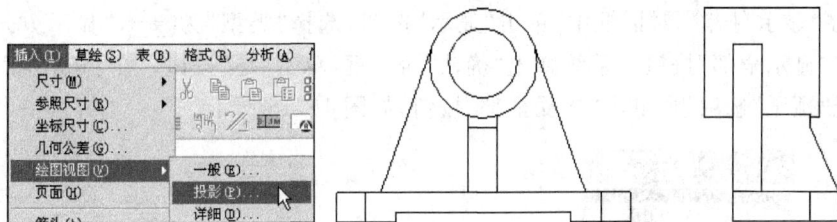

图 16.11　创建左视图

⑤ 选择"插入"→"绘图视图"→"投影"命令,系统提示"选取投影父视图",单击主视图为投影父视图。系统又提示"选取绘制视图的中心点",单击主视图下方的恰当位置,完成俯视图的创建,如图 16.12 所示。

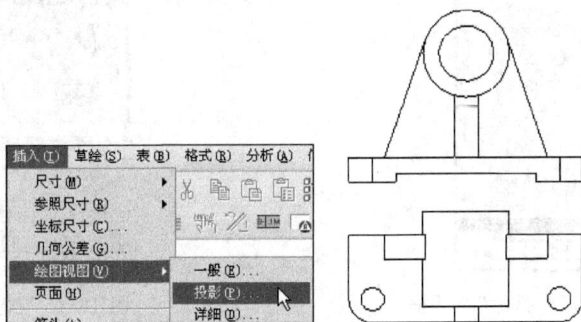

图 16.12　创建俯视图

⑥ 关闭工具栏中的锁定视图移动图标 ,通过拖动方式调整视图位置,最后结果如图 16.13 所示。

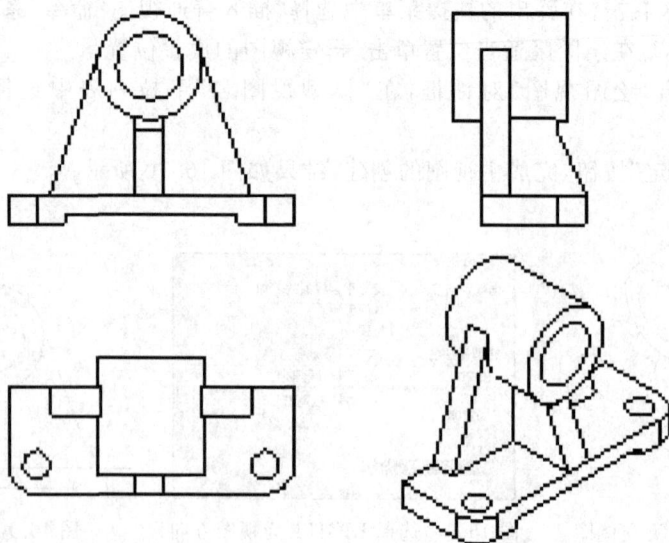

图 16.13　调整视图位置

(6) 显示驱动尺寸

① 单击工具栏中的显示/拭除图标 ,弹出"显示/拭除"对话框,如图 16.14 所示。

② 在"显示/拭除"对话框中,单击"显示"按钮,选择"类型"为 ,"显示方式"为"特征",单击"显示全部"按钮。系统弹出"确认"对话框,单击"是"按钮。在"显示/拭除"对话框中出现"预览"选项组,单击"接受全部"按钮,如图 16.15 所示。

图 16.14　"显示/拭除"对话框

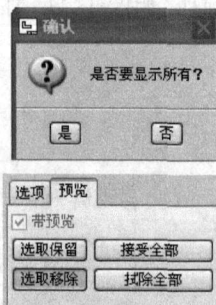

图 16.15　显示全部

③ 单击"显示/拭除"对话框中的"关闭"按钮,完成驱动尺寸的显示,结果如图 16.16
所示。

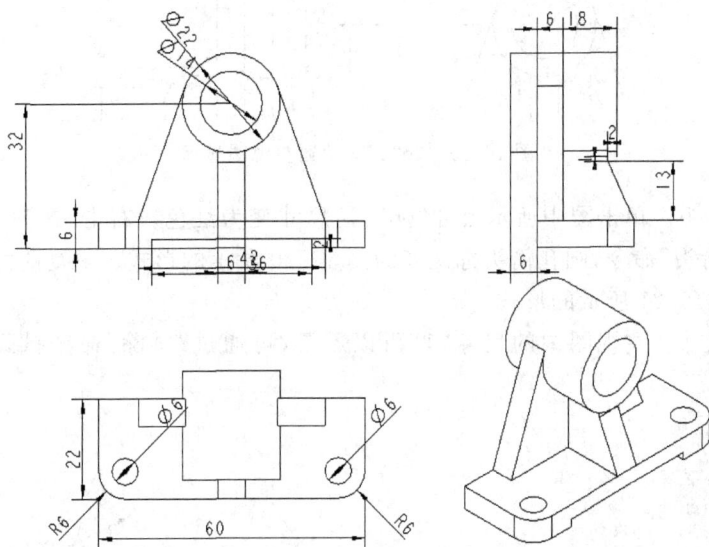

图 16.16　驱动尺寸的显示

(7) 整理尺寸

① 拖动尺寸,调整尺寸位置。如图 16.17 所示,把尺寸"6"和"32"由左边拖到右边合
适位置。

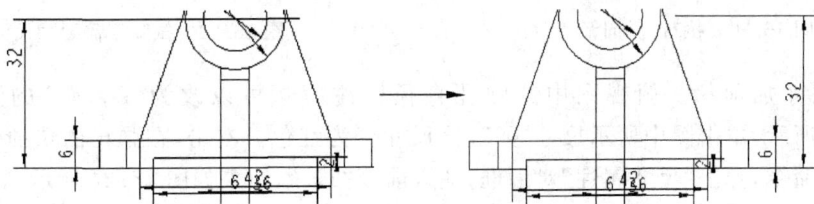

图 16.17　拖动尺寸

② 将项目移动到视图。如图 16.18 所示,单击图中所示尺寸"φ22",该尺寸变为红色
显示。右击,在弹出的快捷菜单中选择"将项目移动到视图"命令,单击选取左视图,尺寸
"φ22"便移动到左视图显示,调整显示位置,结果如图 16.19 所示。

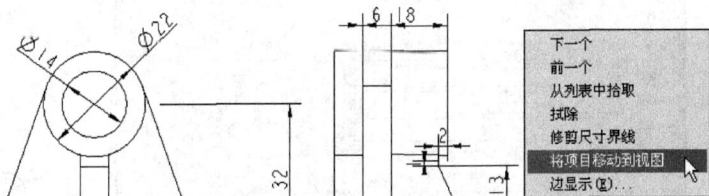

图 16.18　选择"将项目移动到视图"命令

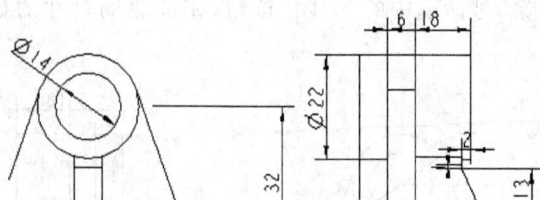

图 16.19　"φ22"移动到左视图显示

③ 反向箭头。单击图中所示尺寸"φ6",该尺寸变为红色。右击,在弹出的快捷菜单中选择"反向箭头"命令,圆孔箭头标注变为图 16.20 所示的形式。重复前面操作,圆孔箭头标注变为图 16.21 所示的形式。

④ 拭除尺寸。左视图中的尺寸"1"可以不要,可通过"拭除"命令拭除,如图 16.22 所示。

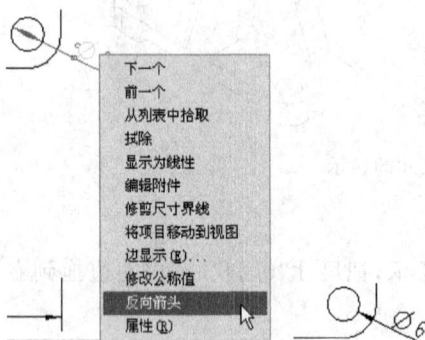

图 16.20　执行"反向箭头"命令

图 16.21　新的箭头形式

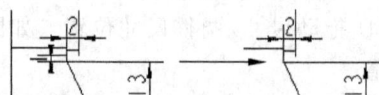

图 16.22　拭除不需要的尺寸

⑤ 尺寸加前缀。俯视图中的圆孔直径标注"φ6"可以改为"2×φ6"的形式。如图 16.23 所示,单击图中所示尺寸"φ6",该尺寸变为红色。右击,在弹出的快捷菜单中选择"属性"命令,弹出"尺寸属性"对话框,加入前缀"2×",结果如图 16.24 所示。

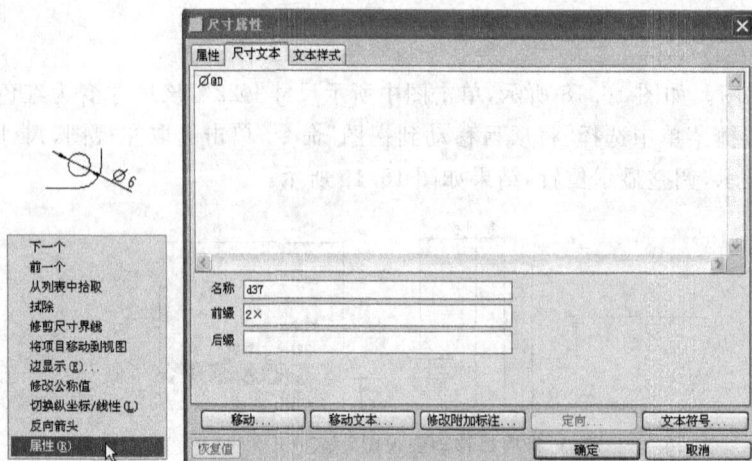

图 16.23　"尺寸属性"对话框

图 16.24　尺寸加前缀

整理尺寸后的最终结果如图 16.25 所示。

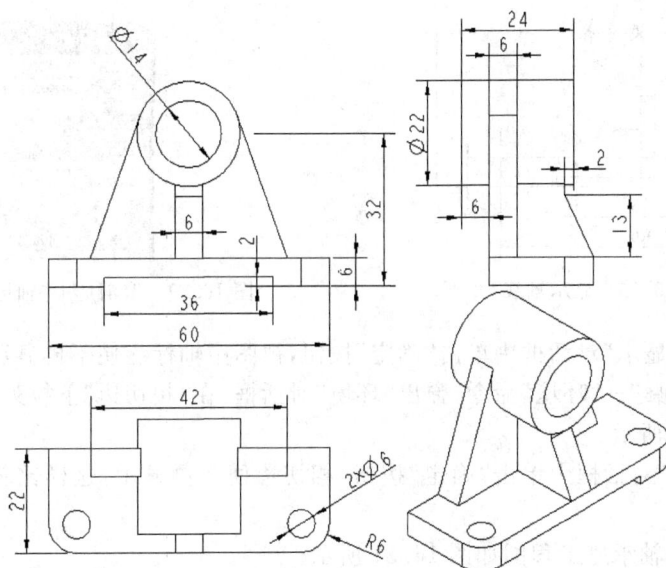

图 16.25　整理尺寸后的最终结果

（8）制作标题栏并填写有关信息

标题栏表格的参考尺寸如图 16.26 所示。参照第 15 章的"注释和表格的制作"，制作如图 16.27 所示的标题栏。

图 16.26　标题栏表格参考尺寸

图 16.27　标题栏

（9）显示轴线和不显示相切边

① 以显示驱动尺寸的方法显示轴线，并拖动轴线至合适位置，如图 16.28 所示。

② 选择"视图"→"显示设置"→"基准显示"命令，弹出"基准显示"对话框，取消勾选"轴标签"复选框，如图 16.29 所示。

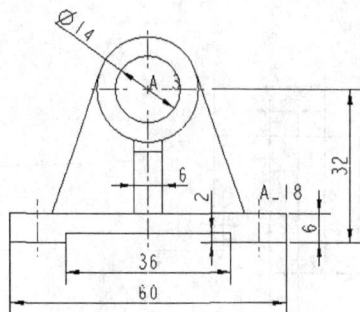

图 16.28　显示轴线

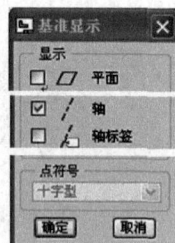

图 16.29　取消选中"轴标签"复选框

③ 在"基准显示"对话框中单击"确定"按钮,视图中轴标签便不再显示。

④ 选择"工具"→"环境"命令,弹出"环境"对话框,在"相切边"下拉列表中选择"不显示",如图 16.30 所示。

⑤ 在"环境"对话框中单击"确定"按钮,相切边便不再显示,这样比较符合一般的制图习惯。

最后完成的轴承座工程图如图 16.31 所示。

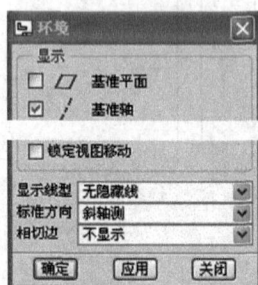

图 16.30　不显示"相切边"

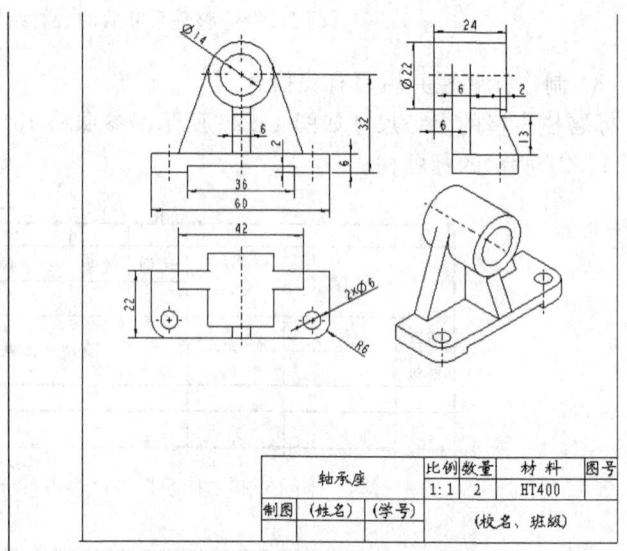

图 16.31　制作完成的轴承座工程图

16.2　制作连接器工程图

任务分析

本任务从一个三维零件图开始,生成一个能指导实际生产的工程图。该工程图除了包含表达零件内外结构形状的主视图和一个左视剖视图,完整的尺寸标注,图框、标题栏等外,还有尺寸公差、几何公差、表面粗糙度以及技术要求的标注。表达方式要求基本符合国家机械制图的相关标准。为了提高作图效率,可以使用预先制好的模板,模板中包含了图纸大小、配置文件等信息。标注尺寸和尺寸公差时要耐心细致,不能漏标尺寸或多标尺寸。在标注几何公差时,应注意标准的要求,设置配置文件选项"gtol_datums"值为"std_iso",该设置使基准标注更接近国家标准的形式。在制作标题栏和填写技术要求时,字高要符合标准的要求。整个工程图要求做到完整、规范、简洁、美观。

操作步骤

(1) 设置工作目录,创建绘图文件

① 进入 Pro/E 程序界面后,设置工作目录,如本例中的"工程图\sx17_2\连接器"(该目录下已放置下面操作要用到的模型文件 connector. prt,该模型的形状结构如图 16.32 所示)。

② 新建一个绘图文件。输入文件名称为"sx17_2",取消勾选"使用缺省模板"复选框,选取"缺省模型"为"connector. prt",选中"使用模板"单选按钮,单击"浏览"按钮,选取工作目录下的工程图文件"sx17_2_1. drw"为模板,如图 16.33 所示。

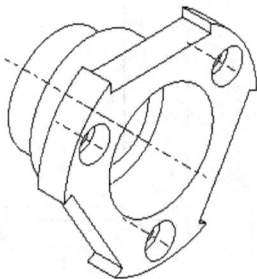

图 16.32　工程图制作欲用的模型

图 16.33　新建一绘图文件的设置

③ 在"新制图"对话框中单击"确定"按钮,结果如图 16.34 所示。

(2) 创建视图

① 创建主视图。在绘图区右击,在弹出的快捷菜单中选择"插入普通视图"命令,进入视图的创建流程。在"模型视图名"下拉列表中选择"RIGHT",在弹出的"绘图视图"对话框中单击"确定"按钮,完成主视图的创建,如图 16.35 所示。

② 创建左视图。选择"插入"→"绘图视图"→"投影"命令,系统提示"选取投影父视图",选择主视图为投影父视图。系统又提示"选取绘制视图的中心点",单击主视图右边的恰当位置,完成左视图的创建,如图 16.36 所示。

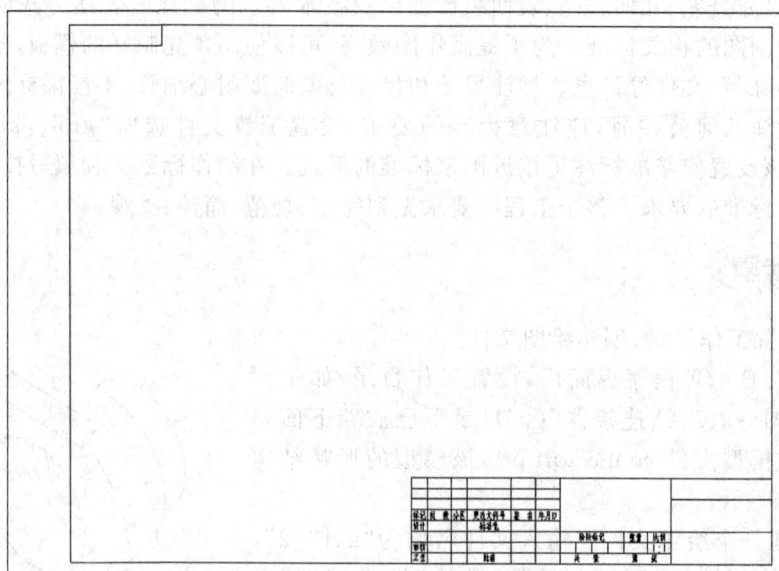

图 16.34　新的绘图文件

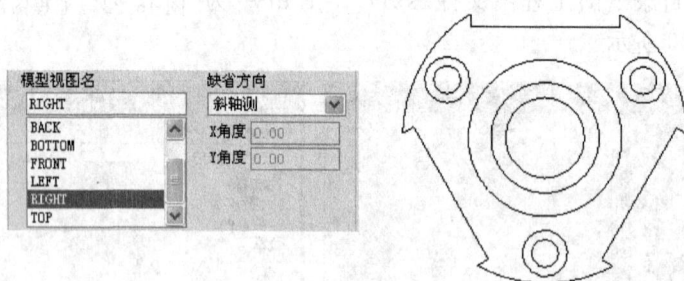

图 16.35　创建主视图

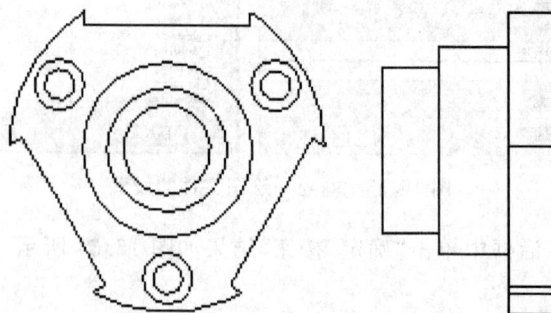

图 16.36　创建左视图

③ 选取左视图,右击,在弹出的快捷菜单中选择"属性"命令,弹出"绘图视图"对话框。在"类别"列表框中选择"剖面",在"剖面选项"选项组中选择"2D 截面",单击按钮 ⊞ ,以 FRONT 面为参照创建剖切平面 F,完成剖视图的制作。更改剖面线间距,让间距减半,结果如图 16.37 所示。

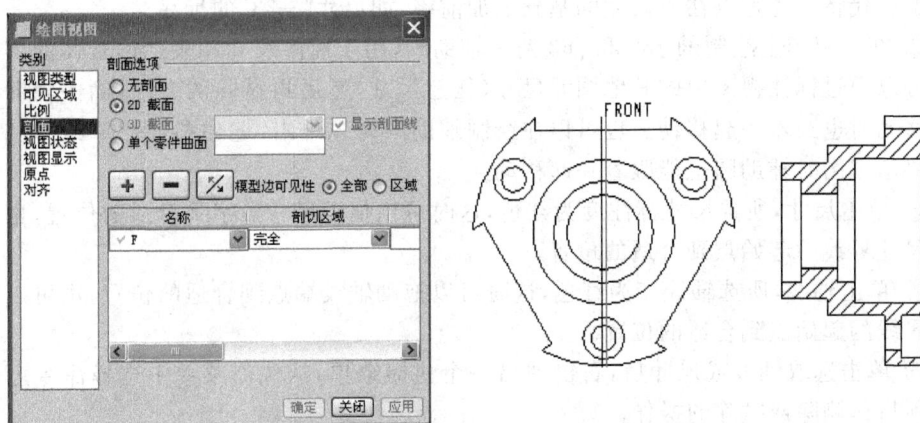

图 16.37　修改左视图为全剖视图

④ 创建立体视图。在绘图区右击,在弹出的快捷菜单中选择"插入普通视图"命令,进入视图的创建流程。在"缺省方向"下拉列表中选择"等轴测",在弹出的"绘图视图"对话框中单击"确定"按钮,完成立体视图的创建,如图 16.38 所示。

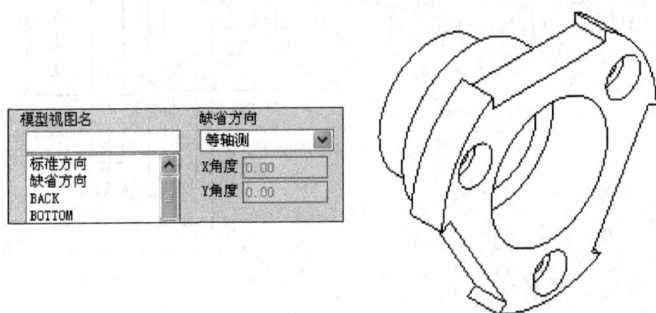

图 16.38　创建的立体视图

完成所有视图创建后的最终结果如图 16.39 所示。

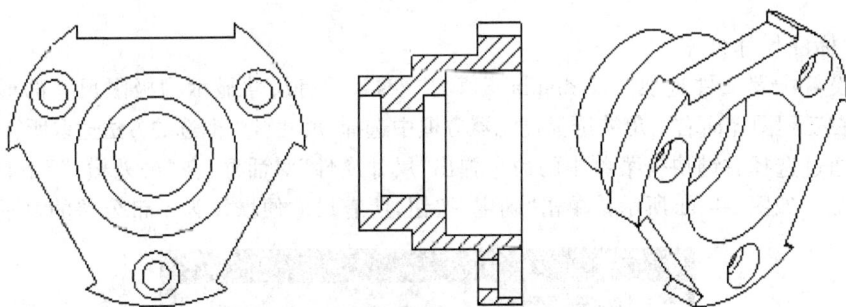

图 16.39　创建完成的视图

(3) 显示轴线、尺寸,整理并标注尺寸

在进行显示轴线、尺寸,整理标注尺寸的操作时,主要应注意如下事项。

① 当驱动尺寸显示的位置不合适时,可以把驱动尺寸拭除,再在合适位置标注从动

尺寸予以代替。还可以在原尺寸的基础上加前缀,如尺寸"3-33"的标注。

② 在主视图上绘制的 φ50 和 φ63 两个辅助圆,用于标注尺寸和表达回转体的零件结构。可以通过标注视图中的其他图元尺寸(任意尺寸)然后再拭除的方法,确保辅助圆在视图移动时也跟着一起移动。也可以在绘制辅助圆时先单击"记住参数化草绘"按钮 ,使得移动视图时辅助圆也能跟着一起移动。

③ 单击尺寸,所选尺寸标注变为红色,这时可以拖动尺寸数字到合适的位置,也可以拖动尺寸界线的起始点到合适的位置。

④ 单击轴线,所选轴线变为红色,这时可以拖动轴线端点到合适的位置,也可以拖动尺寸界线的起始点到合适的位置。

⑤ 单击选取轴线或尺寸后,右击弹出一个快捷菜单,从快捷菜单中选择命令可以对所选项目作删除或拭除的操作。

完成显示轴线、尺寸,整理并标注尺寸的操作后,得到的结果如图 16.40 所示。

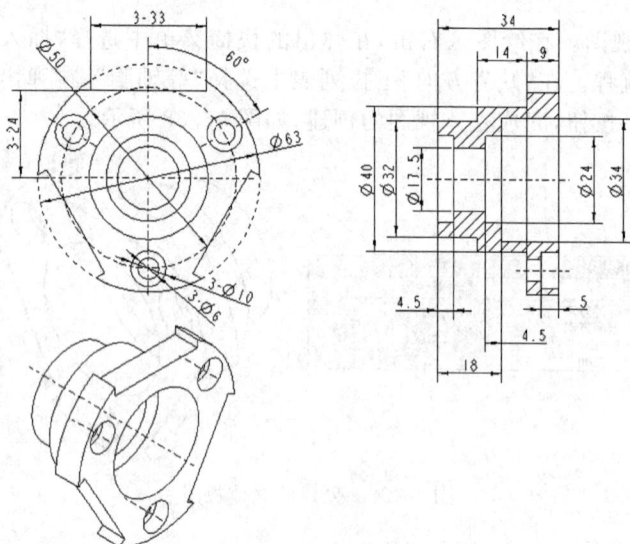

图 16.40 对轴线、尺寸进行处理后的结果

(4) 标注尺寸公差

① 设置配置文件选项"tol_display"值为"yes",所有尺寸显示为极限尺寸的形式。

② 在工程图界面右下角的选择过滤器方框中选择"尺寸",用框选的方法选取所有的尺寸。

③ 通过选择右键快捷菜单中的命令弹出"尺寸属性"对话框,在"公差模式"下拉列表中选择"象征",如图 16.41 所示。单击"确定"按钮,所有尺寸便恢复为不带公差的显示形式。

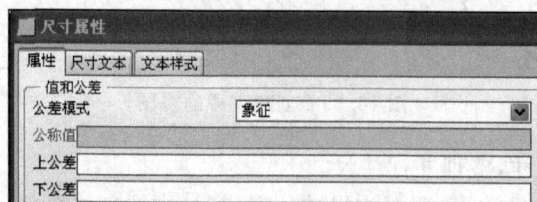

图 16.41 所有尺寸的公差模式设为"象征"

④ 给需要标注公差的尺寸逐一标注公差。在对"尺寸属性"对话框进行设置时,先设置公差的"小数位数",再选择"公差模式",最后输入"上偏差"和"下偏差"等公差值。

标注尺寸公差的结果如图 16.42 所示。

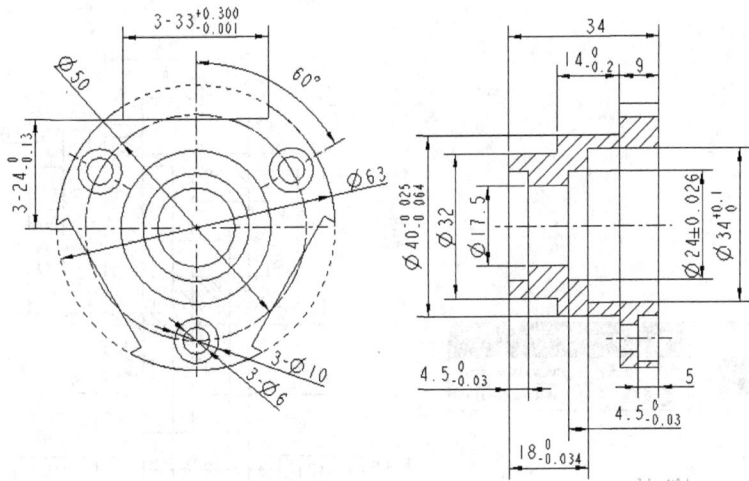

图 16.42　标注的尺寸公差

(5) 标注几何公差

① 设置配置文件选项"gtol_datums"值为"std_iso",该设置使基准标注更接近国家标准的形式。

② 定义一个基准轴,命名为"A"。

③ 标注两个全跳动公差和一个同轴度公差。

标注几何公差的结果如图 16.43 所示。

(6) 标注表面粗糙度

① 选择"插入"→"表面光洁度"命令,弹出得到符号菜单管理器,如图 16.44 所示。

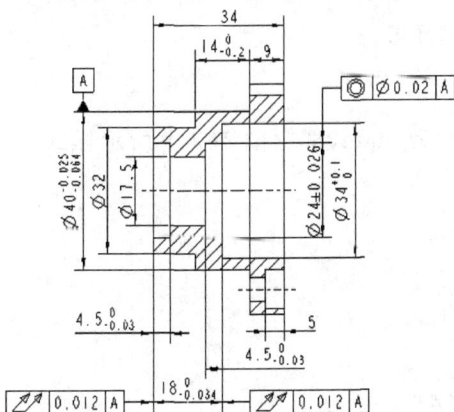

图 16.43　几何公差的标注

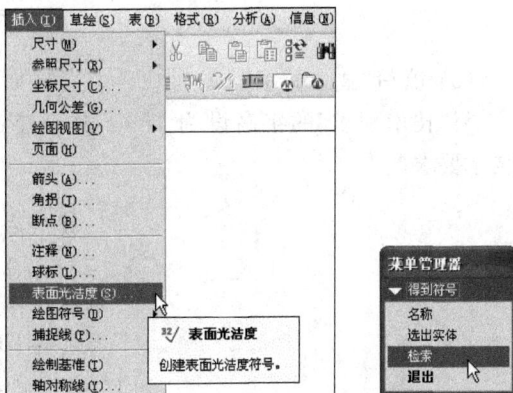

图 16.44　选择"表面光洁度"命令

② 在得到符号菜单管理器中选择"检索"选项，在弹出的"打开"对话框中双击"machined"文件夹，选择 standard1. sym 符号文件，如图 16.45 所示。

③ 按提示完成如图 16.46 所示表面粗糙度的标注(4 处)。

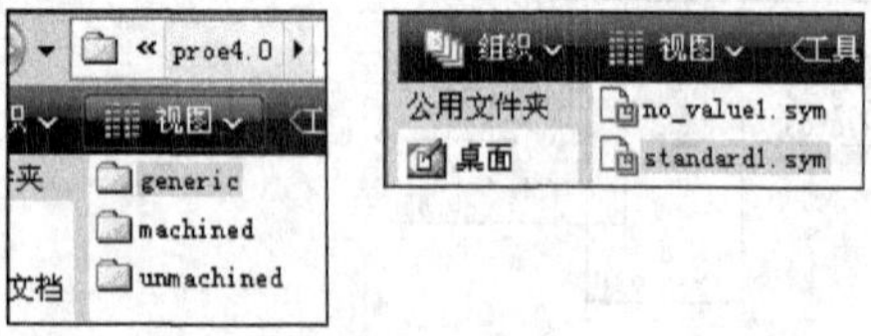

图 16.45 选择表面粗糙度符号文件

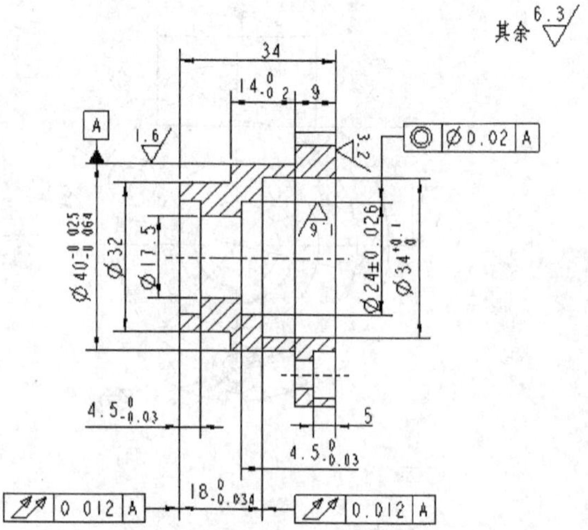

图 16.46 表面粗糙度的标注

(7) 填写标题栏

将公司名称、零件名称和材料牌号的字高设为 5mm，其余字高设为 3.5mm，根据图 16.47 所示样式填写标题栏。

						45		客天下股份有限公司
标记	处 数	分区	更改文件号	签 名	年月日			连接器
设计			标准化			阶段标记	重量 比例	XY80-06-138
审核							1:1	
工艺			批准			共 张	第 张	

图 16.47 标题栏样式

(8) 填写"技术要求"

将"技术要求"的字高设为 7mm，其余字高设为 5mm，根据图 16.48 所示样式填写"技术要求"。

技术要求

1. 锐角倒钝0.5×45°
2. 调质26~30HRC
3. 表面发黑处理

图 16.48 "技术要求"样式

最后完成的连接器工程图如图 16.49 所示。

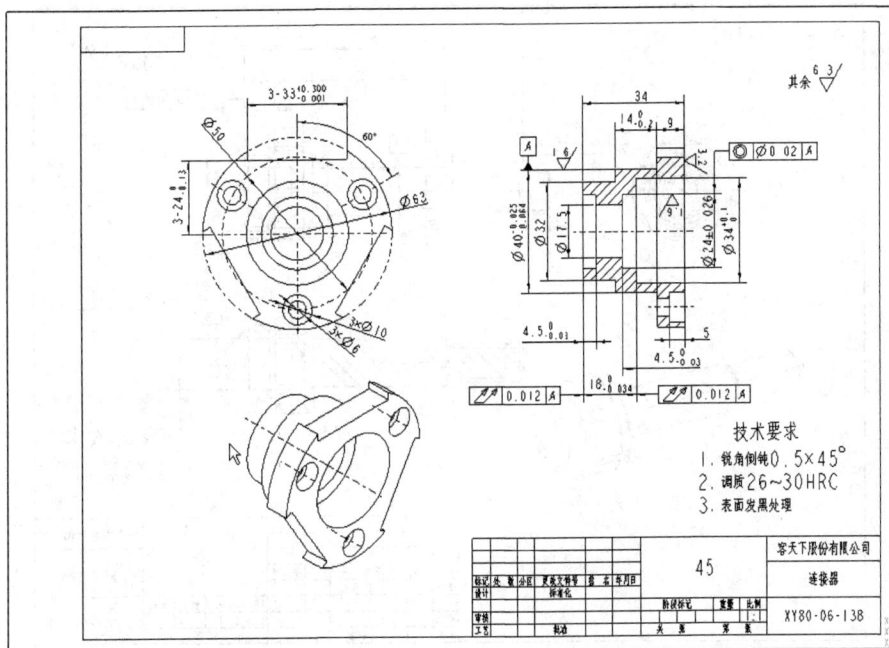

图 16.49　完成的连接器工程图

思考与练习

一、思考题

1. 在工程图中草绘图线时,绝对坐标的原点在图纸的什么位置? 相对坐标的原点又在什么位置?

2. 第一角投影视图与第三角投影视图相比,投影视图放置的位置有什么不同?

3. 如何保证视图移动位置时,绘制的草绘图也跟随该视图一起移动?

4. 拭除和删除有什么不同?

5. 怎样可以较快地整理尺寸?

6. 工程图中表格的编辑有哪些是和 Excel 表格的编辑是相同的?

7. 如何才能不显示轴的标签?

8. 如何通过工程图模板来提高作图效率?

9. 怎样调整立体图展示的角度?

10. 哪一种几何公差基准符号较接近国家标准?

二、操作题

生成如图 16.50 所示的工程图。先根据该图创建三维零件图,然后再生成工程图。

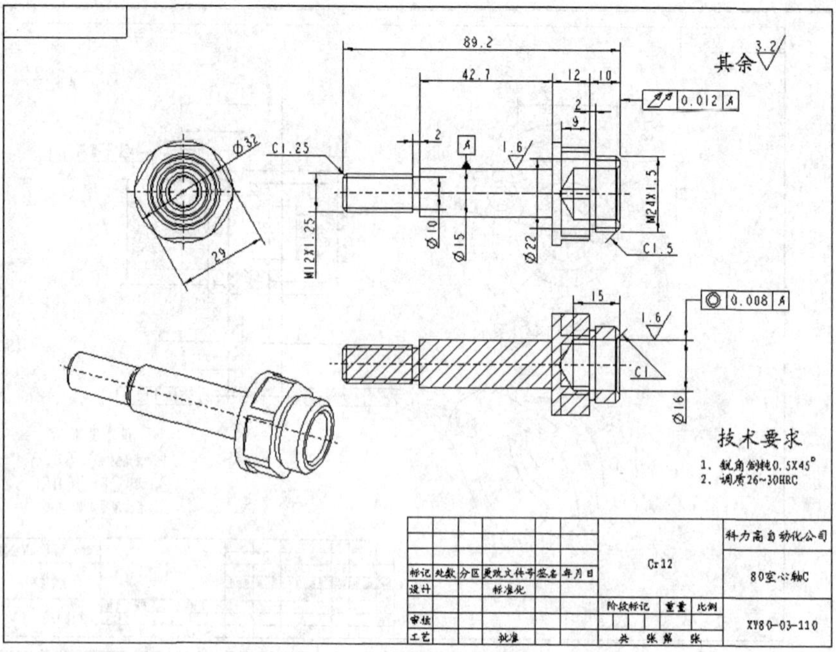

图 16.50

第 17 章

机构运动及动画效果制作综合实训

Pro/E 的机构运动是指定义一个机构并使其运动。机构运动通常用于仿真,从而使设计人员能观察到机构的真实运动情况。

通过机构运动分析可获得以下信息:几何图元和连接的位置、速度以及加速度;元件间的干涉;机构运动的轨迹曲线;作为 Pro/ENGINEER 零件捕获机构运动的运动包络。

在机构分析中,伺服电动机驱动下的机构所表现出来的传动关系可以通过动画的形式生动表达。模仿幻灯片的制作过程,通过抓拍一个一个快照,最后将它们连续播放,得到动画的效果。

17.1　创建电风扇的运动机构和动画

任务分析

风扇是日常生活中常见的家用电器,下面的例子制作模拟风扇转动的动画。该例子中的机构由轴和扇叶片两个零件组合而成。轴可用默认方式装入到装配体中,扇叶片可用销钉约束的方式装入。销钉约束允许扇叶片绕轴转动。进入系统集成的机构模式可进行机构运动分析和动画制作,还可以把生成的动画保存起来,日后一进入机构模式便可直接播放。

操作步骤

① 创建组件,文件名设为 fengshan-zujian,如图 17.1 所示。

② 将轴元件添加到组件中,如图 17.2 所示,轴的直径为"10mm",长度为"60mm"。

③ 添加第 10 章实例 10.2 中创建的 fengshan. prt 到组件中。用销钉约束的方式装入风扇零件,如图 17.3 所示。选择同轴,结果如图 17.4 所示。再接着选择轴的顶面和风扇 φ10 孔的底面重合,结果如图 17.5 所示。单击按钮✓,完成装配。

④ 选择机构命令,如图 17.6 所示。进入机构分析界面,如图 17.7 所示。

⑤ 定义伺服电动机。单击图标⊙,定义伺服电动机。注意:选择"销钉"为电机连接轴。假设速度为"50",如图 17.8 所示。单击"确定"按钮,完成电动机的定义。

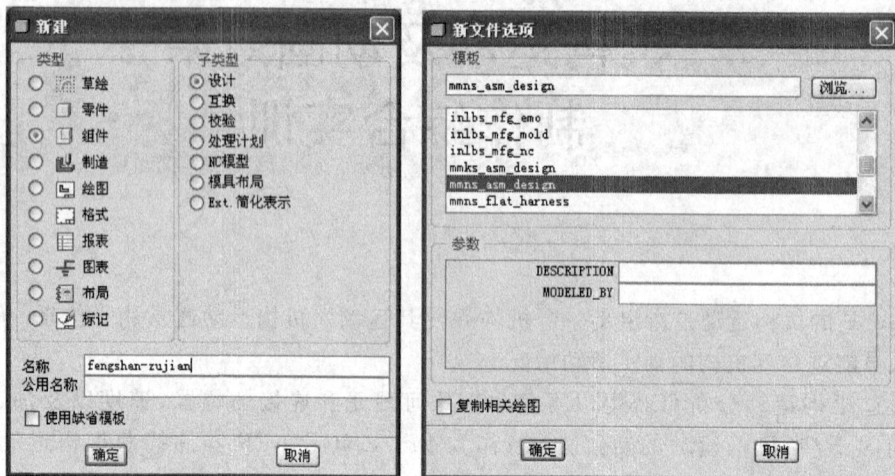

图 17.1 创建组件

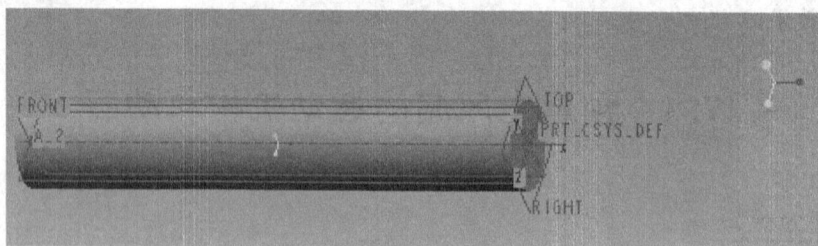

图 17.2 添加轴到组件

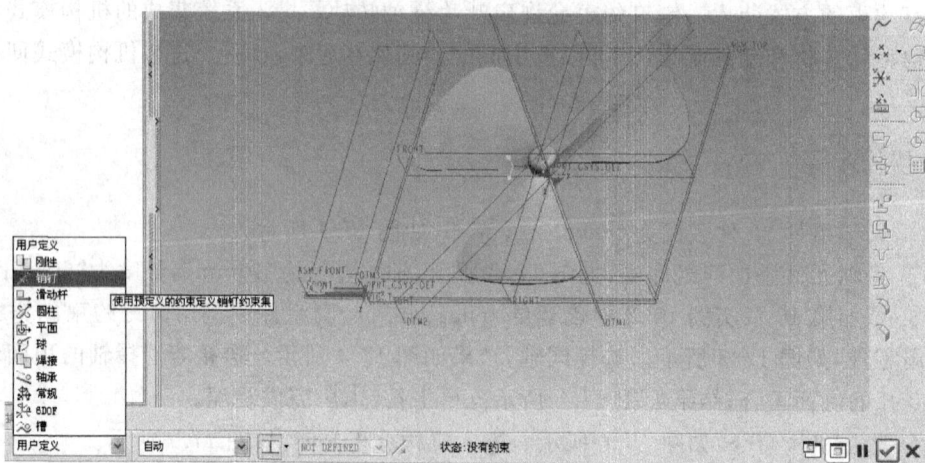

图 17.3 添加风扇到组件中

图 17.4 选择销钉同轴

图 17.5 顶面重合

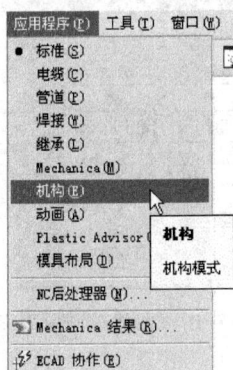

图 17.6 选择机构命令

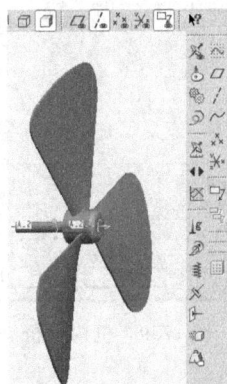

图 17.7 机构分析界面

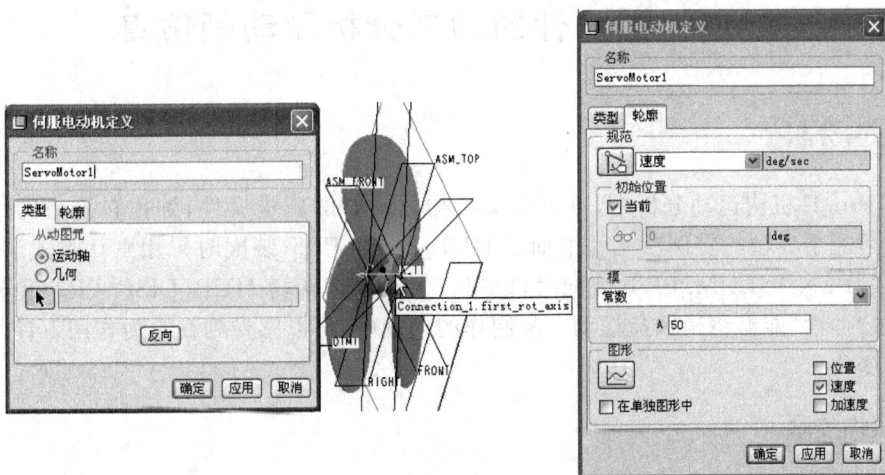

图 17.8 定义伺服电动机

⑥ 机构分析。单击机构分析图标 ⊠。如图 17.9 所示,设置起止时间,如开始时间设为"0",终止时间设为"30",此时单击"运行"按钮,可以看到风扇的旋转情况。选择"完成"选项,结束机构分析。

⑦ 单击图 17.10 所示"回放"对话框中的按钮◀▶,回放前面所作运动分析,便可以浏览到风扇旋转的动画效果。

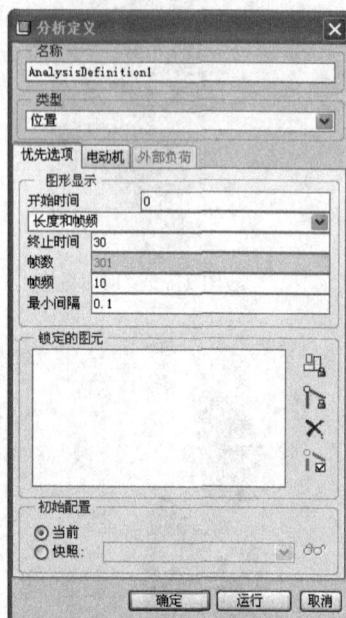

图 17.9　机构分析

图 17.10　回放动画效果设置

⑧ 在"回放"对话框中单击按钮🖫,保存前面所作的机构运动分析。

17.2　摇摆件的动态分析和动画仿真

任务分析

在 Pro/E 机构运动分析中,可以定义机构运动时的质量属性,钟摆在重力的作用下摆动就是一个典型的实例。元件销轴盘 HUB_DISC.PRT 装配时采用默认方式装配,元件"钟摆"PENDULUM.PRT 装配时,以销钉方式和销轴盘 HUB_DISC.PRT 装配在一起,以便"钟摆"能够绕销轴盘摆动。从制作的动画中,可以感受到在重力作用下钟摆摆动速度的变化。

操作步骤

① 创建组件,文件名设为 awayer,如图 17.11 所示。
② 在默认位置装配销轴盘 HUB_DISC.PRT,如图 17.12 所示。
③ 以"销钉"方式装配钟摆 PENDULUM.PRT。在元件放置操控面板的"预定义集"列表框中选择"销钉"选项,如图 17.13 所示。选择组件中元件钟摆 PENDULUM.PRT 的 A_1 轴和元件销轴盘 HUB_DISC.PRT 的 A_1 轴对齐,如图 17.14 所示。

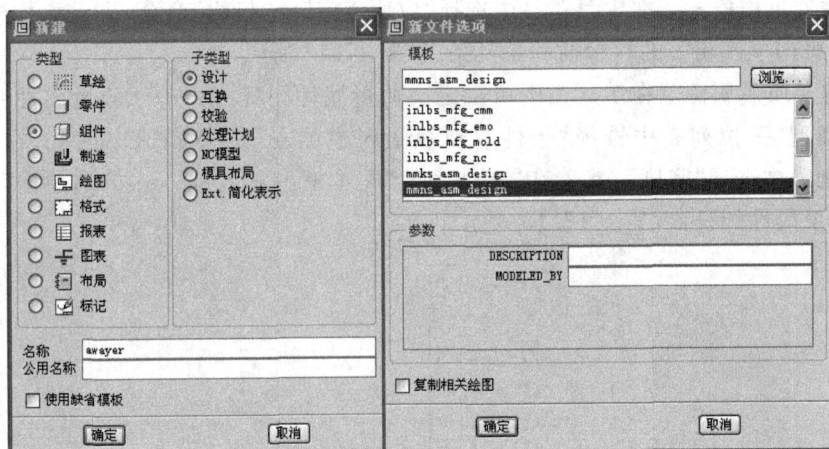

图 17.11　创建组件

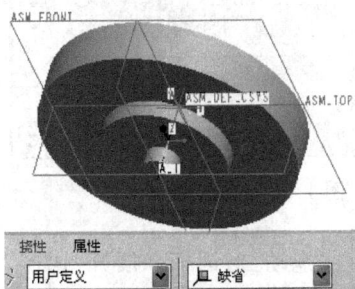

图 17.12　在默认位置装配销轴盘

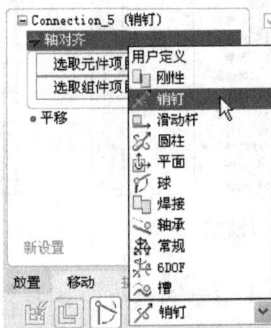

图 17.13　选择"销钉"选项

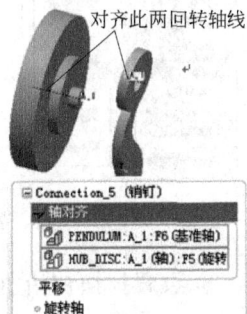

图 17.14　选择"轴对齐"

选择组件中元件钟摆 PENDULUM.PRT 的曲面和元件销轴盘 HUB_DISC.PRT 的曲面匹配,完成"平移"面的选择,如图 17.15 所示。单击完成按钮✔,完成元件的装配,结果如图 17.16 所示。

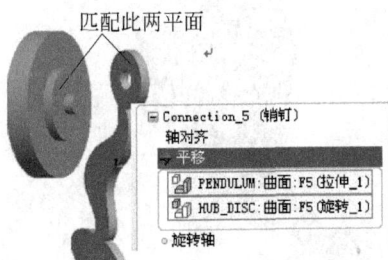

图 17.15　选择"平移面"

图 17.16　元件装配完成

④ 进入机构模式。在主菜单栏中选择"应用程序"→"机构"命令,进入机构模式。这时出现与机构模式相关的目录树和工具条,如图 17.17 所示。

⑤ 定义质量属性。在工具栏中单击定义质量属性图标 $\odot$,打开"质量属性"对话框。在"参照类型"下拉列表中选择"组件",在视图区中单击 AWAYER. ASM。在"定义属性"下拉列表中选择"密度",接着在"零件密度"文本框中输入"7.6e-009",单击"确定"按钮完成质量属性的设置,如图 17.18 所示。

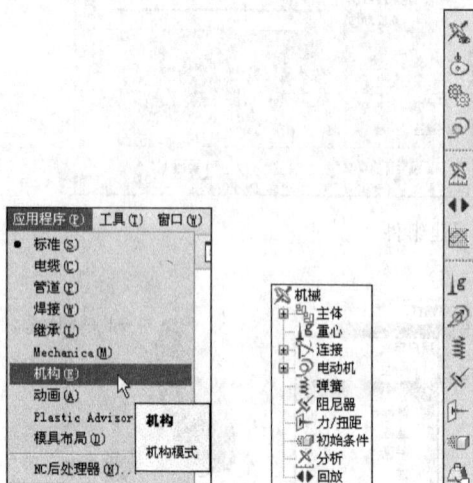

图 17.17　进入机构模式

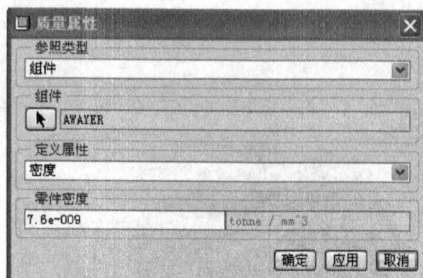

图 17.18　定义质量属性

⑥ 设置摇摆初始角。单击拖动封装元件图标 $\textcircled{w}$,打开"拖动"对话框。展开"快照"工具盒,单击"约束"选项卡。单击运动轴约束图标 $\uparrow$,选择销钉连接轴,在"Value"文本框中输入数值为"30"并按 Enter 键(即设置摇摆的初始角为 30°),钟摆便移动到 30°的位置。

单击拍下当前配置的快照图标 $\textcircled{o}$,默认的快照名称为 Snapshot1,单击"关闭"按钮完成快照和摇摆初始角的设置,结果如图 17.19 所示。

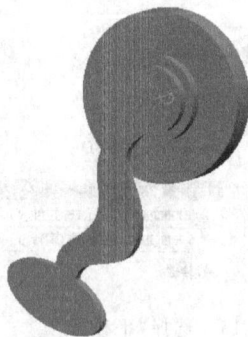

图 17.19　制作快照和设置摇摆初始角

⑦ 建立在重力作用下的动态分析。单击机构分析图标 ⚒️，打开"分析定义"对话框。接受默认的分析名称"Analysisdefinition1"。在分析"类型"选项组中选择"动态"。在"优先选项"选项卡中按图 17.20 所示设置各选项及参数。

切换到"外部负荷"选项卡，勾选"启用重力"复选框，如图 17.20 所示。单击"运行"按钮，在主窗口中便可显示单摆在重力作用下的动态画面。

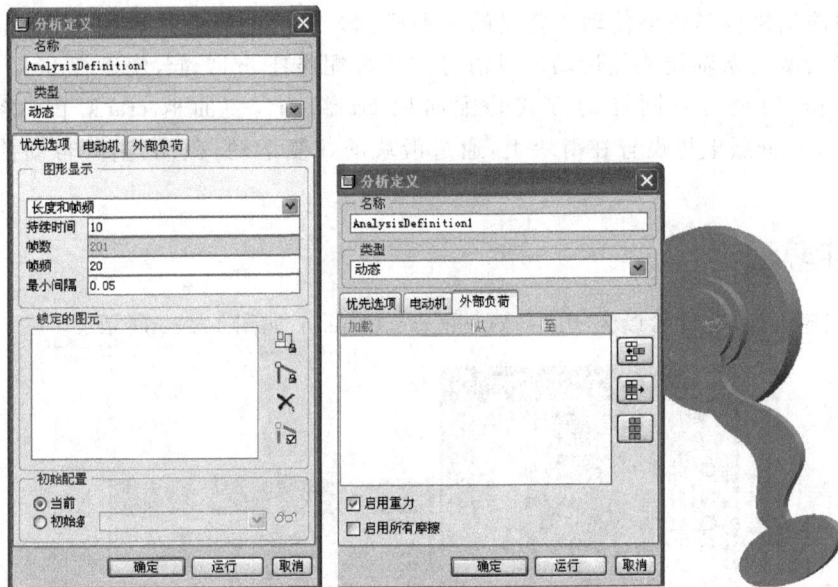

图 17.20 进行动态分析设置

⑧ 动画回放及保存。在工具条中单击回放以前运行的分析按钮 ◀▶，打开"回放"对话框。在对话框中单击播放当前结果按钮 ◀▶，打开"动画"控制对话框，单击播放按钮 ▶ ，便可以重复播放前面分析中产生的动态画面，如图 17.21 所示。

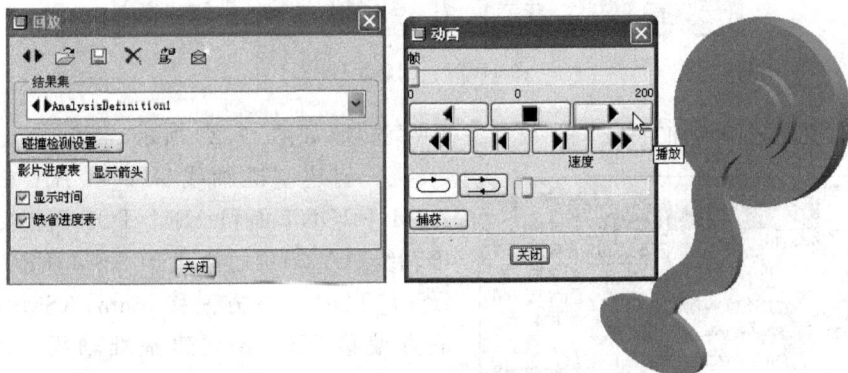

图 17.21 动画回放及保存

关闭"动画"对话框，回到"回放"对话框，单击保存按钮 💾，可以把动画保存在磁盘中。

17.3　滑块曲柄机构的运动学分析和动画仿真

任务分析

滑块曲柄机构是机械传动中常见的一种机构。以滑动杆方式装配滑块 slider. prt,让滑块能沿着一条轴线往复运动。以销钉方式装配连杆 link. prt,使连杆 link. prt 能绕销轴 pin. prt 转动。以同样的方式装配曲柄 crank. prt,使曲柄 crank. prt 能绕销轴 pin. prt 转动。伺服电机设置在滑块上,通过滑块的往复运动,驱动连杆,带动曲柄的左右摆动。

操作步骤

① 创建组件,文件名设为 slider_crank_mechanism,如图 17.22 所示。

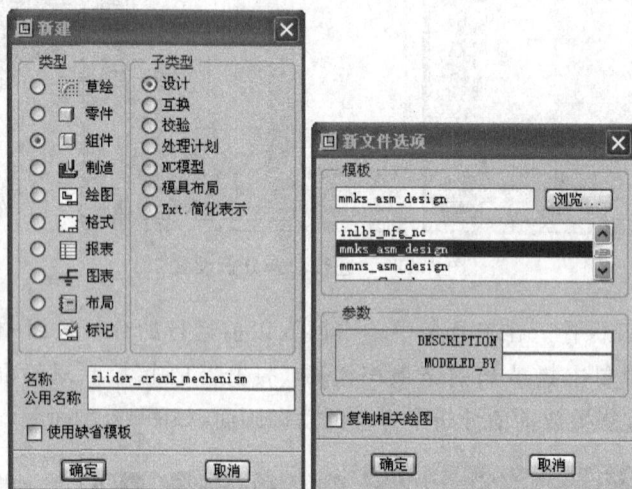

图 17.22　创建组件

② 在模型树中增加"特征"和"放置文件夹"选项,如图 17.23 所示。

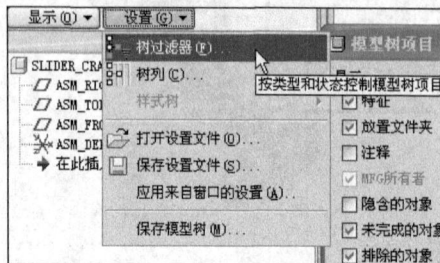

图 17.23　增加"特征"和"放置文件夹"选项

③ 创建基准轴线 AA_1、AA_2。通过 ASM_FRONT 面和 ASM_TOP 面相交创建基准轴线 AA_1;通过垂直于 ASM_FRONT 面,ASM_TOP 面下方偏移 5mm,ASM_RIGHT 右方偏移 120mm 创建基准轴线 AA_2,如图 17.24 所示。

④ 以"滑动杆"方式装配滑块 slider. prt。在元件放置操控面板的"预定义集"列表框中选择"滑动杆"选项,如图 17.25 所示。选择元

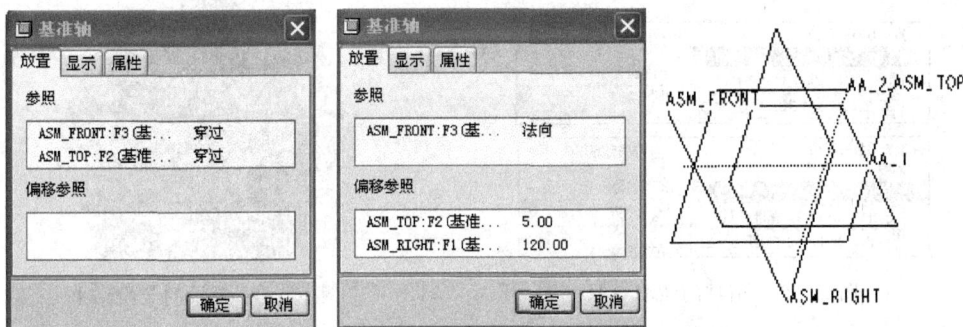

图 17.24 创建两基准线

件滑块 slider.prt 的 A_2 轴和前面建立的轴线 AA_1 轴对齐,如图 17.26 所示。选择元件滑块 slider.prt 的 FRONT 基准平面和组件的 ASM_FRONT 基准平面为旋转参考平面,如图 17.27 所示。

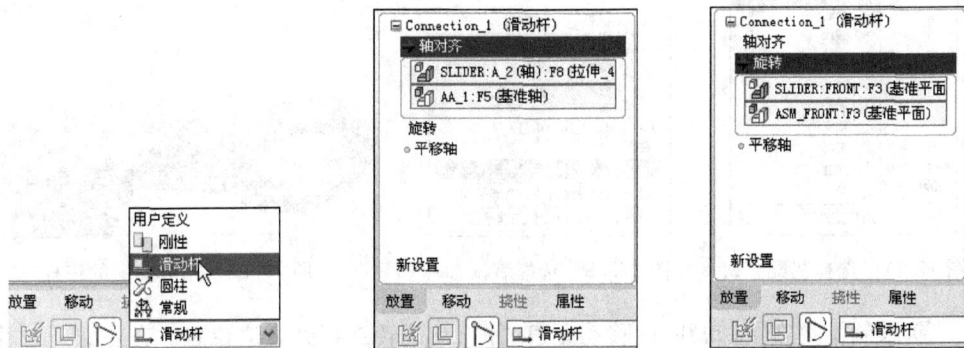

图 17.25 装配方式选择"滑动杆"　　图 17.26 选择"轴对齐"参照　　图 17.27 选择"旋转"参照

滑块的装配结果如图 17.28 所示。

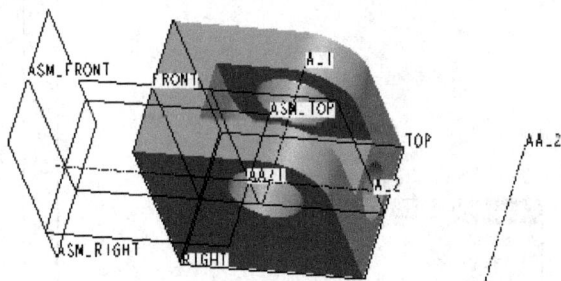

图 17.28 滑块的装配结果

⑤ 装配销轴 PIN.PRT。按图 17.29 所示的参照装配销轴 PIN.PRT,结果如图 17.30 所示。

⑥ 装配连杆 LINK.PRT。在元件放置操控面板的"预定义集"列表框中选择"销钉"选项,如图 17.31 所示。选择连杆 LINK.PRT 的 A_3 轴和销轴 PIN.PRT 的 A_1 轴对

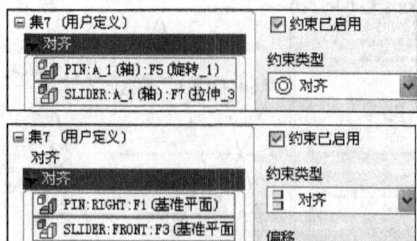

图 17.29　销轴的装配参照

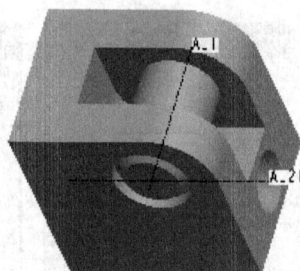

图 17.30　销轴的装配结果

齐;选择连杆 LINK. PRT 的 FRONT 基准平面和销轴 PIN. PRT 的 RIGHT 基准平面为
平移参照,如图 17.32 所示。

完成的装配如图 17.33 所示。

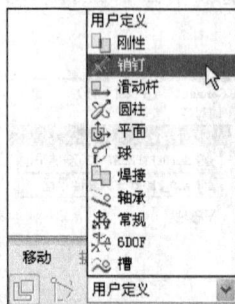

图 17.31　选择装配方式

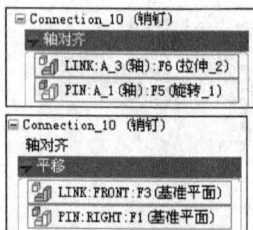

图 17.32　选择装配参照

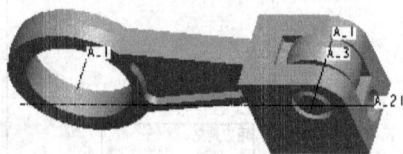

图 17.33　完成装配的连杆

⑦ 限制滑块在"拖动"时的移动距离,并拖动旋转连杆到合适位置。在主菜单栏中选
择"应用程序"→"机构"命令,进入机构模式。这时出现机构模式相关目录树和工具条,如
图 17.34 所示。

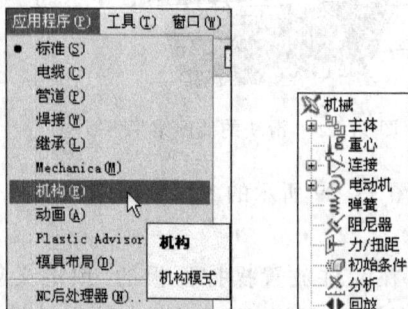

图 17.34　进入机构模式

在机构目录树中展开主体1,如图17.35所示。右击"平移轴",在弹出的快捷菜单中单击"编辑定义"命令,出现"运动轴"对话框。在"运动轴"对话框中,按如图17.36所示进行有关参照的选择和参数的设置。

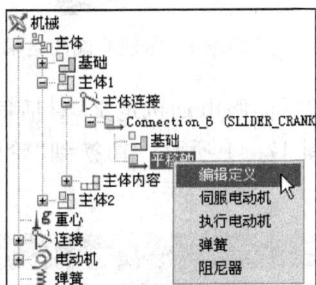

图 17.35　展开机构目录树

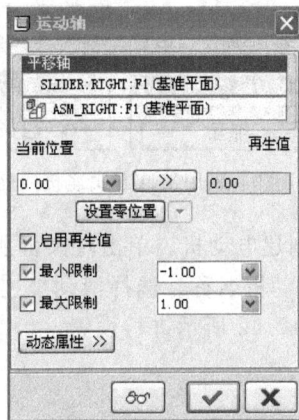

图 17.36　设置"运动轴"对话框

单击拖动元件图标 🖑,出现"拖动"对话框,单击点拖动图标 🖑,在视图区中单击连杆LINK.PRT,移动鼠标,拖动连杆到合适的位置,如图17.37所示。

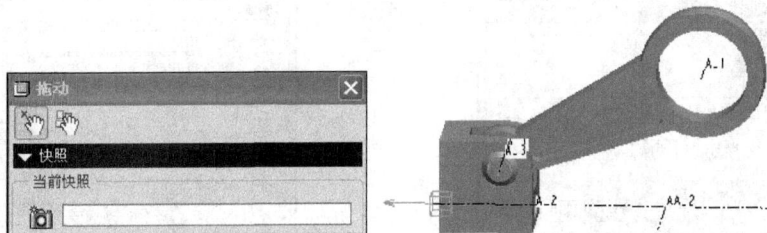

图 17.37　拖动连杆到合适的位置

⑧ 从主菜单中选择"应用程序"→"标准"命令,回到组件模式。

⑨ 装配曲柄 CRANK.PRT。在元件放置操控面板的"预定义集"列表框中选择"销钉"选项。选择曲柄 CRANK.PRT 的 A_2 轴和连杆 LINK.PRT 的 A_1 轴对齐;选择曲柄 CRANK.PRT 的 RIGHT 基准平面和连杆 LINK.PRT 的 FRONT 基准平面为平移参照,如图17.38所示。

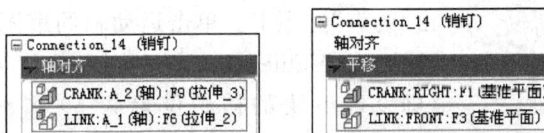

图 17.38　采用销钉方式连接曲柄和连杆

在"放置"上滑面板中单击"新设置",增加"销钉"连接。选择曲柄 CRANK.PRT 的 A_3 轴和组合体的 AA_2 轴对齐;选择曲柄 CRANK.PRT 的 RIGHT 基准平面和组合体的 FRONT 基准平面为平移参照,如图17.39所示。

装配的结果如图17.40所示。

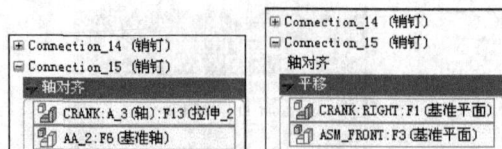

图17.39　采用销钉方式连接曲柄和组合体

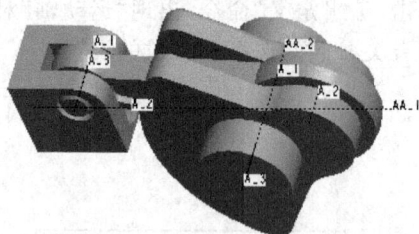

图17.40　曲柄装配的结果

⑩ 创建电动机。单击定义伺服电动机图标 ⟳ ，打开"伺服电动机定义"对话框。接受默认的电动机名称。选择滑动杆连接为"运动轴"，如图17.41所示。切换到"轮廓"选项卡，按图17.42所示进行设置。

图17.41　选择运动轴

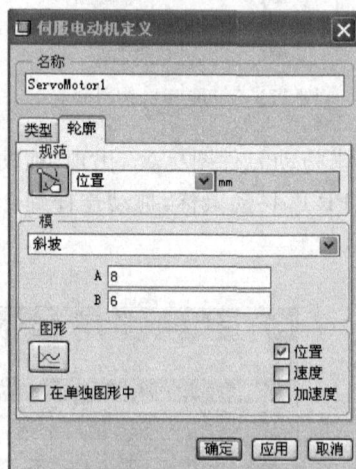

图17.42　设置轮廓

单击定义运动轴设置图标 ⟳ ，按图17.43所示进行设置，单击确定按钮 ✓ 完成运动轴设置。在"伺服电动机定义"对话框中单击"确定"按钮，完成电动机的创建。

⑪ 创建一快照用做运动分析的初始位置。单击拖动元件图标 ⟳ ，打开"拖动"对话框。展开"快照"工具盒，单击"约束"选项卡。单击运动轴约束图标 ⟳ ，选择滑动杆连接轴，在"Value"文本框中输入数值为"50"并按 Enter 键（即设置滑块的初始位置为50°），滑块便移动到50°的位置。

单击拍下当前配置的快照图标 ⟳ ，默认的快照名称为 Snapshot1，单击"关闭"按钮完成快照，结果如图17.44所示。

⑫ 滑块曲柄机构的运动学分析和动画仿真。单击机构分析图标 ⟳ ，打开"分析定义"对话框。接受默认的分析

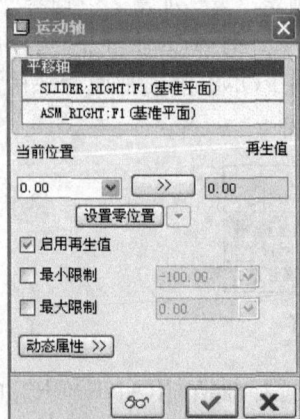

图17.43　设置运动轴

名称 Analysisdefinition1，在分析"类型"下拉列表中选择"运动学"，在"终止时间"文本框中输入"8"，"帧频"文本框中输入"20"，"初始配置"选择"快照 Snapshot1"，如图 17.45 所示。单击"运行"按钮，可以观察动画仿真效果。单击"确定"按钮，完成机构分析设置。

图 17.44　创建快照

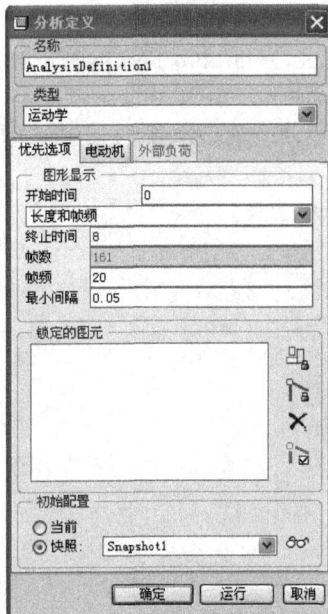

图 17.45　运动学分析设置

⑬ 动画回放及保存。单击工具条中的回放以前运动的分析按钮◀▶，打开"回放"对话框。在对话框中单击播放当前结果按钮◀▶，打开"动画"控制对话框。单击播放按钮▶和反转方向按钮⊐⊃，便可以重复播放前面分析中产生的动态画面，如图 17.46 所示。

图 17.46　动画回放及保存

关闭"动画"对话框，回到"回放"对话框，单击保存按钮▢，可以把动画保存在磁盘中。

参 考 文 献

[1] 张晓红. Pro/E 实训教材. 2 版. 北京：电子工业出版社,2009.

[2] 祝凌云,刘伟. Pro/ENGINEER 野火版自学手册 3.0——入门提高篇. 北京：人民邮电出版社,2006.

[3] 谭雪松,朱金波,朱新涛. Pro/ENGINEER Wildfire 典型实例. 北京：人民邮电出版社,2005.